控制阀结构及检维修技术

崔学智　崔家铭　著

中国石化出版社

内 容 提 要

本书系统地阐述了控制阀的发展历程及现状、控制阀的基础知识，分别介绍了球形控制阀、套筒式控制阀、球阀、蝶阀、气动执行机构等的典型结构、常见损坏现象及维修方法，同时介绍了典型控制气路的设计与分析、控制阀性能检测、常用材料、流量及流量系数计算等内容。附录中给出了几种结构控制阀的检维修规程。

本书可供煤化工、石油化工企业相关专业技术人员使用，也可供从事控制阀设计、生产、检修的专业技术人员参考。

图书在版编目（CIP）数据

控制阀结构及检维修技术/崔学智，崔家铭著. —北京：中国石化出版社，2020.9（2023.2重印）
ISBN 978-7-5114-5962-6

Ⅰ.①控… Ⅱ.①崔… ②崔… Ⅲ.①控制阀—结构
②控制阀—维修 Ⅳ.①TH134

中国版本图书馆 CIP 数据核字（2020）第 173940 号

中国石化出版社出版发行
地址：北京市东城区安定门外大街 58 号
邮编：100011　电话：(010)57512500
发行部电话：(010)57512575
http://www.sinopec-press.com
E-mail：press@sinopec.com
北京艾普海德印刷有限公司印刷
全国各地新华书店经销
*
787×1092 毫米 16 开本 17 印张 422 千字
2020 年 9 月第 1 版　2023 年 2 月第 2 次印刷
定价：88.00 元

前　　言

　　吴忠仪表有限责任公司是一家专业从事控制阀研发、生产、销售，及国内、外生产的各类控制阀检维修的大型综合性公司，是全国规模最大的控制阀生产基地，以及国内外最早、最大的专业从事控制阀检维修的公司。有幸，在大学毕业后能到该公司参加工作，其间在公司的支持下又取得了硕士学位。参加工作后从最基层的车、铣、磨、钳等工种操作做起，其中从事数控机床的编程与操作三年；基层工作五年后服从公司安排从事控制阀生产技术及研发技术工作，十多年后被选派到专业从事控制阀检维修的吴忠仪表工程技术服务有限公司从事技术及技术管理工作。从机械加工操作，到控制阀生产技术、产品研发技术工作，再到检维修技术与技术管理工作，一路走来，经过二十多年的不断摸索与实践，基本掌握了各装置、各工位，国内、国外生产的各类控制阀的结构与特点，以及使用中的工艺参数，总算能基本胜任各类控制阀的检维修技术工作。

　　控制阀的检维修技术，与控制阀的生产、研发技术工作有相同的地方，也有不同的地方，检维修技术需要掌握控制阀的生产和研发技术，可控制阀一旦损坏，将造成化工生产每小时几十万元甚至百万元、千万元的损失，客户急需维修好的产品立刻上线、恢复生产。损坏的控制阀从拆解、检查、测绘、计算、重新设计、出图，到投料、热处理、机械加工、装配、调校、性能检测，与研发、生产过程一般无二，不同的是装置不等人、产品不挑人，一旦接手，不管是哪种结构的控制阀都要能立即制定维修方案、尽快拿出加工图纸、尽快制定热处理及机械加工工艺、马上投入加工生产，检维修后的产品更没有条件进行试验，必须保证一次性维修成功、保证客户装置的一次性投运正常。如果将损坏的控制阀比作病人，那么控制阀的检维修技术就更像是急救……

　　从刚开始进入这一行业就希望能有一本合适的教材可供学习，奈何，翻开书不是繁杂的数学推导，就是只有工艺（手动）阀的讲解。近些年，每每碰到新入职的毕业生需要岗前培训，就只能找一些临时编写的课件和一些典型案例，无法进行系统的结构、原理性讲解；另外，一些煤化工、传统炼化、油田等企业的仪表检维修人员，甚至管理人员也经常联系索要相应的资料进行培训，从控制阀的生产、检维修者，到使用方，都急需了解、掌握各类控制阀的结构原理及相应故障后的维修方法和过程。

很早前就想整理、撰写一本适合控制阀生产方及使用方工程技术人员参考的书籍，可等下定决心、真动起手来才感到真不容易，上班时间忙于工作，只能利用晚上、周末、节假日的时间，一字一句，包括所有的插图、表格，边思考、边画、边写，每天只能完成一个插图或者只能完成几百字。就这样断断续续、孑孑而行，历时两年多，牺牲了绝大部分的休息、娱乐时间，写出、删除，再写、再改，总算把心里所想的东西部分地变成了书面的文字和100多幅CAD插图，还有很多内容想要表达，可限于时间和精力，实在觉得困难，因此只好将这本资料叫做《控制阀结构及检维修技术》先行付梓。等时间、精力允许、可以继续完善时，希望能根据各类炼化企业、各类生产工艺、各种工位控制阀的工作特点，从结构设计、计算、选型过程，到各零部件间配合公差、形位公差的选择，以及材料的选择、热处理工艺、加工工艺等，包括损坏后的拆解、检查、维修等，进行系统的阐述，相信到那时候就可以叫做《控制阀技术》了。

作为一名工程技术人员，撰写时避免了"学院派"学者们型号命名、大篇幅数学推导的研究型展开方式，而是参照了国际、国内一些控制阀生产厂家的宣传样本、选型手册，以及相关国家标准、行业标准、各类炼化企业工程技术人员耳熟能详的习惯用语，优先选择一些工程技术人员最迫切需要了解掌握的内容进行撰写，最后一章给出了控制阀流量及流量系数的计算过程，这样可以达到"一本在手、循序渐进、全面了解"的目的，便于各类工程技术人员及化工仪表类专业学生的阅读和理解。

因为参与编修SHS 07005《执行器维护检修规程》，该规程里已经有了部分类型控制阀及执行机构的检维修规程，把自己编写的其他一些未列入该规程的控制阀检维修规程作为补充在附录里提供；另外一些维修中使用最频繁的标准、数据也在附录里列出，便于研究查阅。

本书中所提到的各种标准、规范、书籍，都是编写过程中的参考文献，少量内容来自互联网而无法查证作者，因此不在书末一一列出；东北大学机械工程与自动化学院崔家铭帮助完成了部分插图的CAD重新绘制，并负责第十一章内容的起草与整个计算过程C++程序的编写工作，及附录6～附录10的收集、整理工作，在此一并致谢；书中的插图有些是专利结构、有些是一些公司的常用结构，仅供参考、研究，严禁用于商业用途。

第一次系统地撰写资料，而且作为一名工程技术人员，文字表达不是强项，资料中肯定有很多欠缺甚至是错误，敬请谅解，欢迎批评指正。

目　　录

第1章 控制阀的发展历程及现状

为更加清楚地了解控制阀，首先必须清楚地了解控制阀的发展历程及其发展现状、发展趋势。

§1.1 控制阀的发展历程

控制阀主要用于工业控制，因此其发展过程与工业生产的发展相辅相成。一方面，工业生产技术日益提高，使得工业控制日益复杂，对温度、压力、流通能力等控制参数的要求也日益提高，需要更加复杂、控制功能要求更高的控制阀；另一方面，有了结构更为复杂、控制功能更完善丰富的控制阀，可满足更高要求的工业控制。综上所述，工业控制与控制阀技术的发展互相需要、互相支持，共同发展。

1. 控制阀的萌芽状态

在原始社会，人们就开始懂得利用石块、树枝等改变水流的方向和大小，也懂得了利用石块、泥沙等杂物拦截水流、提高水位来灌溉农作物，这是控制阀的发展雏形。

我国在战国时期就已修成使用的"湔堋"，即今都江堰，就是一个集分流、稳流于一体的自动控制系统。岷江是长江上游水流最大的支流，相对于成都平原堪称"悬江"，水位高且坡度大，每当雨季江水上涨，成都平原洪水泛滥、一片汪洋，遇旱灾则赤地千里、颗粒无收，成为古时蜀国生存发展的一大障碍。公元前256年，秦昭王委任知天文、识地理的蜀郡太守李冰，主持修建了著名的都江堰水利工程。都江堰的整体规划是将岷江水流分成两条，其中一条水流引入成都平原，既可以分洪减灾，又可以引水灌田、变害为利。主体工程包括江鱼嘴分水堤、飞沙堰溢洪道和宝瓶口进水口。

如图1-1所示，岷江经江鱼嘴分水堤按一定比例分为A、B、C三股，减少了西边江水的流量使其不再泛滥，同时使部分岷江水流入东边干旱地区满足灌溉需要。紧接着，为进一步控制东边的水流量，修建了飞沙堰溢流堤。溢洪道前修有弯道，雨季江水超过溢流堤顶时，洪水及其夹带的泥石便经溢流堤流入外江，这样既可分洪减灾、稳定东边江水的流量，又使洪水带走泥石不会淤塞内江和宝瓶口水道。为使江水顺利流入东边灌区，烧石凿山，形成状如宝瓶的宝瓶进水口。在这一巧妙设计的系统中，江鱼嘴分水堤起到了分流阀的作用，飞沙堰溢洪堤则起到了"自力式液位阀"的作用，稳定了流经宝瓶口的水流。

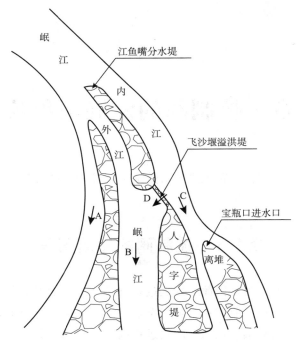

图 1-1 都江堰水利工程示意图

另外，为了控制水流量，在进水口作三石人分立三水，"水竭不至足，盛不没肩"，石人正是原始的水尺，可观察水位，掌握岷江洪、枯水位变化规律，说明早在 2270 多年前，勤劳的中国人民就已通过灌溉掌握了压差与流量之间的关系；此外，又作石牛留在内江中作为岁修时河床的高度标准，可见当时人们就已掌握了流量与流通面积间的关系。流量与压差、流通面积间的关系，正是现代流量公式的重要参数。

整个都江堰水利工程则是一个相对完整的自动控制系统，保证了成都平原的安全、稳定灌溉。工程完成后，2000 多年来一直发挥着防洪灌溉的作用，使成都平原成为时无荒年、沃野千里的"天府之国"。意大利旅行家马可·波罗、德国地理学家李希霍芬等许多国外学者都对其给予了极高评价，并将之介绍到国外。

在国外，埃及和希腊文明为灌溉农作物发明了几种原始的阀门类型，但普遍认为是古罗马人首先使用了旋塞阀和柱塞阀，还使用了逆止阀防止水的逆流。意大利文艺复兴中期的艺术家、科学家、工程师达·芬奇（1452—1519）对水利学的研究比意大利的学者克斯铁列早一个世纪，他设计并亲自主持修建了米兰至帕维亚的运河灌溉工程，由他经手建造的一些水库、水闸、拦水坝等，便利了农田灌溉，推动了农业生产的发展，有些水利设施至今仍在发挥作用。

1765 年俄国波尔祖诺夫发明了蒸汽机锅炉水位控制用浮球式液位控制器，如图 1-2 所示。18 世纪末瓦特在蒸汽机中发明使用了飞球式转速调节器，可调节蒸汽机的速度。19 世纪末，在一些大型电站的锅炉气包中开始使用自力式的压力和液位控制阀，这些阀门的阀杆由来自介质的压力作用在橡胶薄片形成的力驱动。

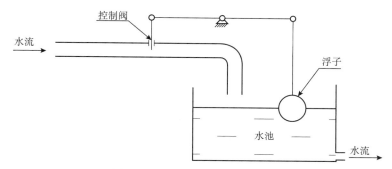

图 1-2 浮球液位控制器示意图

2. 自力式控制阀

以上的各种工程、设施，虽然直接或间接地利用了各种调节原理，并起到了控制阀的作用，但毕竟没有以现代控制阀的形式存在，因此还不是真正意义上的控制阀。

1880 年，美国艾奥瓦州，水厂工程师 William-Fisher 因长期需要 24h 手动操作阀门以保持蒸汽驱动水泵的输出压力恒定不变，经过长时间的摸索、试验，终于发明了世界上第一台 I 型恒压泵调节器，这是世界上第一台成型的控制阀。1888 年，成立了 FISHER（费希尔）控制阀公司开始生产这种控制阀。至 1907 年，该阀已普遍应用于美国、英国、加拿大等国的各个电厂。

1882 年，作为美国一艘蒸汽驱动舰船总工程师的梅森（Willam B. Mason）创立了 MASON 公司，并于 1883 年申请了泵速控制器专利，1885 年申请了一项蒸汽减压阀专利，1886 年又申请了泵压力调节器的专利。蒸汽减压阀成功地使用在蒸汽驱动的火车上，1890 年又在美国海军船舰得到了成功的应用，可以确保蒸汽压力发挥更高的效率，到 20 世纪初已有许多公司开始生产调节器或蒸汽减压器。

1906 年 12 月，日本东京山口武彦（YaMa GuChi TaKe HiKo）创立了山武公司，起初进口销售欧美数控机床等，1933 年开始生产单座阀和双座阀，2012 年 4 月正式更名为阿自倍尔（Azbil）株式会社。

1907 年 SANDVOSS 五兄弟创立了 SAMSON 公司，开始生产自力式控制阀及执行机构等。

19 世纪末、20 世纪初，石油与天然气工业开始大力发展。起初，通过泵将原油送入大罐，通过自力式阀将原油中的天然气和其他组分进行分批分离。然而随着石油产品需求量不断加大、泵功率不断增大，需要配备更大规格的阀门，这时即使常规的介质压力也需要更大的驱动力对阀芯进行移动和调节。

3. 控制阀的发展与完善

社会的发展、技术的进步永无止境。随着石油天然气技术的发展，大规格阀门与大推力执行机构的矛盾日益凸显。1920 年，出现了原油高温高压裂化技术，温度、压力、流量等的不断升高、增大，要求更大规格的阀门、推力更大的执行机构，以及更加合理的阀门结构。先前阀门的一体式阀芯、快开式流量特性（最小的行程通过最大的流量），当阀门规格（流通能力）增加到一定程度后就会出现震荡等不稳定状况。FISHER 公司在其 1915 年的阀门产品样本中介绍了过大尺寸阀门所带来不良控制特性（注：该手册里同时给出了一个用于特定工况下精确选择阀门口径的图表，这一实验数据的选型图表一直沿用到 1930 年，直到 FOXBORO 公司公布了阀门口径计算公式—还没有提及 C_v 值的概念）。大约 1920 年，HANLON – WATER 公司生产出了类似等百分比或线性控制特性的阀芯，较好地解决了大规格阀门导致的过程不稳定问题，到 1930 年间该公司在石油领域的控制阀设计应用中作出了杰出贡献。后来该公司转变成一家商用阀门制造商。同是 1920 年，位于美国西海岸洛杉矶的 TOMSAS-NEILAN 创立了 NEILAN 阀门公司，专门生产用于石化行业的阀门产品，发明了一系列自力式控制阀，以及一些尖端的温度、压力控制仪表。NEILAN 公司的阀门使用铸钢制造，法兰也相对厚实，产品坚固耐用。1930 年左右，阀内件结构普遍使用直通单、双座控制阀，执行机构出现了 15psi（0.1MPa）压力驱动的、具有球面轴承导向的多弹簧气动薄膜执行机构，但还是不能克服大规格（即使是先导式）阀门在极端的工况下推力不足的问题，只能采取减小阀杆直径以减少摩擦力的方法。

1932 年，MASON 公司收购了 NEILAN 公司，更名为 MASONEILAN，原 MASON 公司的自力式控制阀如今仍在生产，如典型的 1900 系列自力式阀。

4. 1920 年至 1930 年是控制阀技术发展最为迅猛的阶段

1930 年，FOXBORO 公司在产品样本中公布了控制阀口径计算公式，对 V 形缺口的阀塞、等百分比流量特性的概念及其对控制回路的影响进行了详细的介绍，同时，FOXBORO 因其发明的 STABILOG 气动控制器在当时的自动化控制领域独占鳌头。这一时期，大部分阀门公司，如 FOXBORO、BAILEY、TAYLOR、HONEYWELL 等，都借助该控制器向用户市场提供整个控制回路所需的各类产品（因阀门的动作完全依赖于控制器），这些公司自己生产一些控制阀，另外向其他专业阀门公司购进其他规格的控制阀以增强各自的配套能力。

1936 年，TAYLOR 公司发明了波纹管作为压力传感元件、机械反馈装置的控制阀定位器，执行机构驱动力不足的问题终于被克服了。到 1940 年通过阀门定位器来解决执行机构输出力不足的概念被确定下来，各阀门公司的工作重点开始转向研发合理尺寸的执行机构与单座阀结构。

MASONEILAN 公司工程师 DOUG ANNIN 采用了大直径阀杆导向的设计，开始使用气缸式执行机构并将定位器与执行机构设计为一体，因气缸能承受较高的气源压力，因此具有较大的输出推力。1948 年，DOUG ANNIN 创立了公司生产自己独创的阀门产品，其阀门在化工和航天行业应用非常突出。1964 年 MASONEILAN 公司收购了 ANNIN 公司（如今仍在运行），并继续生产这些产品。

平衡式阀芯、大直径阀杆导向、气缸式执行机构以及控制阀定位器，使得执行机构推力与控制阀运行的刚性、稳定性等大幅提升，因此双座阀的应用开始衰落。

1930 年，MASONEILN 公司工程师 RALPH ROCHWALL 通过实验确定了控制阀容量（流通能力）的确定方法并提出了 C_v 值的概念。加上 FISHER 公司《用于特定工况下精确选择阀门口径的图表》及 FOXBORO 公司提出的阀门口径计算公式，标志着控制阀选型时代的到来，自此直到 1960 年，控制阀选型一直处于不断的理论研究与探索。1950 年 FCI（美国流体控制协会）开始着手将控制选型计算过程及公式进行标准化，并于 1958

年出版了《推荐使用的阀门流通能力》一书。FCI 的标准成为控制阀行业公认的测试标准，后来被 ISA（美国仪表协会）在此标准的基础上进行修改使其成为美国国家标准。

1943 年至 1945 年，美国蒸汽协会组织开始组织 FISHER、MASONEILAN 等阀门制造公司共同编制法兰距（Face to Face）标准，将当时的单座阀、双座阀等的法兰连接面之间的尺寸进行标准化。这是一项非常有积极意义的工作，统一了各生产厂家同类产品的连接尺寸，便于企业尤其是中小企业更换产品，否则更换控制阀必须连管道一起更换。正因为意义重大，因此得到了美联邦贸易委员会的大力支持。

1960 年前这一阶段，是控制阀理论研究的黄金时间，相关控制阀理论研究成果如雨后春笋不断涌现，典型代表是 ISA《控制阀手册》第一版的出版，其中详细介绍了阀门尺寸计算公式，其中已经考虑了噪声问题、高压力恢复阀门的阻塞与汽蚀现象，以及影响阀门尺寸计算的诸多因素。

1967 年原 ANNIN 公司工程师 Charles 与原 MASONEILAN 公司工程师 Larry 共同创办了 VALTEK 公司，生产全系列的气缸式执行机构及单座阀产品。

作为控制阀重要类型的球阀，其发明者还无从详查，但可以肯定的是 20 世纪 50 年代二次大战后美国杜邦公司发明 PTFE 高分子塑料，解决了弹性、润滑、耐腐蚀、密封等问题，并且有了球面车床、磨床后，球阀才得以开始大量生产并使用。意大利 DAFRAM 公司 1956 年开始生产、销售球阀；FISHER 公司 1960 年推出 O 形球阀产品，1963 引入、生产 V 形球阀；新加坡 MOGAS 工业公司 1973 年开始生产全金属密封球阀。

1930 年 MASONEILAN 公司发明了蝶阀，但当时还是因为执行机构的原因限制了蝶阀的大量应用，直到 1950 年，大推力执行机构在蝶阀上的应用才克服了蝶阀运行时的不稳定性，从此开创了蝶阀更加广阔的应用前景；1957 年 FISHER 公司及 BAUMANN 公司对蝶阀阀板进行了一系列改进设计后，蝶阀的性能和稳定性才有了大幅提高。

起初，球阀及蝶阀一般都用作开关阀使用，如需作为控制阀使用，必须采用低转矩的内件结构及大推力执行机构，小间隙、无间隙的阀杆连接方式。旋转类阀门具有流通能力大的优点。

因为定位器的发明及大推力执行机构的广泛使用，单座阀的稳定性大幅提升，双座阀逐渐退出历史舞台，从 1970 到 1975 年直通双座阀的市场占有率从 50％下降到 3％，大部分被旋转类阀门所替代。同时，从 1965 年到 1980 年旋转类控制阀市场占有率由不到 1％上升到 50％。

具体发明套筒阀的公司目前还无据可查，可以确定的是国外在 20 世纪 50 年代就已经产生并开始使用套筒式控制阀，而国内直到 60 年代才开始引进并使用。

具体发明偏心旋转阀的公司、人员、年份无据可查，可以确定的是在 20 世纪 70 年代国外已经开始生产并使用偏心旋转阀，而国内直到 80 年代才开始。

§1.2 控制阀发展年表

控制阀的发展自 20 世纪初始至今已有 100 余年的历史，先后产生了十个大类的控制阀产品、自力式阀和定位器等，控制阀的发展历程如下：

20年代：原始的稳定压力用的控制阀问世。

30年代：以"V"形缺口作为调节形式的单、双座球形阀问世。

40年代：出现定位器，控制阀新品种进一步产生，出现隔膜阀、角型阀、蝶阀、球阀等。

50年代：球阀得到较大的推广使用，三通阀代替两台单座阀投入系统。

60年代：在国内对上述产品进行了系列化的改进设计和标准化、规范化后，国内才有了完整系列产品。还在大量使用的单座阀、双座阀、角型阀、三通阀、隔膜阀、蝶阀、球阀7种产品仍然是60年代水平的产品。这时，国外开始推出了第八种结构控制阀——套筒阀。

70年代：又一种新结构的产品——偏心旋转阀问世（第九大类结构的控制阀品种），这一时期套筒阀在国外被应用。70年代末，国内联合设计了套筒阀，使中国有了自己的套筒阀产品系列。

80年代：改革开放期间，中国成功引进了石化装置和控制阀技术，使套筒阀、偏心旋转阀得到了推广使用，尤其是套筒阀，大有取代单、双座阀之势，其使用越来越广。80年代末，控制阀又一重大进展是日本的Cv3000系列控制阀和精小型控制阀，在结构方面将单弹簧的气动薄膜执行机构改为多弹簧式薄膜执行机构，阀的结构只是改进，不是改变。它的突出特点是使控制阀的重量和高度下降30%，流量系数提高30%。

90年代：控制阀重点是在可靠性、特殊疑难产品的攻关、改进、提高上。到了90年代末，由华林公司推出了第十种结构的产品——全功能超轻型阀，突出的特点是在可靠性、功能上和重量上的突破。功能上的突破——唯独具备全功能的产品，故此可由一种产品代替众多功能上不齐全的产品，使选型简化、使用简化、品种简化；在重量上的突破——比主导产品单座阀、双座阀、套筒阀轻70%～80%，比精小型阀还轻40%～50%；可靠性的突破——解决了传统控制阀等各种不可靠性因素，如密封的可靠性、定位的可靠性、动作的可靠性等。该产品的问世，使中国的控制阀技术和应用水平达到了90年代末先进水平。它是对控制阀的重大突破，尤其是电子式全功能超轻型阀，必将成为21世纪控制阀的主流。

§1.3   控制阀的发展现状及趋势

§1.3.1   控制阀的发展现状

随着化工技术的不断发展，控制阀作为服务于化工生产的产品，总是滞后于化工技术的发展，因此存在一些与生产难以完全匹配的问题。纵观国内控制阀生产、使用，可以得出如下结论：

1. 国内控制阀生产企业较多，产品型号、规格齐全

20世纪国内生产的控制阀多为"统设产品"，生产企业数量也只是个位数。进入21世

纪后，国内化工生产的蓬勃发展，尤其是煤化工行业的大力发展，带动控制阀行业不断发展。目前国内已经有很多的控制阀生产企业，从技术引进，到不断模仿、进而创立自己的产品与品牌，因此目前国内生产的控制阀类型、规格较为齐全，单就类型、规格已能完全满足国内化工企业的需求。

2. 小企业难比大品牌，大企业与国际市场还有差距

新建立或建立时间不长的企业，技术能力、人员素质还在不断提高，产品生产与制造技术、规模、质量等与老牌企业还有一定差距；而一些历史较为悠久的企业，也因国内材料、设备等因素，其产品在使用寿命、稳定性等方面与国外大品牌企业的产品也存在一定的差距。

3. 特殊、关键工位的控制阀，进口产品还占主导地位

一方面，进口产品比国产产品好的习惯思维还在，特殊、关键工位的产品会优先想到购买进口产品；另一方面，国产产品性能的一致性、稳定性等还未达到均衡发展的程度，同一批产品，个别质量很好、有的较差，使用户还难以完全信任。

4. 国内生产技术的快速发展，决定控制阀技术也会快速发展

毋庸置疑，近年来国内机械行业及材料行业技术发展极为迅猛，新材料不断涌现、生产能力也在快速发展，数控机床在国内已十分普及，表面硬化、一次成型等特殊加工技术正在飞速发展并普及，因此有理由相信，随着结构优化技术的进一步发展，用不了多久国内控制阀产品的性能将会完全取代进口产品。

5. 产品自诊断、在线诊断技术开始出现

随着化工、发电等行业需求的不断提高，要求产品可以自诊断、在线监测，随时监测控制阀的运行情况，以便用户随时做好维护的准备，出现问题时能在最短的时间内恢复生产。国内已有企业开始在这一领域进行探索，新的产品已开始推向市场。

§1.3.2　控制阀的发展趋势

1. 旋转类阀的数量不断上升

旋转类控制阀，如球阀、蝶阀、偏心旋转阀等，流路相对简单、流阻小、流通能力大、体积小、重量轻，并且国产产品的性能已大幅提高、使用寿命大幅延长，因此除微小流量和精确调节的控制阀外，旋转类控制阀的使用数量会越来越多。

随着表面硬化技术及精密加工技术的提高，球阀、蝶阀的密封性能及使用寿命已大幅提高，两位式开关控制工位旋转阀已占据优先地位，比如有些化工企业已经用三偏心蝶阀作为动作频率高、运行速度快的程控阀使用；球阀前边已不再安装闸阀，直接作为可替代截止阀的控制阀使用；偏心旋转阀在不含颗粒、纤维类介质工况也普遍使用等。可以说，如果解决了旋转类控制阀的精密调节难题，旋转类控制阀将会占主导地位。

2. 标准化、模块化发展

在国内的煤化工、传统炼化企业中，全世界各控制阀生产厂家生产的各种型号的控制阀应有尽有，然而除法兰距有标准，可以做到控制阀整机互换外，各品牌、型号控制阀的阀内件无法做到互换，使用方无法准备阀内件的备品备件，损坏后除补焊、加工的应急修理方式外，就是长周期的定购备件，严重影响着装置的运行效率；另外，品牌、型号太多，即使按比例准备备件，也会是一笔巨大的资金占用。

因此，控制阀的流通能力等参数，以及阀内件、密封件等的规格、尺寸，都需要模块化、标准化，便于损坏后的快速维修、更换，这应该是控制阀的一个发展需要。

3. 长周期运行要求

控制阀的使用寿命，决定于其使用工况。一些高压差、高流速，以及含粉末、颗粒类介质工况的控制阀，使用寿命相对较短，比如煤化工气化装置锁斗阀、黑灰水角阀等，即使使用硬质合金件，无故障使用周期一般也在 1 年以内。因此，一些关键、特殊工位控制阀的长周期运行，是今后控制阀发展中需要解决的问题。

4. 智能化、人性化发展

目前国内市场上的控制阀，普遍可以做到行程的自动调校，及简单的阀位反馈等与控制中心的通信，而关键、重要工位的控制阀需要自诊断、在线监测、在线检测等的深度智能化、人性化，以便及时掌握控制阀的运行状态，为装置的稳定运行与维修计划提供依据。

第2章　控制阀基础知识

§2.1　控制阀的组成及分类

§2.1.1　名词辨析

1. 阀门与控制阀

"阀门"一词，市面上一般指手动截止阀，另外一些专家学者所著的《阀门选型》等书籍里，也只有手动阀。对于习惯称为"仪表阀"或"控制仪表"，带有执行机构、可进行远程控制的阀类，更应该使用"控制阀""调节阀"等称谓，可以简称"阀"，但不应称为"阀门"，避免误解。

2. 调节阀

很多人认为"调节阀"（一般译为"Regulating Valve"）专指 Globe 球形控制阀和套筒式控制阀等直行程控制阀，个人觉得欠妥，从字面上就可以看出应该是指"可调节的阀"，regulating 本意也是"调节、调整、控制"，因此应该是指带有气动执行机构及定位器（或电动执行机构）、可以起调节作用的直动式、旋转式等各类控制阀。

3. 控制阀（Control Valve）

是指带有执行机构，依据给定的控制信号，可以远程进行调节或开关控制的各类阀，含义比"调节阀"范围更广。

国家标准 GB/T 4213《气动调节阀》封面上英文为"Pneumatic industrial process control valves"，可见该标准适用于任意类型的控制阀，前提是"气动"。

另外，对于隔膜阀、闸阀，尤其是楔形闸阀，一般只作为切断用阀使用、"门"的含义更多，虽然常带有气动、电动等执行机构，可以进行远程开关控制，但一般不作为"控制阀"的概念研究。

4. 执行器、执行机构、控制阀

执行器是化学工业过程控制系统中的术语，是指接收并执行控制信号，直至改变生产过程中介质的温度、压力、流量、物位等工艺参数的整个机构，包括接收信号、提供动力直至调节工艺参数的各个机构。

执行机构是控制阀中根据控制附件提供的气压、电力、液压等能量转化为推力或扭矩，以及直行程或转角的机构，是控制阀的动力机构。

控制阀包括控制附件、执行机构、阀体组件（调节机构），接受控制信号、带动调节机构对被控介质进行控制的整体结构。

在控制阀行业，执行器就是控制阀，而执行机构只是控制阀的一部分，不可与执行器混淆。

§2.1.2　控制阀的作用

控制阀是在石油、化工、造纸、电力、制药、冶金、采矿、食品、污水处理、太阳能光伏等工业系统，或自来水等民用系统中，通过打开、关闭，或改变流通面积，以达到连通、切断，或控制流体介质流量的综合性设备。

控制阀的作用如下：

（1）连通或截断介质的流通；

（2）防止介质倒流；

（3）调节介质的流量、压力、温度等工艺参数；

（4）改变介质的流向，或进行分流或合流等；

（5）防止介质工艺参数超过规定值，保证工艺正常进行，或保证管道、设备等安全运行。

§2.1.3　控制阀的组成

根据执行机构动作所使用能源的不同，控制阀可分为气动控制阀、电动控制阀、液压控制阀、电液动控制阀等。

电动控制阀由电动执行机构和阀体组件组成，其中电动执行机构是将控制室送来的控制信号，如开关信号、4～20mA 控制信号等，通过电机方式带动其后的机械结构，输出一定的推力（扭矩）和位移（转角），带动阀体组件内的部件实现相应的控制功能。

一台完整的气动控制阀一般由三部分组成，即执行机构、控制部分和阀体组件，如图 2-1 所示。控制部分是将控制室（DCS）发送的控制信号，如开关信号、4～20mA 控制信号等，转变为可控制执行机构动作的开、关或变化的气压，以便驱动执行机构输出相应的推力（扭矩）及位移（角度）；气动执行机构的作用是接受控制部分输出的打开、关闭或变化的气压，在膜室或气缸中转变为输出力，并与弹簧或另一气缸中的气压形成的力，做相应比较，根据比较结果，最终输出一定大小的推力（扭矩）和位移（转角），以便推动阀体组件中的阀芯进行相应的移动或转动，以达到调节流体的目的；阀体组件是接受执行机构输出的力和位移，通过阀杆（转轴）带动阀芯移动（或转动），改变有效介质流通面积，最终达到调节介质的流通能力、压力、温度等的机构。

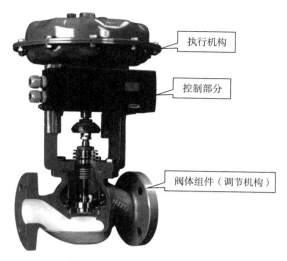

图 2-1　气动控制阀的组成

电液动控制阀与气动控制阀类似，只是工作介质由气体变为压力更高的液压油等液态介质，本书不作为重点讨论。

§2.1.4　控制阀的分类

控制阀的种类繁多，各类相关书籍，尤其是一些大学、学院学者的书籍中介绍的分类方法较多，本书主要强调控制阀的结构与维修，因此只提供以下两种分类方式。

2.1.4.1　按用途分类

根据各类控制阀在生产实践中所起的作用，控制阀可分为以下类型：

（1）截止阀　截止阀也称切断阀，用于连通或截断介质在管道中的流道，阀位只有全开和全关两种位置。常见的截止阀类型有柱塞式截止阀、闸阀、旋塞阀等，球阀和蝶阀也常用做截止阀。

（2）止回阀　止回阀用于防止管路中的介质回流，也叫单向阀。

（3）分、合流阀　用于改变介质的流向，或进行介质的分流（如一进两出）、合流（如两进一出）等作用，一般有三通或四通的球阀、旋塞阀、分配阀等；也有进行分流、合流各支流流量调节的调节式分、合流控制阀。

（4）控制阀　控制阀的概念有广义和狭义之分，广义的控制阀指带有控制部分、执行机构的控制阀，包括实现介质连通、截止的两位式开关控制阀，也包括可以在任意位置停留、对介质流通面积进行任意调节的控制阀；狭义的控制阀单指后者，即带有定位器、可实现任意位置调节、改变流通面积来控制介质的流量、压力、温度等工艺参数的控制阀，国内习惯称为控制阀。本书中所称控制阀采用其广义的概念。控制阀可以是球阀、蝶阀、套筒阀等。简单来说，控制部分如果没有定位器只可作为通断控制、装上定位器就能进行调节的各类能由信号控制的控制阀，都是控制阀。气动闸阀、旋塞阀、柱塞式截止阀等，虽然有控制部分和执行机构，但该类阀即使安装定位器或电动执行机构也不能实现调节功能，虽然从定义上分也属于控制阀，但习惯上只称为截止阀，本书不作为控制阀介绍。

（5）安全阀　当介质压力或液位等参数超过设定值时，能自动泄压或排放，防止容器、管道等超压或超限，起到安全保护功能的阀。

（6）疏水阀　用于将液体和气体（如蒸汽和水、水和空气）分离开的阀，如蒸汽疏水阀、空气疏水阀等。

（7）多用阀　可以起到以上2种或多种作用的阀，就是多用阀。

2.1.4.2　按控制阀的结构分

该分类方式综合阀芯的形状、流量控制方式，或阀体结构形式等分类，有时会有交叉、重叠，只能依照主、次关系介绍。

1. 直动式控制阀

直动式控制阀，也叫直行程控制阀，即阀芯运动轨迹为直线形的控制阀。直动阀可分为球形（Globe）阀、套筒（Cage）阀、角（Angle）阀、自力式阀、闸阀、隔膜阀、柱塞式截止阀等，如图2-2所示。

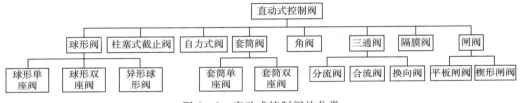

图2-2　直动式控制阀的分类

（1）球形阀　控制部分（阀芯）形状为类似抛物线绕中心线旋转而成的几何体，因为类似球形，故称为球形阀。本书把所有流量特性由阀芯形状控制的这类控制阀，都归类为球形阀，球形阀可分为非平衡式球形单座阀、平衡式球形单座阀、球形双座阀以及多级降压型球形阀等。很多时候球形阀里也有套筒，但套筒的主要作用是压紧阀座，或起过滤、降噪的作用，流量特性还是由阀芯的形状决定，因此归根结底还是球形阀，或异形球形阀。

（2）套筒阀　又称为"笼式阀"，是指流量特性由套筒上形状、尺寸、数量不同的窗口决定的控制阀。需要强调的是，不是有套筒的阀就是套筒阀，而是有套筒，且流量特性由套筒上的窗口尺寸和形状决定，才是套筒阀。套筒阀可分窗口型和低噪声型，窗口型有快开、等百分比、线性等流量特性，低噪声型有近似线性和近似等百分比流量特性。

（3）角形阀　是指阀体出、入口呈直角形分布，具有直接改变介质流向的作用，有便于管道设置，动作稳定可靠、流路简单、防堵性能好等优点，阀体形状简单、易于锻造成形，可弥补铸件组织疏松造成的缺陷。角阀的内件结构可以是球形、套筒型等。

（4）三通阀　三通阀是指有3个出、入口，一进两出（分流阀、换向阀），或两进一出（合流阀、换向阀），分流阀、合流阀多为调节型，换向阀多为快开型。三通阀的内件结构可以是球形、套筒型等。

（5）自力式阀　自力式阀是指无需外部能源，依靠介质自身压力自动打开、关闭，或进行调节的阀。根据其介质压力的截取位置，可分为阀前型、阀后型，但阀内件的结构和形状与其他控制阀基本相同。自力式阀的内件大多为球形结构，也有少量套筒型等内件结构。

（6）闸阀　顾名思义，闸阀类似于水利设施中的水闸，阀芯为楔形或平板，直线运动打开或切断流体，可分为楔形闸阀、平板（单板、双板）闸阀，以及口径较大、阀板为相对较薄的钢板的插板阀（俗称刀阀）。闸阀具有流阻小、结构简单的优点，相同口径的阀重量较轻，相同口径的阀门行程较大等特点，可以做切断用，泄漏量小。

（7）隔膜阀　是由可上升、下降的隔膜，上升时连通出、入口，下降时同时关闭出、入口，以接通、切断流体的阀门，只能用于切断阀使用，无法对流量等参数进行调节，且由于隔膜材料强度低、不耐高温等特性的原因，一般只用于低压、常温工况，但加上衬里可用于酸、碱等腐蚀性介质工况。

（8）柱塞式截止阀　柱塞式截止阀的阀芯为圆柱体或圆柱体带圆锥形端部，靠圆柱端面或圆锥面与阀座接触实现密封，只需要很小的行程就可达到最大的流量，调节性能很差，因此一般只作为截止阀使用，结构简单、经济，便于维修。

2. 旋转类控制阀

旋转类控制阀，即阀芯做旋转式运动的控制阀，可分为球阀、蝶阀、偏心旋转阀、旋塞阀、盘阀、滑阀等，如图 2-3 所示。

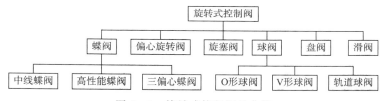

图 2-3　旋转式控制阀的分类

（1）球阀　阀芯为完整的或部分的球面，通过旋转运动实现球芯流道与阀体（座）流道的接通或切断，实现开关或调节作用。球阀根据球芯的形状可分为 O 形球阀和 V 形球阀，O 形球阀为完整的球芯，中间有圆孔作为流道，可作为切断阀，也可作为调节型控制阀使用；V 形球阀的球芯为在球冠上加工 V 形缺口作为流道，根据 V 形缺口的形状可实现较精密的调节作用。

（2）偏心旋转阀　俗称"凸轮挠曲阀"，阀芯是部分球面，但其旋转中心与球面中心不重合，而是有一定的偏离，这样控制阀打开、关闭过程中球芯与阀座基本不发生摩擦，因而可减少球芯与阀座间的划伤损坏，并可减小执行机构的扭矩。偏心旋转阀的特点是阀体为直通型，流阻系数小、流通能力大；密封性能好，可达到较高的泄漏量等级；流量特性接近修正的抛物线，可作为调节型控制阀使用，且可调比较大；经过不同材料的衬里可适用于腐蚀性介质，及含粉类、颗粒类易使阀体冲刷损坏的介质等工况；结构简单、经济，相同规格控制阀重量较轻。

（3）蝶阀　因为阀板的形状呈碟形，有时被写作"碟阀"。但蝶阀发源于国外（20 世纪 30 年代 MASONEILAN 公司），英文名称为"butterfly valve"，因此本书中称"蝶阀"。

根据蝶阀的发展历程与结构，有中线蝶阀、单偏心蝶阀、两偏心（高性能）蝶阀、三偏心蝶阀、四偏心蝶阀之分，根据压力、温度等级，又有常规蝶阀、重型蝶阀之分。蝶阀的流量特性接近等百分比，因此可作为调节型控制阀使用。

（4）旋塞阀　旋塞阀的阀芯为圆柱或圆锥（台）形，阀芯上有流道，当旋转时可与阀体（座）上的流道接通或断开，实现流体的连通或切断，从而实现阀的开关作用。

（5）盘阀　盘阀的工作原理类似于旋塞阀，不同之处在于盘阀的阀芯是直径较大、高度相对较小的圆盘类零件，半径方向上有流道，可进行流道的接通与切断，更多的是用于三通换向或四通换向等。

（6）滑阀　滑阀工作原理类似于平板闸阀，不同之处在于平板闸阀是通过直线运动实现阀板的移动，而滑阀是通过转动实现阀板的移动。

§2.2　控制阀的标准与参数

§2.2.1　控制阀的相关标准

控制阀标准种类繁多，都有其各自规定的内容和范围，应根据情况选用。根据发布标准的地域或国家不同，常见的标准有 ISO（国际标准）、ASME（美标）、API（美国石油学会标准）、GB（国家标准）、JB（机械行业标准）、HG（化工行业标准）等。控制阀常用标准对照如表 2-1 所示。

表 2-1　控制阀常用标准对照一览表

序号	国家标准	标准内容	国际标准	美标	API	备注
1	GB/T 1047	管道元件　DN 公称尺寸的定义和选用	ISO 6078			
2	GB/T 1048	管道元件　PN 公称压力的定义和选用	ISO 7268			
3	GB/T 12220	通用阀门　标志	ISO 5209			
4	GB/T 12221	金属阀门　结构长度	ISO 5752	ASME B16.10		
5	GB/T 12222	多回转阀门驱动装置的连接	ISO 5210			
6	GB/T 12223	部分回转阀门驱动装置的连接	ISO 5211			
7	GB/T 12224	钢制阀门　一般要求		ASME B16.34		
8	GB/T 12237	石油、石化及相关工业用的钢制球阀	ISO 17292		API 608	
9	GB/T 19672	管线阀门　技术条件	ISO 14313		API 6D	
10	GB/T 21385	金属密封球阀				

序号	国家标准	标准内容	国际标准	美标	API	备注
11	GB/T 26146	偏心半球阀				
12	GB/T 12238	法兰和对夹连接弹性密封蝶阀		AWWA C504		
13	GB/T 26144	法兰和对夹连接钢制衬氟塑料蝶阀				
14	GB/T 24925	低温阀门　技术条件				
15	JB/T 8527	金属密封蝶阀				
16	GB/T 13927	工业阀门　压力试验	ISO 5208			
17	GB/T 26480	阀门的检验和试验			API 598	JB/T 9092
18		控制阀阀座泄漏		ASME B16.104		FCI70-2-98
19	GB/T 4213	气动调节阀				
20		防逸散过程阀门填料型式试验			API 622	
21	GB/T 8104	流量控制阀试验方法				
22	GB/T 8105	压力控制阀试验方法				
23	GB/T 17213.1 ~ GB/T 17213.13	工业过程控制阀	IEC 60534			
24	GB/T 12228	通用阀门　碳素钢锻件技术条件		ASTM A105/A105M		
25	GB/T 12229	通用阀门 碳素钢铸件技术条件		ASTM A216/A216M		
26	GB/T 12230	通用阀门 不锈钢铸件技术条件		ASTM A351/A351M		
27	JB/T 5263	电站阀门铸钢件技术条件		ASTM A217		
28	JB/T 7248	阀门用低温钢铸件		ASTM A352		

从表 2-1 中可以看出，标准从控制阀公称直径、公称压力、外观尺寸、试验/检验、材料等各个方面进行了规范。

§2.2.2　控制阀的各类参数

1. 公称通径（规格）

控制阀的公称通径就是控制阀的规格，俗称"口径"。公称直径有美标尺寸和公制尺寸两种表示方法。需要注意的是，公称直径与公称通径不同，控制阀的通径表示控制阀从入口到出口整个流道中的最小直径，对于缩颈型控制阀一般是阀座直径，否则通径就等于公称直径。

在我国，控制阀的公称直径采用国家标准 GB/T 1047《管道元件 公称尺寸的定义和选用》中的规定。DN 数值和 NPS 数值的近似对应关系如表 2-2 所示。

表 2-2 DN 数值和 NPS 数值的对应关系

DN	NPS	DN	NPS
6	⅛	8	¼
10	⅜	15	½
20	¾	25	1
32	1¼	40	1½
50	2	65	2½
80	3	100	4

注：DN≥100 时，NPS＝DN/25。

2. 公称压力

公称压力是表征控制阀承受介质压力的能力，就是常说的"压力等级"，是根据特定材料在常温时所能承受的最大介质压力确定。在我国，控制阀的公称压力采用国家标准 GB/T 1048《管道元件 公称压力的定义与选用》中的规定。公称压力包括 PN 和 Class 两个系列，公称压力数值应从表 2-3 中选取。

表 2-3 公称压力与美标压力等级对照表

PN 系列	CLASS 系列	PN 系列	CLASS 系列	PN 系列	CLASS 系列
2.5		25		100	
6		40		110	600
10		50	300	150	900
16		63	400	260	1500
20	150	64		420	2500

需要注意的是，PN100，并不能说明控制阀一定能够承受 10MPa 的介质压力。一定压力等级的控制阀实际能承受的介质压力，与壳体（阀体、上盖等）所使用的材料、介质实际温度有关。选取 ASME B16.5、HG/T 20615—2009 标准中部分内容，如表 2-4 所示。

表 2-4 材料组别 1.1 控制阀压力-温度额定值

材料组别	材料类别	铸件		锻件	
		牌号	标准号	牌号	标准号
HG/T 20615	碳钢	WCB	GB/T 12229	A105 16Mn 16MnD	GB/T 12228 NB/T 47008 NB/T 47009
ASME B16.5	碳钢	WCB	ASTM A216		

压力等级 工作温度/℃	最大允许压力（kgf/mm²、bar）				
	Class150（PN20）	Class300（PN50）	Class600（PN110）	Class900（PN150）	Class1500（PN260）
−29～38	19.6	51.1	102.1	153.2	255.3
50	19.2	50.1	100.2	150.4	150.6
100	17.7	46.6	93.2	139.8	233
150	15.8	45.1	90.2	135.2	225.4
200	13.8	43.8	87.6	131.4	219
250	12.1	41.9	83.9	125.8	209.7
300	10.2	39.8	79.6	119.5	199.1
325	9.3	38.7	77.4	116.1	193.6
350	8.4	37.6	75.1	112.7	187.8
375	7.4	36.4	72.7	109.1	181.8
400	6.5	34.7	69.4	104.2	173.6

从表 2-4 可以看出，同一压力等级的控制阀，随着温度的逐渐升高，控制阀所能承受的最高介质压力逐渐下降，例如 400℃时，所有压力等级的控制阀所能承受的介质压力大约下降至−29～38℃时的三分之二。

3. 连接形式

连接形式是指控制阀与管道的连接形式，常见的有焊接式、螺纹连接式和法兰连接式。法兰连接时又可分为平面法兰式（FF）、凸面法兰式（RF）、凹凸面法兰式（MFM）、榫槽面法兰（TG）及环连接法兰式（RJ），每个规格的控制阀，各种法兰连接形式有其适用的压力等级范围。法兰连接形式详见§2.3。

4. 流通能力

流通能力指控制阀全开时单位时间内流过控制阀的介质的量。根据伯努利方程及连续性方程：

不可压缩流体：$h_1 + \dfrac{p_1}{\rho} + \dfrac{v_1^2}{2g} = h_2 + \dfrac{p_2}{\rho} + \dfrac{v_2^2}{2g}$

可压缩流体：$\dfrac{k}{k-1} + \dfrac{p_1}{\rho} + \dfrac{v_1^2}{2} = \dfrac{k}{k-1} + \dfrac{p_2}{\rho} + \dfrac{v_2^2}{2}$

解出后得：
$$v_2^2 - v_1^2 = \xi v^2 = 2g\,\frac{p_1 - p_2}{\rho} \tag{2-1}$$

式中，h_1、h_2 为压头；p_1、p_2 为控制阀前后介质压力；v_1、v_2 为控制阀前后介质流速；ρ 为重度；g 为重力加速度。

连续性方程：
$$Q = AV \tag{2-2}$$
式中，A 为流体截面积；V 为介质平均流速。

式（2-1）代入式（2-2）后得：

$$Q = AV = A\frac{\sqrt{V_2^2 - V_1^2}}{\sqrt{\xi}} = \frac{A}{\sqrt{\xi}} \cdot \sqrt{2g\frac{P_1 - P_2}{\rho}} = A \cdot \sqrt{\frac{2g}{\xi}} \cdot \sqrt{\frac{\Delta p}{\rho}}$$

式中，$A \cdot \sqrt{\dfrac{2g}{\xi}}$ 是与控制阀流通面积 A、流阻系数 ξ 有关的参数。

令 $K_v = A \cdot \sqrt{\dfrac{2g}{\xi}}$，即得：

$$Q = K_v \cdot \sqrt{\frac{\Delta p}{\rho}}，\text{其中 } K_v = A \cdot \sqrt{\frac{2g}{\xi}}$$

式中，K_v 即为表征控制阀流通能力的系数，后来又有了系数 C_v。

K_v 在数值上等于 $5\sim40℃$、0.1MPa 压差下，每小时流过控制阀的立方米数；

C_v 在数值上等于 $5\sim40℃$、1psi 压差下，每小时流过控制阀的加仑数；

注：1bar＝1.0197kgf/cm²，1psi＝6.895kPa＝0.06895bar

可以推出：$C_v = 1.156 K_v$，$K_v = 0.865 C_v$

5. 流量特性

控制阀的流量特性是指流体流过控制阀的相对流量与相对行程之间的函数关系，表示为：

$$\frac{Q}{Q_{max}} = f\left(\frac{L}{L_{max}}\right)，\text{简写为 } q = f(l)$$

式中，Q 为控制阀在行程 L 时的流量，Q_{max} 为在最大行程 L_{max}（全开）时的最大流量。

（1）线性流量特性

$\dfrac{\mathrm{d}q}{\mathrm{d}l} = K$，或者 $\mathrm{d}q = K \cdot \mathrm{d}l$，$K$ 为常数

解微分方程可得：
$$q = K \cdot l + \frac{1}{R} \qquad\qquad (2-3)$$

式中，$R = \dfrac{Q_{min}}{Q_{max}}$，$K = \dfrac{R-1}{R}$

例如，某台控制阀的可调比 $R=40$，计算相对流量与相对行程的关系如表 2-5 所示。

表 2-5　相对流量与相对行程的关系

相对行程 $l/\%$	0	10	20	30	40	50	60	70	80	90	100
相对流量 $q/\%$	2.5	12.25	22	31.75	41.5	51.25	61	70.75	80.5	90.25	100
相对流量的相对变化量/%		79.59	44.32	30.71	23.49	19.02	15.98	13.78	12.11	10.80	9.75

式（2-3）显示流量与行程为正比例关系，即通常所说的线性特性。表 2-5 说明控制阀在小开度时虽然相对流量较小，但流量相对变化量（百分数）却很大，控制阀调节的灵敏度很高，行程稍有变化就会引起流量的较大变化，因此控制阀在小开度时容易发生震荡。在大开度时，相对流量较大，但流量的相对变化量却很小，控制阀调节的灵敏度很低，行程变化较大但相对流量却变化不大。

（2）等百分比流量特性

$$\frac{dq}{dl} = K \cdot q,\text{或 } dq = K \cdot q \cdot dl$$

解微分方程可得：

$$q = R^{(l-1)} \Longleftrightarrow \ln^q = (l-1)\ln^R \qquad (2-4)$$

$$\text{推论：} K = \frac{Q}{L_{\max}} \ln^R$$

例如，某台等百分比控制阀的可调比 $R = 40$，相对流量与相对行程的关系如表 2-6 所示。

表 2-6　等百分比流量特性（$R = 40$）相对流量与相对行程的关系

相对行程 $l/\%$	0	10	20	30	40	50	60	70	80	90	100
相对流量 $q/\%$	2.50	3.62	5.23	7.56	10.93	15.81	22.87	33.07	47.82	69.15	100
相对流量的相对变化量/%		30.94	30.78	30.82	30.83	30.87	30.84	30.84	30.84	30.85	30.85

式（2-4）显示相对流量 q 的自然对数与相对行程 l 成比例关系，因此过去一直称该流量特性为"对数特性"。从表 2-3 可以看出，这种流量特性下，在不同开度相同的相对行程变化，所引起的相对流量的相对变化量（百分数）也是相等的，因此这种特性又称为"等百分比流量特性"。

表 2-6 因计算精度显示有误差，但根据式（2-4），相对流量的相对变化量推导如下。

$$\frac{q_{i+1} - q_i}{q_{i+1}} \times 100\% = \frac{R^{(L_{i+1}-1)} - R^{(L_i-1)}}{R^{(L_{i+1}-1)}} \times 100\% = \left[1 - \frac{R^{(L_i-1)}}{R(L_{i+1}-1)}\right] \times 100\%$$

$$= [1 - R^{(L_i - L_{i+1})}] \times 100\% = [1 - R^{-0.1}] \times 100\% \qquad (2-5)$$

$$= \left[1 - \frac{1}{R^{0.1}}\right] \times 100\% = 30.85\%$$

从式（2-5）及表 2-3 还可以看出，等百分比流量特性控制阀，在全行程范围内具有相同的控制精度。

等百分比流量特性控制阀在小开度时，增益较小，因此调节平稳；在大开度时增益较大，能够进行有效调节。

（3）快开流量特性

$dq = \dfrac{K}{q} dl$，代入边界条件，解得：

$$q = \frac{1}{R} \sqrt{1 + (R^2 - 1)l}$$

例如，某台控制阀的可调比为 $R = 30$，相对流量与相对行程的关系如表 2-7 所示。

表 2-7　相对流量与相对行程的关系

相对行程 $l/\%$	0	10	20	30	40	50	60	70	80	90	100
相对流量 $q/\%$	3.33	31.78	44.82	54.84	63.3	70.75	77.49	83.69	89.46	94.87	100
相对流量的相对变化量/%		41.03	22.36	15.43	11.77	9.53	8.00	6.89	6.05	5.41	5.13

式（2-7）表明相对流量是相对行程的平方倍关系，因此明显可以判断得出，随着行程的变化，快开特性的相对流量变化很快。从表2-7还可以看出快开特性的控制阀在小开度时相对流量的相对变化量（百分数）很大，因此控制阀灵敏度很高，调节很不平稳，大开度时相对流量的相对变化量却很小，基本没有调节功能，因此这种流量特性一般不用于调节，多用于开关式控制。

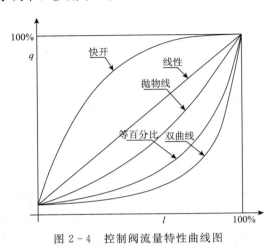

图2-4 控制阀流量特性曲线图

（4）其他流量特性

除常见的快开、线性、等百分比流量特性外，还有抛物线、双曲线等流量特性，但因使用较少，本书不做详细介绍，需要时可借阅其他参考书。

除常见的线性、等百分比（对数）流量特性外，通过智能定位器或智能电动执行机构还可实现客户自定义的流量特性。

以上各种流量特性曲线如图2-4所示。

6. 温度等级

指控制阀允许的工作温度范围如-70～120℃、-23～230℃、200～45℃等。影响控制阀温度等级的因素主要有阀体、阀内件的材质及热处理工艺等，以及上盖形式、控制阀的填料形式与材质等。超过温度上限工作会导致阀体、阀内件强度严重下降，甚至导致阀体变形甚至开裂，阀内件变形、断裂，填料处外漏等严重后果。某些材质会有低温脆性，因此低于允许温度范围使用控制阀也会导致危险。对于上盖及阀杆稍长、需要实现故障时关闭的控制阀，如果低于允许温度范围太多，因阀杆与阀体热膨胀系数不同、随温度变化时的膨胀（收缩）量不同，还会导致阀芯关闭不严的后果，也正因为如此，低温、超低温类控制阀必须在工作温度下进行与执行机构的连接及定位器调试。

7. 作用形式

控制阀的作用形式是指执行机构加大信号或能量时控制阀的打开或关闭情况，或者执行机构信号或能量故障时控制阀打开或关闭情况。为理解清楚控制阀的作用形式，必须先弄清楚执行机构的作用形式。

（1）正作用执行机构 增加信号（或能量）时直行程执行机构推杆向下运动，或旋转式执行机构顺时针方向（CW）旋转，则称执行机构为正作用执行机构。

（2）反作用执行机构 增加信号（或能量）时执行机构向上运动，或旋转式执行机构逆时针方向（CCW）旋转，则称执行机构为反作用执行机构。

（3）阀芯正装 直行程控制阀的阀芯向阀体内部运动，使控制阀关闭的阀芯安装方式，称为阀芯正装。

（4）阀芯倒装 直行程控制阀的阀芯向阀体外部运动，使控制阀关闭的阀芯安装方式，称为阀芯倒装。

根据以上执行机构的作用形式及控制阀的阀芯正装或反装方式，可以判断出控制阀的作用形式，有信号关（故障开）、信号开（故障关）、保位三种作用形式，如图 2-5 所示。

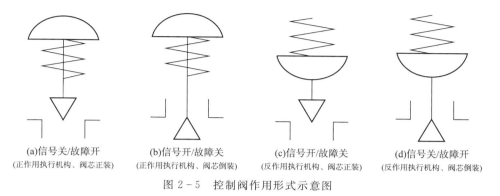

|(a)信号关/故障开|(b)信号开/故障关|(c)信号开/故障关|(d)信号关/故障开|
|(正作用执行机构、阀芯正装)|(正作用执行机构、阀芯倒装)|(反作用执行机构、阀芯正装)|(反作用执行机构、阀芯倒装)|

图 2-5　控制阀作用形式示意图

（4）信号关、故障开　给执行机构增加控制信号（或失去能量），控制阀的开度减小或关闭，或者说，信号（或能量）丢失控制阀打开，则称为信号关或故障开，如图 2-5（a）、（d）所示。对于使用气动薄膜执行机构的控制阀，则称为气关或故障开。

（5）信号开、故障关　给执行机构增加控制信号（或失去能量），控制阀的开度增加或打开，或者说，信号（或能量）丢失控制阀关闭，则称为信号开或故障关，如图 2-5（b）、（c）所示。对于使用气动薄膜执行机构的控制阀，则称为气开或故障关。

（6）保位：对于丢失控制信号（或失去能量），控制阀停止在当前位置的作用形式，则称为保位。实现保位的作用形式，可以使用双作用气缸执行机构安装双作保位阀、电动执行机构，或气动薄膜执行机构的进气口安装可瞬间切断气源（不排气）的保位阀。

8. 行程

对于直行程控制阀，指控制阀从全关到全开过程中阀杆带动阀芯移动的位移；对于旋转类控制阀，指转轴带动阀芯从全关到全开所转过的角度。需要注意的是，为保证控制阀可靠关闭并提供足够的行程，执行机构的总行程一般应稍大于阀芯可实际移动的距离，两者都大于控制阀的额定行程，实际维修中必须根据控制阀铭牌、行程标尺或参数表进行连接，确保额定行程。

9. 气动单作用执行机构的弹簧范围

单作用执行机构依赖弹簧作为行程返回时提供推力，而"弹簧范围"就是综合评价弹簧相关参数的重要概念。

根据 GB/T 17213.4—2015《工业过程控制阀　第 4 部分：检验和例行检验》"弹簧范围"定义为：在阀内无压力但有摩擦力时，执行机构在正反两个方向上均能达到其额定行程的压力范围（注：执行机构的实际操作范围，即当阀安装在实际工作条件下，会与弹簧范围不一致）。根据这一定义，从以下几个方面来理解：

（1）测试弹簧范围时，测试对象是控制阀，而不是仅执行机构测试；

（2）测试时，控制阀状态为准运行状态，即随时可投入运行的状态，阀内件正确安装、填料正确装填、执行机构与阀体组件（调节机构）正确连接、阀的可靠关位及行程已准确调校；

（3）测试时控制阀为空载状态，即阀内没有介质，包括压力、温度等；

（4）测试控制阀的始动点压力直到全行程状态下的压力值，从最小直到最大，形成一个压力范围。

常见控制阀的弹簧范围很多，如 20～100kPa、40～140kPa、40～200kPa、60～180kPa、80～240kPa 等。

为了保证控制阀正常的开启和关闭就必须用执行机构克服压差对阀芯产生的不平衡力，并需有一定输出力作为"密封力"保证控制阀满足允许泄漏量。弹簧范围与执行机构的有效膜片面积相对应，共同决定了该执行机构输出力的大小与范围，并且根据实际使用工况在选型时与所对应控制阀一起被选定，使用中或检修时不得随意更改弹簧或执行机构。

§2.3 控制阀的结构尺寸

控制阀的结构尺寸指与控制阀的重要参数——公称通径、公称压力相关的尺寸，如法兰尺寸、端面（face to face）间距等与控制阀安装相关的尺寸。

§2.3.1 法兰形式与法兰尺寸

国际上管法兰标准主要有两个体系，一个是欧盟 EN 系列管法兰标准体系（PN 系列），另一个是美国 ASME 系列管法兰标准体系（Class 系列），是两个互不相同且不能互换的管法兰标准体系；另外日本 JIS 系列管法兰标准（K 系列）只在日本国内使用，本书不做详细讨论。我国石油化工起步相对较晚，因此管法兰标准借鉴欧洲体系和美洲体系分别制定。国际、欧洲、美洲及国内相关法兰标准如表 2-8 所示。

表 2-8 国际、欧洲、美洲及国内相关法兰标准

序号	标准号	标准名称	备注
1	ISO 7005-1—2011	钢制管法兰	
2	EN 1759-1 2004.	钢制管法兰（Class）	
3	EN 1092-1—2008	钢制管法兰（PN）	
4	ASME B16.5—2009	管法兰和法兰管件	
5	ASME B16.47—2011	大直径钢制管法兰	
6	GB/T 9124.1—2019	钢制管法兰 第1部分：PN 系列	
7	GB/T 9124.2—2019	钢制管法兰 第2部分：Class 系列	
8	GB/T 9125—2010	钢制管法兰用紧固件	
9	HG/T 20592—2009	钢制管法兰（PN 系列）	
10	HG/T 20615—2009	钢制管法兰（Class 系列）	
11	HG/T 20623—2009	大直径钢制管法兰（Class 系列）	

以上标准规定了法兰形式、法兰尺寸、法兰制造材质等内容，需要时可直接查阅。

§2.3.2　法兰密封面型式

法兰密封面是指控制阀法兰与管道法兰连接、密封的配合面，密封面型式是控制阀法兰密封面的型式，各自有其适用的范围。GB 9124.1—2019《钢制管法兰 类型与参数》（第 6 项）等标准中给出了详细的图解和解释，如图 2-6、表 2-9 所示。

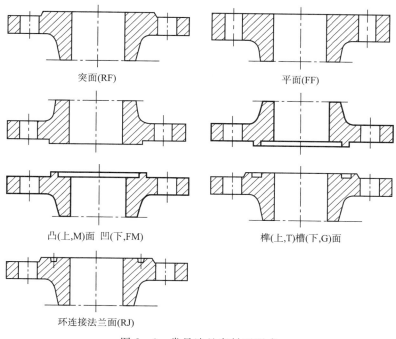

突面(RF)　　　　　　　　　　　　　平面(FF)

凸(上,M)面 凹(下,FM)　　　　　　　榫(上,T)槽(下,G)面

环连接法兰面(RJ)

图 2-6　常见法兰密封面型式

表 2-9　法兰密封型式及代号

法兰配对型式	突/突面	凹-凸面		榫/槽面		全平/平面	环/环连接面
密封面型式	突面	凹面	凸面	榫面	槽面	全平面	环连接面
代号	RF	FM	M	T	G	FF	RJ

§2.3.3　结构长度（法兰距）

结构长度（法兰距）指控制阀与管道法兰连接的两个法兰密封面间的距离（Face-to-Face And End-to-End Dimensions）。为了各国、各厂家生产的控制阀能够直接替换，必须制定相应的标准，如美洲体系 ASME B16.10《阀门的面对面和端对端尺寸》、美国石油协会标准 API 6D《石油和天然气工业管线阀门》（7.4 节）、GB/T 12221—2005《阀门的结构长度》（idt ISO 5752：1982《带法兰管道系统中金属阀门的面对面及中心至端面尺寸》）、GB/T 17213.3—2005《工业过程控制阀 第 3-1 部分 尺寸两通球形直通控制阀法兰端面距和两通球形角形控制阀法兰中心至法兰端面的间距》等标准中，对于各类控制阀，根据其公称通径、公称压力，对于其结构长度都有详细的规定。

（1）直通式控制阀的机构长度是指阀体流道两侧法兰密封面（面对面 Face-to-Face）间的距离（焊接式、对夹式等法兰形式与此类似）。

（2）角形（Angle）控制阀的结构长度，是指第一个端面至第二个端面中心的距离，以及第二个端面至第一个端面中心的距离（焊接式、对夹式等法兰形式与此类似）。

控制阀的结构长度如图 2-7 所示。

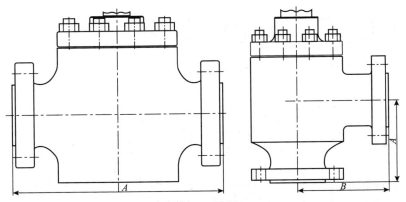

图 2-7 控制阀的结构长度

ASME B16.10 给出了 Class600 各类控制阀面对面，端对端尺寸，如表 2-10 所示。

表 2-10 Class 600 各类控制阀面对面、端对端尺寸（ASME B16.10）

		1	2	3	4	5	6	7	8	9	10

Nominal Valve Size		Ball	Gate		Plug			Globe Lift Check, and Swing Check, Long Pattern, A and B	Globe Lift Check, and Swing Check, Short Pattern, [Note(1)], B	Angle and Lift Check, Long Pattern, D and E	Angle and Lift Check, Short Pattern, [Note(1)], E
		Long Pattern, A and B	Solid Wedge, Double Disc, and Conduit Long Pattern, A and B	Short Pattern, [Note(1)], B	Regular and Venturi Pattern, A and B	Round Bore, Full Port, A	Round Bore, Full Port, B				
NPS	DN										
½	15	165	165 (2)	···	···	···	···	165	···	83	···
¾	20	190	190 (2)	···	···	···	···	190	···	95	···
1	25	216	216	133	216 (4)	254	···	216	133	108	···
1¼	32	229	229	146	229 (4)	···	···	229	146	114	···
1½	40	241	241	152	241	318	···	241	152	121	···
2	50	292	292	178	292	330	···	292	178	146	108
2½	65	330	330	216	330	381	···	330	216	165	127
3	80	356	356	254	356	444	···	356	254	178	152
4	100	432	432	305	432	508	559	432	305	216	178
5	125		508	381	···	···	···	508	381	254	216

Class 600 Steel

Flanged End (7 mm Raised Face and Welding End)

一方面，对于设计者，在控制阀设计时可作为参考；另一方面，对于控制阀使用者，如果丢失了控制阀数据，可以根据相应类型的控制阀结构长度从标准中查出控制阀公称通径、公称压力等数据。

§2.4　控制阀的填料

§2.4.1　填料的类型：

控制阀常用的填料有以下几种类型：

(1) V 形四氟填料　V 形聚四氟乙烯填料，是利用聚四氟乙烯材料加工成截面呈 V 形的环状填料。大批量生产时采用聚四氟乙烯粉末在高温状态下利用模具压制而成，单台生产时为节约制作模具的时间，并减少加工模具的费用，可采用聚四氟乙烯棒料车削加工而成。

因聚四氟乙烯材料摩擦系数小、柔韧性好、难溶于任何有机或无机物质，但在高于200℃时会软化，因此 V 形四氟填料的特点是：有自润滑作用，密封性好，常用于200℃以下的任何介质工况，尤其是介质为强碱性或弱酸强碱类盐溶液，以及 200℃以下的氟、氯、氟化氢、氯化氢等的控制阀。

(2) 四氟盘根填料　采用高强纤维与聚四氟乙烯复合而成的编制结构，因材料中高强纤维的作用，四氟盘根加工的填料，除聚四氟乙烯的自润滑、适用于任何介质尤其强碱、卤族元素及卤族元素所形成的酸等介质的耐腐蚀优点外，可用于高压差工况的控制阀，同样的原因，四氟盘根填料也只能用于200℃以下温度的工况。

(3) 柔性石墨填料　一般用带状膨胀石墨材料经模具压制而成，因石墨材料耐高温、性质较为稳定，因此柔性石墨填料可用于耐高低温、耐腐蚀工况的控制阀，其工作温度范围为-200～600℃，无需带散热片，可减小上阀盖外形尺寸。虽然石墨材料有自润滑性，但用于高压差工况，装填时必须用较大的压紧力压紧，因此对阀杆摩擦力依然很大。

(4) 石墨盘根填料　采用耐高温的高强纤维及镍丝与膨胀石墨复合而成的编制结构，因此除柔性石墨填料的特点外，还可耐更高的工作压差。在高压工况适用时同样需要用力压紧、压实，因此对阀杆的摩擦力较大。

(5) 石墨环（即机械碳）填料　利用机械碳材料模具压制，或棒料经机械加工而成，需要内外径尺寸加工得很精确、表面粗糙度足够才能起到密封作用。机械碳比柔性石墨、石墨盘根材料耐冲刷，因此在出现泄漏时可维持更长时间，如果能做到配合尺寸精确，可防止高温、高压介质的喷发。机械碳性脆，因此不宜用于震动较大的控制阀。

综合以上特点，机械碳填料可以与柔性石墨填料或石墨盘根填料组合使用，一方面利用柔性石墨或石墨盘根填料较软的特点，可防止在震动时机械碳填料的碎裂；另一方面，即使因阀杆运动对机械碳填料有磨损，但毕竟间隙很小，可防止填料泄漏时柔性石墨、石墨填料冲刷损坏后造成的介质喷出。

§2.4.2　填料的装填方式

（1）不能使用填料压盖作为填料装填的工具。填料压盖轴向尺寸不够，装填时填料压不到填料函底部，累积几颗后因外径与填料函接触、内径与阀杆接触，产生摩擦力梯度的原因，最终造成上部填料已压紧，但底部的填料还没压紧，互相之间有间隙，经阀杆上下运动的影响，填料会很快松动、造成外漏，如图 2-8（a）所示。

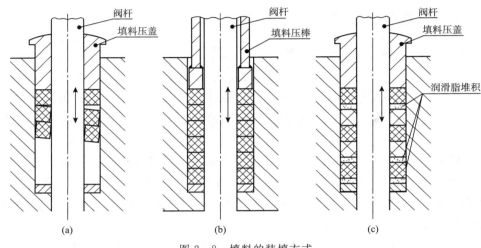

图 2-8　填料的装填方式

（2）正确的装填工具是根据填料尺寸规格加工一端可与填料函底接触、一端高于阀杆的填料压棒作为装填的工具，逐个装填、逐个压紧，可保证每一颗填料之间都能压紧，如图 2-8（b）所示。

（3）不应使用榔头猛砸填料压棒的方式装填料，因榔头敲击时震动较强，装填后填料虽能完全变形，但会略有松散，冲击力大时会损坏填料纤维结构而造成填料强度下降。

（4）柔性石墨、盘根类填料正确的装填方式，应采用较大规格的执行机构推杆压紧，或者使用压力机压紧填料，装一颗压紧一次，直到达到所需装填数量，最后压紧填料压盖。

（5）装填料时需要加少量的润滑脂，但又不能过多，只在与阀杆接触的内圆上少量涂抹，不能形成堆积。否则常温时润滑油是固态，会占用一定的空间，等温度上升后润滑脂融化、甚至汽化，固态润滑脂占据的空间成为空隙，在阀杆上下运动的作用下使填料松动、造成外漏，如图 2-8（c）所示。

（6）动作频繁的控制阀，在填料螺栓或填料压盖上增加刚性较大的碟形弹簧（或称碟形垫片），可以在填料磨损后起一定的自动补偿作用，可有效延长填料的使用寿命。

（7）根据控制阀工作压差的不同，及填料种类的不同，填料装填的数量也应不同。除上、下衬垫外，填料数量一般在 3～6 颗之间较为合理，高温、高压状态下分组装填也应为 6～8 颗、不超过 10 颗，否则不但起不到应有的密封作用，还会增大阀杆运行时的阻力，严重时还会造成动作时定位不稳定的喘振现象。

第3章 球形控制阀的结构与维修

球形控制阀（Globe Control Valve），是指大多数阀芯的头部流量控制型面的纵切线为近似抛物线，整个阀芯型面形状类似于（椭）球状，故称为球形控制阀。

球形控制阀的流量特性决定于阀芯头部控制型面的形状（锥面、近似抛物面等），因此可以广义地定义：凡流量特性由阀芯（型面形状）确定的控制阀，都属于球形控制阀。常见的球形控制阀是阀芯头部为椭球形或锥面的控制阀，另有一些控制阀的阀芯头部为在圆柱面上开槽、依靠槽的形状和尺寸决定流量特性，这类控制阀因流量特性依然决定于阀芯形状，因此依然归类为球形控制阀，称为异型球形控制阀。

§3.1 常规球形单座控制阀的阀内件形式

§3.1.1 常规球形单座控制阀的阀芯

常规球形控制阀的阀芯，根据其型面母线形状，可分为等百分比型、线性型、高容量型、快开型等几种。

等百分比型阀芯，其型面的截面母线为抛物线形，可满足等百分比流量特性控制阀的调节需要，调节精度很高，如图 3-1 (a)、(b)、(c) 所示。

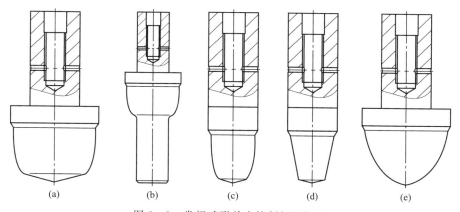

图 3-1 常规球形单座控制阀的阀芯
(a)(b)(c) 等百分比特性；(b) 为上、下双导向；(d) 线性；(e) 高容量

线性型阀芯，其型面沿轴线截面的母线一般为直线，可满足线性流量特性控制阀的调节需要，调节精度高，如图3-1（d）所示。

高容量型阀芯，其型面截面的母线接近圆弧形，随着阀芯开度的增加，流量增加很快（介于线性和快开之间），因此相同通径的控制阀流通能力更大，因此称为高容量阀芯，调节精度相比于等百分比、线性较低，如图3-1（e）所示。

快开型阀芯，其型面的截面形状近似于截止阀阀芯，很小的开度就可达到最大的流通能力。

常规球形单座控制阀的阀芯流量特性曲线精度高（高容量、快开型阀芯除外），因此调节精度很高。

§3.1.2　常规球形单座控制阀的阀座和套筒

球形单座阀的阀座与阀体的连接有两种形式，一种是螺纹连接式，另一种是套筒压紧式。螺纹连接式阀座结构是在阀体、阀座上加工公称直径、螺距、牙形角等均相同的同一规格螺纹，装配时将阀座旋入阀体，并可靠拧紧，即可实现阀座的固定，并防止阀座与阀体之间的泄漏，如图3-2（a）、（c）所示；套筒压紧式是在阀体上加工台阶，装配时将阀座放入阀体上的台阶（阀座与阀体之间可放置密封垫片），通过被上阀盖压紧的套筒传递压力使阀座紧紧地与阀体贴合，得以实现阀座的固定，并防止阀座与阀体之间的泄漏，如图3-2（b）、（d）所示，此时压紧套筒的作用是将来自上阀盖的压紧力传递给阀座，实现阀座的固定并防止阀体与阀座间的泄漏。

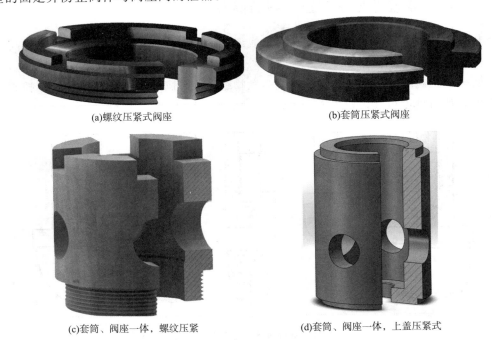

(a)螺纹压紧式阀座　　　　　　　　　　　　(b)套筒压紧式阀座

(c)套筒、阀座一体，螺纹压紧　　　　　　(d)套筒、阀座一体，上盖压紧式

图3-2　常规球形单座控制阀的阀座与套筒

　　图 3-2（c）所示是在螺纹固定式阀座上增加套筒，这种套筒带阀座的设计也不需要上盖的压紧。套筒上的孔可以减少阀体中介质的涡流等不利于控制阀运行的状况，并在一定程度上降低介质流速，孔径设计合理时还可以减少介质对阀芯的汽蚀损坏。图 3-2（d）是套筒压紧式的阀座与套筒设计为一体，无需螺纹连接，只需要通过上盖传递压力将套筒（含阀座，底部有密封垫片）压紧在阀体上实现密封。

　　图 3-3 所示为球形单座控制阀的常见结构（阀芯正装）。图 3-3（a）所示为螺纹连接式阀座，结构相对简单、阀腔空间大，有利于介质的流动，但固定阀座时须有一定的经验，防止因阀座螺纹松动导致阀座与阀体间出现泄漏、继而冲刷损坏螺纹及阀座与阀体密封部位。图 3-3（b）所示为套筒压紧式阀座，通过上盖紧固双头螺柱、上盖、套筒将阀座可靠压紧在阀座上，通过阀座底部的垫片实现与阀体的密封。套筒压紧式阀座装配简单、可靠，易于实现密封，但由于增加了套筒，结构、流路相对复杂，适合于高压差球形控制阀。图 3-3（c）所示为螺纹连接式阀座，因此有图 3-3（a）所示结构的全部优点，另外该结构的特点是阀芯的下部导向部位加长，与底盖对应位置形成配合，与原有的上阀盖导向一起形成上、下部共同导向的结构，阀芯运行中的刚性增大、运行平稳性提高。为了防止介质中的污物在阀芯下部形成堆积、造成控制阀关闭不严，在底盖上设置螺纹连接的堵头，形成排污口。

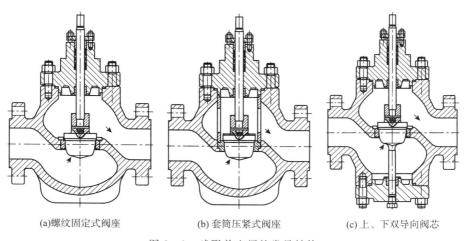

(a)螺纹固定式阀座　　　　　(b)套筒压紧式阀座　　　　　(c)上、下双导向阀芯

图 3-3　球形单座阀的常见结构

§3.2　异形球形单座阀的阀芯形式

　　异形球形单座阀的阀芯，是指有别于常规球形单座阀的阀芯，阀芯头部不是（椭）球形或锥面，而是其他形状，如流量槽型、小流量槽型、斜面型阀芯等，因控制阀的流量特性仍然由阀芯（的头部形状）决定，故本书将其归类于球形单座阀的范畴并标为"异形"，如图 3-4 所示：

(a)流量槽型阀芯   (b)带扁或小槽型微小流量阀芯

图 3-4   异形球形单座控制阀阀芯

§3.3   球形单座控制阀的特点

球形单座控制阀结构简单，S 形流路开阔简单，因此受到广大客户的喜欢。概括起来，球形单座控制阀特点如下：

（1）结构简单，因此同规格控制阀中相对较轻，成本相对较低；便于生产、方便使用及维修，维修及备件成本相对较低；

（2）S 形流道简单、开阔，因此相对流通能力较大；

（3）容易实现较高的泄漏量等级；

（4）大多为非平衡式结构，不平衡力大，因此普遍适用于压差不大的工况，同时不宜生产较大规格，多为 NPS 4″（DN100）及以下；

（5）适合气体、液体，及含颗粒、粉末等的各类介质。

§3.4   球形单座阀常见损坏现象及维修

1. 阀芯型面及密封面冲刷、汽蚀、硬物挤伤等损坏

球形单座控制阀常见的损坏现象是阀芯型面及密封面受到冲刷、汽蚀等损坏，同时介质中的硬质颗粒夹在阀芯与阀座之间、而恰逢阀芯关闭动作时，容易使阀芯型面及密封面受到挤压损坏。

对于阀芯型面、密封面冲刷、汽蚀、硬物挤伤等损坏，如果损坏不十分严重，可以采用补焊后重新车修的方式修复；如果冲刷损坏十分严重，则建议更换新的阀芯备件。

补焊时，如果密封面有原来的硬化层，则需要在车床上将硬化层车去，避免补焊过程中原硬化层因局部受热出现裂纹。损坏部位补焊后，应在车床上初步车出型面，然后重新堆焊硬化层，堆焊后按照原来的尺寸加工型面及密封面。

在车床上车修阀芯时，应注意阀芯的导向圆柱面，如导向部位、阀杆等处，与阀芯的密封面及型面的同轴度形位公差，否则修复后的阀芯会因此出现泄漏量超标的结果。

阀芯补焊、堆焊、车修后，还需要阀芯、阀座的配研，目的是降低阀芯、阀座密封面的粗糙度。

（1）配研时应将上阀盖正确装配，起到定位、导向的作用，防止配研过程中造成的阀芯密封面及型面与导向部位的同轴度偏差。（机械行业习惯用"误差"、"偏差"一般指误差的上、下限值）

（2）配研过程中应在阀芯、阀座密封面处涂抹研磨砂，加快研磨过程，尤其是防止配研过程中阀芯与阀座的黏结、撕裂、形成积屑瘤损坏密封面；配研时需要通过声音或力的变化判断研磨情形，不断添加新的研磨砂，避免配研中研磨砂的流失，及砂粒破碎失效影响配研效果。

配研过程中需要注意阀芯、阀座间的力。力太小会加长配研过程，太大容易促使阀芯与阀座的粘接、撕裂、形成积屑瘤，这样越研磨效果会越糟糕。因此对于较小的阀芯，配研时需要加力；较大的阀芯则需要通过弹性元件起吊，或用手轻轻提起，以控制阀芯、阀座间的作用力。

研磨砂一般使用氮化硼材料，要求较高的也会使用氧化铝等材质的研磨砂。研磨砂分粗、中、细等各个粒度，应随着配研的进程、密封面的变化情况，由粗到细进行更换；研磨砂应用蓖麻油调和成黏稠、略稀的膏状。

（3）配研后的阀芯密封面，会因过度配研产生环形槽样痕迹，影响密封效果，因此一般需要重新车修密封面后再次轻轻配研，使其达到应有的粗糙度，方能确保密封效果。

2. 阀座密封面损坏

同样的原因，阀座也容易受到冲刷、汽蚀、硬质颗粒压伤等损坏。所不同的是，阀座大多为薄壁件，损坏后不易采用补焊、堆焊等方式修复，建议立即更换新的阀座备件。如果损伤轻微的，可将损坏部位端面车去一部分后，重新车出完整的密封面，只要硬化层还在，就能保证一定的使用寿命，否则只能作为应急使用，应立即准备新的备件、在条件允许时更换；损坏严重的应立即进行更换。轻微损坏的阀座车修前后如图 3-5 所示。

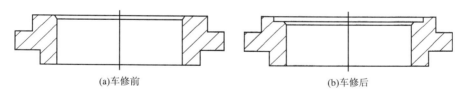

(a)车修前　　　　　　　　　　　(b)车修后

图 3-5　损坏阀座车修方法

3. 导向部位磨损、直径变小，或磨偏

因介质对阀芯较大的单侧冲击力，阀芯的导向部位容易与与之配合的导向部位单侧受力摩擦，因此容易"磨偏"，使阀芯与与之配合的导向套配合间隙增大。导向部位磨损会引起一系列问题，比如上下运动时容易与阀座单侧碰撞、摩擦，以及使阀芯容易受介质流动的影响而发生振动等。随着摩擦、损坏的严重，这样的破坏速度会越来越快，导致严重后果。

新产品设计时，一般上、下阀盖上的导向套，或导向套筒应采用硬度较高的材料或工艺，阀芯上下导向部位也应该局部硬化处理，比如环形堆焊，或整个导向部位喷涂处理等，以延长导向部位的使用寿命。

　　一旦导向部位发生"磨偏"现象，应进行补焊、车修，并进行局部硬化处理。可以先将磨损部位进行补焊，在车床上找正阀芯的密封面及型面中心后，粗车导向部位，并车好堆焊槽，然后硬化（如堆焊）处理后，再次找正阀芯密封面及型面轴心后精车至适合的尺寸及粗糙度。在此过程中，还是要确保阀杆安装部位，导向部位与阀芯的密封面及型面同轴度误差在允许范围之内。

　　修复阀芯导向部位的同时，还应检查阀盖上的导向套及套筒是否磨损，如已磨损，也应同时更换新件。如果现场检修中不具备更换新件的条件，并且导向套磨损轻微，可将导向套内径镗削加大，至导向内径成整圆，并确保粗糙度。导向套内径增大后，阀芯的上下导向部位在补焊、车修过程中也应同步增大，并确保与导向套适当的配合间隙。因为导向套大多属于薄壁件，而且一般内径不大但轴向尺寸较大，呈深孔状，因此难以补焊修复，因此严重冲刷损坏的导向套必须报废处理，并更换新件。

　　现场维修中，将新的阀座或修复后的阀座装入阀体后，应做密封性试验，试验方法图3-6所示。

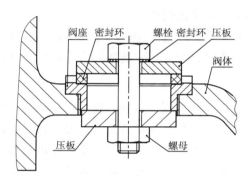

图3-6　阀体与阀座密封可靠性试验示意图

4. 阀座与阀体连接部位密封失效并损坏

　　有时球形双座控制阀反复修理后仍然有不明泄漏出现，就应该怀疑阀座与阀体连接部位密封失效；或者拆解、检查后可直接发现阀座松动，或阀体与阀座连接密封面冲刷损坏等，都需要进行妥善修复。

　　如果是单纯阀座松动而阀体与阀座连接密封面完好的，可直接可靠紧固阀座连接即可。如果阀体、阀座连接密封面处冲刷损坏，因阀座材料硬度高于阀体，大多数都会是阀体部位冲刷，此时就需要拆去阀座，将阀体密封部位进行测绘、数据留底后，进行补焊、车修处理。车修时需要在车床上找正上（下）盖连接部位的内径及端面，按照测绘数据进行修复，确保阀座重新装配后能占据正确的位置。如果阀座上与阀体配合部位也有损伤的，也应进行更换或修复，确保修理后能实现阀座与阀体的可靠密封。

　　阀座与阀体连接部位经修复后，也应按照图3-7所示进行密封可靠性试验。

　　将阀座处如图3-7所示可靠装配后，从入口方向通入不低于实际工况关闭压差的水、压缩空气等试验介质后，观察阀座与阀体密封处是否有泄漏发生，如有，进行相应处理后重新进行测试，直至阀体与阀座连接处可靠密封。

5. 阀杆拉伤损坏

作为连接执行机构与阀芯的关键零部件，阀杆做上下运动，容易受到填料、填料压盖及导向部位的摩擦，因此容易受损。阀杆，尤其是填料密封部位拉伤损坏，容易导致介质顺着槽状拉伤痕迹泄漏。

阀杆为细长杆状零件，局部受热会因热应力导致阀杆弯曲，因此拉伤损坏后不易进行局部补焊修复。一般检修条件下没有相应的加工手段以及表面硬化设备，因此也不宜将阀杆车细处理，因为一旦车削处理，会损失阀杆表面的硬化层，使阀杆完全失去使用价值。因此阀杆一旦拉伤损坏，唯一的方法就是更换正规厂家生产的新备件，并且必须有相应强化、硬化处理措施。

6. 阀芯、阀杆连接部位

阀芯、阀杆连接部位的可靠性也是重要的一环，尤其是高压差、易卡死控制阀的阀芯阀杆连接。大部分控制阀的阀芯、阀杆，都是通过螺纹连接，在阀杆螺纹的接近末端，通过销子连接防止螺纹松动。

（1）因为阀杆螺纹和阀芯螺纹加工的误差，一般越靠近螺纹末端，螺纹的受力会越小，因此销子位置应选择在接近阀杆螺纹的末端，对阀芯、阀杆螺纹连接强度削弱会更小。

（2）销子的直径应根据阀芯、阀杆连接的螺纹规格慎重选择，销子直径越大对阀杆强度削弱会越严重，销子直径太小会因震动等原因造成销子断裂，最终造成阀芯、阀杆脱开连接。阀芯、阀杆的连接如图 3-7 所示。

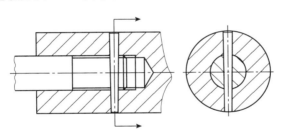

图 3-7　阀芯阀杆螺纹连接示意图

（3）销子一般选择 1:50 锥度的锥销，并将销孔大端口部铆住，防止销子脱落。如果没有合适的锥销而选择圆柱销，则销孔必须进行铰削，保证销子与销孔配合面粗糙度及配合公差，并将销孔两端铆住。

（4）为了保证连接后阀芯、阀杆的同轴度公差，必须有一定长度的圆柱配合面。配合面的长度一般应大于等于配合面圆柱直径。阀杆直径过大时，配合面长度一般在 15～20mm 之间，避免配合面过长造成阀芯配合内圆加工困难，及后边螺纹因丝锥长度不够而攻丝困难。

在控制阀检修中，应检查阀芯、阀杆连接螺纹是否完好，检查销子是否松动、脱落，保证阀芯与阀杆的可靠连接。如果检查发现阀芯或阀杆的连接螺纹有掉牙、溢扣等现象，推荐更换新的备件；如果因紧急检修没有更换备件条件，必须对原件进行修复，一般先计算螺纹小径是否符合改制要求，在满足要求时将螺纹加大一个规格，并将阀杆连接螺纹部分进行补焊并将其同样加大一个规格。修改后的螺纹加大，如果加大后的螺纹规格大于阀芯、阀杆配合圆柱面直径，配合圆柱直径应同时加大，使之略大于或等于链接螺纹的规格。配合圆柱面直径加大，配合面圆柱与原阀杆外径应倒角或倒圆，如图 3-8 所示。

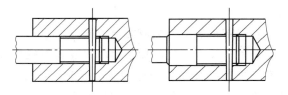

图 3-8　加大配合圆柱面及连接螺纹规格示意图

常用公制螺纹螺距及螺纹小径（钻孔直径）如表 3-1 所示。

表 3-1　常用公制螺纹螺距及螺纹小径（钻孔直径）　　　　　　　mm

螺纹规格	螺距	钻孔直径	螺纹规格	螺距	钻孔直径	螺纹规格	螺距	钻孔直径
6	1	5	14	2	12	22	2.5	19.5
6	0.75	5.3	14	1.5	12.5	22	2	20
8	1.25	6.8	16	2	14	22	1.5	20.5
8	1	7	16	1.5	14.5	24	3	21
8	0.75	7.3	18	2.5	15.5	24	2	22
10	1.5	8.5	18	2	16	24	1.5	22.5
10	1.25	8.8	18	1.5	16.5	27	3	24
10	1	9	20	2.5	17.5	27	2	25
12	1.75	10.3	20	2	18	27	1.5	25.5
12	1.5	10.5	20	1.5	18.5	30	3.5	26.5
12	1.25	10.8				30	2	28

比如将 M10 螺纹改为 M12，经查表 M12 螺纹钻孔直径为 10.3mm，大于 M10 螺纹的大径，因此可以将 M10 螺纹改为 M12，其他规格螺纹改制以此类推。

7. 上盖导向与阀座同轴

阀芯、阀杆组装在一起，称为"阀芯部件"。在整个控制阀中，阀芯部件与上阀盖、上阀盖与阀体、阀座与阀体之间都有同轴度形位公差要求，某一个环节达不到要求都会影响到整机性能。

在日常控制阀维修过程中，在修复阀芯、阀座、压紧或导向套筒后，仍然会发现无法保证控制阀的泄漏量等级，多次拆装后最终检测上阀盖各部位的同轴度形位公差时，会发现有超差现象。

首先是上阀盖与阀体配合部位的同轴度形位公差超差概率最高。上阀盖的填料函与阀芯导向部位之间，阀芯导向部位、上阀盖与阀体部位配合部位，车削工艺上要求尽量在一次装夹完成，但对于超高温或超低温上阀盖，因为轴向尺寸较大，无法做到一次装夹完成，也有的生产厂家为方便，或者操作者在装夹时不可靠，导致加工中工件松动，以上几种情况下导致上阀盖以上各部位间的同轴度形位公差超标,整机转配后最终使阀芯密封面及型面与阀座同轴度形位公差超差,无法实现密封要求及精密调节要求。

出现上述情况时,需要对上盖进行修复。在多年的修复过程中,笔者总结出一种最为简捷、可靠的修复过程,如图 3-9 所示。

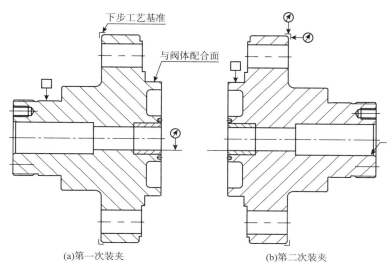

(a)第一次装夹　　　　　　　　(b)第二次装夹

图 3-9　上阀盖修复过程示意图

(1) 如图 3-9 (a) 所示,四爪卡盘夹紧执行机构定位处,百分表找正阀芯导向部位内孔及端面,然后百分表检测上阀盖与阀体配合部位外圆,查看跳动量;

(2) 测量上阀盖与阀体配合部位的外径及端面尺寸,绘制草图后对该部位进行补焊;

(3) 确保可靠夹紧的前提下,重新车削上阀盖与阀体配合部位的外径及端面,使之满足与阀芯导向部位(孔)的同轴图、垂直度形位公差;

(4) 在上盖背面加工一小段外圆及端面,作为加工填料函时找正的工艺基准;

(5) 如图 3-9 (b) 所示,调头,四爪卡盘夹持上盖与阀体配合部位,或最大外圆处,找正上一工步加工的工艺基准,并可靠夹紧;

(6) 杠杆表分表检测填料函的跳动量,如果跳动量超标,可对填料函进行镗削加工,使之圆度、粗糙度满足要求,镗削后进行滚压或挤压处理;

(7) 检查阀杆孔的跳动量,判断是否会出现阀杆孔与阀杆的干涉现象。因为一般情况下,上盖轴向尺寸较大、阀杆孔较小,没有专用的加长镗刀很难直接对阀杆孔进行镗削加工,所以一般检修中只对阀杆孔进行扩大处理,避免阀杆孔与阀杆干涉即可。

经过上述过程,一般上阀盖各部位间的同轴度要求都可修复、满足装配要求。

8. 阀座流量孔过大、密封面不在根部

正常情况下,球形单座控制阀的阀座的流道内径,应等于或略大于阀芯密封面根部尺寸,同时密封面应在阀芯密封面根部位置,如图 3-10 (a) 所示。在控制阀使用过程中的冲刷,以及不正常的维修后,可能造成如图 3-10 (b) 所示情况,阀座流道内径大于阀芯密封面根部尺寸很多,这样会造成以下不良后果:

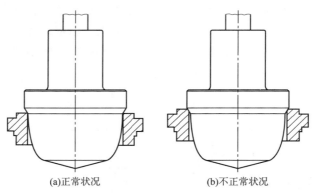

(a)正常状况　　　　　　　　　(b)不正常状况

图 3-10　阀芯、阀座密封面位置示意

（1）流量无法控制。这种情况下，因为阀芯根部尺寸小于与阀座流道内径，阀芯与阀座间的间隙很大，阀芯只要稍微打开，流量就会有一个阶跃式增加，因此失去了球形单座阀小开度时对微小流量的精确控制。

（2）因为阀座密封面位于阀芯密封面的靠上部，因此密封面处的接触很危险。这种情况下阀芯与阀座间的同轴度等形位公差稍有超差，就会导致阀芯与阀座密封面的接触不均匀、有缝隙存在，达不到密封效果；甚至，阀座密封面会超出阀芯密封面范围，失去密封效果。

综上所述，在球形单座控制阀的设计、维修中，应确保阀座流道内径与阀芯密封面根部尺寸一致，并确保阀座密封面位于阀芯密封面根部，从而确保良好的调节性能及密封效果。如否，应更换新的合格的阀座，或对原阀座内径及密封面进行修复，使之满足要求。

9. 阀体泄漏

很多时候，在经过了反复的拆解、检查、维修、装配、检测后，作为本来泄漏量等级可以很高的球形单座控制阀，泄漏量仍然很大，甚至似乎没有阀芯或阀芯未处于关闭位置一样的"直过"现象，此时就该怀疑阀体因腐蚀、冲刷，甚至生产时就有的铸造缺陷，造成高压腔与低压腔之间的"穿透"。有时候这样的缺陷或损坏很小，肉眼难以观察到，因此必须借助压力试验的方法进行检测。

检测的方法如图 3-7 所示，封闭阀座流道，在高压腔（入口）处通入适当压力的气体或液体，观察阀腔内是否有泄漏并找到泄漏点，用记号笔做好标记。如果还未发现泄漏及泄漏点，可以在确保安全的前提下继续增加压力，直至找到泄漏点。

很多维修工在发现泄漏点后的第一反应是直接对泄漏点处进行补焊，以图将漏点焊住。实际上，这样的方法是无法彻底消除泄漏，尤其是在高压差的情况下。正确的方法是用较大的钻头，必要时还可使用角磨机等打磨工具，将缺陷或损坏处进行扩大，然后再进行补焊，这样可增大焊接面积与强度，确保可靠修复缺陷。补焊后，对补焊处进行打磨修复，并再次按照图 3-7 所示方法进行泄漏试验。

阀体铸造缺陷，或腐蚀、冲刷造成的损坏，还会造成外漏。比如阀体与上盖螺栓连接的螺纹孔与阀体连通，或者阀体与外界连通等，都会造成控制阀使用时介质从螺纹孔处或直接从阀体壁处外漏，是很大的危险因素。外漏的修复方法同上，必须对缺陷进行扩大后补焊修复。

有时候冲刷损坏的面积很大，就需要进行大面积堆焊。尤其是对于高温高压的控制阀，阀体可能会是 WC6、WC9 等铬钼钢，如果阀体进行了大面积堆焊，阀体必须整体去应力退火处理。

§3.5　球形双座阀及异形球形双座阀

球形双座控制阀的阀芯是两个球形阀芯，各自有密封面，与上、下两个阀座同时接触实现阀芯与阀座间的密封，并有两个流量控制型面，各自实现对介质的控制作用。介质自上下两个阀芯、阀座间的间隙流出、汇合后从出口流出。

图 3-11 所示为球形双座阀的结构。

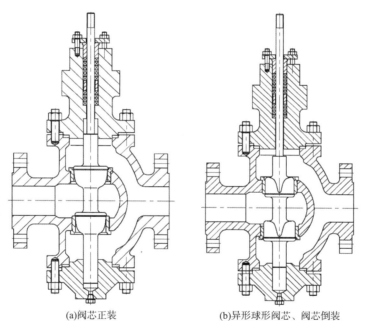

(a)阀芯正装　　　　　　　　　(b)异形球形阀芯、阀芯倒装

图 3-11　球形双座控制阀

如图 3-11（a）所示，双座控制阀的阀芯上、下都有导向圆柱，分别与上阀盖、底盖上的孔配合，通过上、下阀盖与阀体配合定位后，与上、下阀座满足一定的同轴度形位公差，确保阀芯上、下运动过程中与上、下阀座良好配合，保证阀芯对介质的控制作用；在阀芯关闭时，能确保上下阀芯的密封面能与上下阀座密封面良好接触并实现密封。

图 3-11（a）所示阀芯为正装，装配时阀芯从上阀盖处装入，阀芯向上运动时打开控制阀。图 3-11（b）所示为异型球形双座控制阀阀芯的倒装结构，阀芯必须从下阀盖（也称"底盖"）处装入，阀芯向下运动时打开控制阀；该阀芯为异形球形双座阀芯，上、下阀芯为圆柱形上加工流量槽，通过流量槽的宽窄、深浅变化控制通过阀芯流量槽的介质流量。

前边提到，球形单座阀的特点是不平衡力大、同规格控制阀需要更大的执行机构，因此单座阀一般规格不大，市场上一般只做到 $DN100$（NPS $4''$）；而双座阀的出现，克服了单座阀的不足，因为其不平衡力较小，可以做到更大的规格，因此在很长一段时间内，双座阀占据着重要的地位，直到大推力执行机构及控制阀定位器，以及套筒式控制阀的出现。

§3.6　球形双座阀的特点

（1）无论阀前、阀后，两个阀芯的上、下面受力基本相等，因此不平衡力小，适用于高压差工况；

（2）阀芯上、下部各有一处导向，因此运行较为平稳，适用于高压差工况；

（3）阀芯为球形，且有上下两个阀座，因此阀腔空间大、流通能力大；

（4）阀体流路复杂，高压差时介质对阀体冲刷较为严重；

（5）存在上下两个阀芯、阀座，轴向尺寸难以完全相等、不易保证两个阀芯同时严密关闭，因此泄漏量较大；

（6）流路复杂，不适合含纤维介质及黏稠类介质工况；

（7）与套筒类控制阀相比，不易卡死，更适合于含粉末、颗粒类介质工况。

§3.7　球形双座阀常见的损坏现象及维修

1. 阀芯型面及密封面冲刷、汽蚀、硬物挤伤等损坏

相比于单座阀，球形双座控制阀更适合于高压差工况，因此阀芯型面及密封面更容易受到冲刷、汽蚀等损坏，同时介质中的硬质颗粒夹在阀芯与阀座之间、恰逢阀芯关闭动作时，容易使阀芯型面及密封面受到挤压损坏。

对于阀芯型面、密封面冲刷、汽蚀、硬物挤伤等损坏，如果损坏不十分严重，可以采用补焊后重新车修的方式修复，如果冲刷损坏十分严重，则建议更换新的阀芯备件。

补焊时，如果密封面有原来的硬化层，则需要在车床上将硬化层车去，避免补焊过程中原硬化层因局部受热出现裂纹。损坏部位补焊后，应在车床上初步车出型面及密封面堆焊槽，然后重新堆焊硬化层，堆焊后按照原来的尺寸加工型面及密封面。

在车床上车修阀芯时，应注意阀芯的上、下导向圆柱面，与上、下阀芯的密封面及型面的同轴度形位公差，否则修复后的阀芯会因为上述部位的同轴度误差导致泄漏量过大，甚至摩擦力增大、卡涩，严重时甚至无法正常装配。

车修阀芯时，应精确测量阀体上两个阀座密封面之间的距离，按照这一距离加工上下阀芯密封面之间的距离，使其完全相等。因测量误差、加工误差在所难免，因此实际检修车配过程中，一般采用涂色法配车，即初步测量密封面距离并按这一尺寸车修后，还必须在上、下阀芯密封面上涂抹颜色（一般采用红丹粉加蓖麻油调配成红色）后与上、下阀座试配，根据阀座沾到颜色的情况判断误差情况，并反复车配，直到上、下阀芯密封面与上、下阀座密封面能均匀沾到颜色，说明距离基本相等，然后采用配研的方式进一步消除

误差，并降低阀芯、阀座密封面的粗糙度。配研后的阀芯，会因过度配研产生环形槽样痕迹，影响密封效果，因此一般需要重新车修去相等的量后再次轻轻配研，才能确保密封效果。

2. 上、下阀芯连接部位弯曲变形

上、下阀芯连接部位弯曲变形，会导致上、下阀芯型面及密封面，以及上下导向圆柱面之间的同轴度公差失控，而且不易校正修复，因此弯曲变形严重时不建议继续修复，最好更换新的备件。

3. 上、下阀芯之间的连接部位汽蚀损坏

双座阀用于相对较高压差、温度时，上下阀芯的连接部位容易受到汽蚀损坏。因连接部位处于较细的部位，如果采用补焊方式修复，因局部及单侧受热发生弯曲变形而导致上下阀芯密封面及型面不同轴，引起更大麻烦，所以不易采取补焊等修复方式修复，建议做报废处理，并更换新的备件。

4. 导向部位磨损直径变小，或磨偏

因较大的介质对阀芯的单侧冲击力，阀芯的上、下导向部位容易单侧与上、下阀盖的导向套受力摩擦，因此容易"磨偏"，使阀芯与上下阀盖导向部位配合间隙增大，引起一系列问题，比如上下运动时容易与阀座单侧碰撞、摩擦，以及使阀芯容易受介质流动的影响而发生振动等。随着摩擦、损坏的严重，这样的破坏速度会越来越快，导致严重后果。

新产品设计时，一般上阀盖、底盖上的导向套应采用硬度较高的材料或工艺，阀芯上下导向部位也应该局部硬化处理，比如环形堆焊，或整个导向部位喷涂处理等，以延长导向部位的使用寿命。

一旦导向部位发生"磨偏"现象，应进行补焊、车修，并进行局部硬化处理。可以先将磨损部位进行补焊，在车床上找正上、下阀芯的密封面及型面中心后，粗车导向部位，并车好堆焊槽，然后硬化（如堆焊）处理后，再次找正上下阀芯密封面及型面中心后精车至适合尺寸及粗糙度。在此过程中，还必须确保阀杆安装部位，上、下导向部位与上、下阀芯的密封面及型面同轴度误差在允许范围之内。

修复阀芯上下导向部位的同时，还应检查上阀盖与底盖上的导向套是否磨损，如已磨损，也应同时更换新件。如果现场检修中不具备更换新件的条件，并且导向套磨损轻微，可将导向套内径镗削加大，至导向内径成整圆，并确保粗糙度。导向套内径增大后，阀芯的上下导向部位在补焊、车修过程中也应同步增大，并确保与导向套适当的配合间隙。因为导向套大多属于薄壁件，而且一般内径不大且轴向尺寸较大，呈深孔状，难以补焊修复，因此严重冲刷损坏的导向套必须报废处理，并更换新件。

5. 阀座冲刷、汽蚀损坏

与阀芯密封面、型面容易冲刷、汽蚀损坏相似，阀座密封面及流道同样容易受到冲刷、汽蚀损坏。

与单座阀相似，双座阀的阀座大多也是薄壁件，如果采用局部或者密封面、流道整体补焊，阀座会因受热导致严重的变形，因此冲刷损坏后不宜进行补焊、车修处理，应做报废处理并更换新的备件。如果因紧急情况没有现成的备件，也来不及加工新的备件，只能在确保阀座与阀体间无泄漏的情况下（一般为螺纹连接式阀座），应不取下阀座，阀座连接在阀体上进行补焊，补焊后将阀体整体装夹在车床上，找正上盖连接部位的内径及端面后，对补焊过的阀座进行车修加工，使其恢复至原始尺寸。

更换新的阀座，或者连同阀体一起补焊、车修阀座后，应确保阀座与阀体连接可靠，并进行压力试验，确保阀座与阀体间可靠密封、不发生泄漏，否则会导致阀体与阀座连接部位冲刷损坏，使阀体受损。试验方法如图 3-6 所示。

6. 阀座与阀体连接部位密封失效并损坏

有时球形双座控制阀反复修理后仍然有不明泄漏出现，就应该怀疑阀座与阀体连接部位密封失效；或者拆解、检查后可直接发现阀座松动，或阀体与阀座连接密封面冲刷损坏等，都需要进行妥善修复。

如果是单纯阀座松动而阀体与阀座连接密封面完好的，可直接可靠紧固阀座连接即可。如果阀体、阀座连接密封面处冲刷损坏，因阀座材料硬度高于阀体，大多数都会是阀体部位冲刷，此时就需要拆去阀座，将阀体密封部位进行测绘、数据留底后，进行补焊、车修处理。车修时需要在车床上找正上（下）盖连接部位的内径及端面，按照测绘数据进行加工修复，确保阀座重新装配后能占据正确的位置。如果阀座上与阀体配合部位也有损伤的，也应进行更换或修复，确保修理后能实现阀座与阀体的可靠密封。

阀体与阀座连接部位经修复后，也应按照图 3-6 所示进行密封可靠性试验。

7. 阀杆拉伤损坏

作为连接执行机构与阀芯的关键零部件，阀杆上下运动，容易受到填料、填料压盖及导向部位的摩擦，因此容易受损。阀杆填料密封部位如果拉伤损坏，容易导致介质顺着槽状拉伤痕迹泄漏。

阀杆为细长杆状零件，局部受热会因热应力导致阀杆弯曲，因此拉伤损坏后不易进行局部补焊修复；一般检修条件下没有相应的加工手段以及表面硬化设备，因此也不宜将阀杆车细处理，因为一旦车削处理，会损失阀杆的表面硬化层，使阀杆完全失去使用价值。因此阀杆一旦拉伤损坏，唯一的方法就是更换正规厂家生产的新备件，并且所更换的新备件必须有相应强化、硬化处理措施。

8. 阀芯、阀杆连接部位

阀芯、阀杆连接部位的可靠性也是重要的一环，尤其是高压差、易卡死控制阀的阀芯阀杆连接。大部分控制阀的阀芯、阀杆，都是通过螺纹连接，在阀杆螺纹的接近末端，通过销子连接防止螺纹松动、因振动退出等。

在控制阀检修中，应检查阀芯、阀杆连接螺纹是否完好，检查销子是否松动、脱落，保证阀芯与阀杆的可靠连接。如果检查发现阀芯或阀杆的连接螺纹有掉牙、溢扣等现象，推荐更换新的备件；如果因紧急检修没有更换备件条件而必须进行修复，一般先计算螺纹小径是否符合改制要求，在满足要求时将螺纹加大一个规格，并将阀杆连接螺纹部分进行补焊并同样加大一个规格。

9. 其他

其他易损坏部位及损坏后的修复方式，参见球形单座控制阀中的相关部分。

§3.8　多级降压球形控制阀的工作原理

§3.8.1　有限密闭空间中液体的蒸发过程

在有限的密闭空间中的，既定温度下的液体不断蒸发时，液体分子通过液面进入上面的空间成为蒸气状态，并作无规律的热运动，气态分子与容器壁面及液面都会进行碰撞，当碰撞到液面时部分气态分子会进入液体重新变回液态。蒸发初期，蒸发出来的气态分子数量多于回到液态的气态分子，气态分子不断增加；随着蒸发过程的进行，空间中的气态分子数量逐渐增多，最终新蒸发出来的气态分子数量基本等于回到液态的气体分子数量。此时蒸发与凝结过程都在继续不断进行，但空间中气态分子的密度不会继续增加，维持在一个相对稳定的数值，此时就称为饱和状态。只要压力、温度保持不变，这种既有液体、又有气体的饱和状态会一直持续不变，称为湿饱和。如果温度继续增加，饱和状态被打破，空间中的气态分子密度会继续增加，直至液体完全蒸发成气态。当液体刚刚全部蒸发为气态时，汽化、凝结过程仍然继续，但数量基本相等时，因为已经没有了液体，所示此时的平衡状态称为干饱和。当温度继续升高时，因为液体已全部蒸发，相对于该温度，空间中的气体分子处于"过欠"的状态，因此称为过饱和状态（此时如果增加液体，新增加的液体会迅速汽化）。

§3.8.2　蒸发过程中温度与压力的关系

上述密闭空间中，当液体和蒸气处于饱和状态，如果不继续升高或降低温度，而是增加容器中的压力，会有更多气体分子返回液态，直至重新达到平衡状态；相反，如果降低容器中的压力，会有更多液态分子变为气态，直至重新达到平衡状态。

综上所述，温度、压力、蒸汽密度，三者是一一对应的，改变其中的任何一个值，平衡都会打破并在新的关系下重新建立新的平衡。

给定压力下，当液体、气体处于饱和状态下的温度，称为该压力下的饱和温度；给定温度下，当液体、气体处于饱和状态下对压力，称为饱和蒸气压。

§3.8.3　临界状态

每种物质都有一个特定的温度，在这个温度以上，无论怎样增大压力，气态物质都不会液化，这个温度就是临界温度。因此要使物质液化，首先要设法达到它自身的临界温度。有些物质如氨、二氧化碳等，它们的临界温度高于或接近室温，对这样的物质在常温下很容易压缩成液体。有些物质如氧、氮、氢、氦等的临界温度很低，其中氦气的临界温度为 -268℃，要使这些气体液化，必须要有相应的低温技术，以使能达到它们各自的临界温度，然后再用增大压力的方法使它液化。水蒸气的临界温度为 374℃，远比常温要高，因此，平常水蒸气极易冷却成水。

通常把在临界温度以上的气态物质叫作气体，把在临界温度以下的气态物质叫作汽。物质处于临界状态时的温度，称为临界温度。

临界状态是气体的一个属性，是与气体本身有关的一个属性，是有气体本身的分子量、分子结构决定的一个属性。临界温度就是将该气体能压缩成液体的最高温度，高于这个温度，无论多大压力都不能使它液化。这个温度对应的饱和蒸气压就是临界压力，一种气体只对应有一个临界温度和临界压力。

§3.8.4 闪蒸、空化、汽蚀

在控制阀中，随着介质的流动，由于阀体、阀内件形状的变化，当流通面积缩小时就会形成一些节流面，见图 3-12。一般情况下，阀芯与套筒、阀座接触实现密封或调节的位置，是整个流道中面积最小的部位，因此作为研究对象。

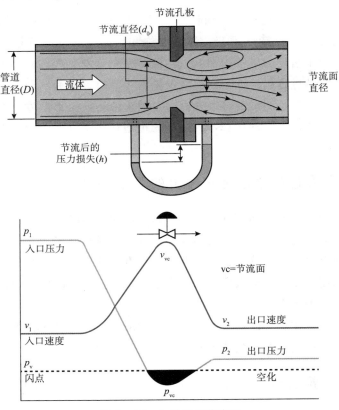

图 3-12 介质流经节流面

当液体介质流经节流面的最小面积处时，压力会突然降低、流速会突然提高。根据前边的叙述，对应温度下处于饱和状态的液体和蒸气，当压力降低时，会打破平衡而处于蒸发大于凝结的状态。当压力减小值超过该介质的临界压力时，液体会急剧发生蒸发、汽化，这就是闪蒸。

当流过最小节流面时，压力会逐渐回升、流速会逐渐降低。压力升高时，平衡再次打破而进入凝结多于蒸发的过程。当压力变化值超过临界压力时，蒸气会迅速凝结，先前闪蒸过程中形成的气泡会迅速破裂。气泡破裂会发出强烈的噪声，并释放出大量的能量。据研究，气泡破裂时产生的冲击力可高达几千牛，冲击波的压力可高达几千兆帕，远超过了大部分金属材料的疲劳极限及强度极限，从而对材料造成极大的破坏。从气泡产生到破裂过程中，除气泡破裂产生冲击作用外，局部温度也可能高达几千摄氏度，过热点引起的热应力也是对材料造成破坏的主要因素。这一从闪蒸形成气泡，并到气泡破裂的过程，称为空化，而介质空化过程中对材料的破坏现象，称为汽蚀。

闪蒸产生汽蚀破坏作用，不断在零件表面形成光滑的磨痕，如同砂子喷在零件表面一样，将零件表面撕裂。随着汽蚀作用的不断地发生、积累，最终使阀内件形成粗糙的渣孔般的外表面，如图 3 - 13 所示。

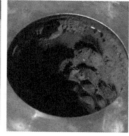

图 3 - 13　汽蚀损坏的阀内件

§3.8.5　防止汽蚀破坏的方法

1. 合理的控制阀结构设计

合理的控制阀结构设计，可有效防止空化现象的发生，或者减少汽蚀作用对控制阀的损坏。比如采用角形控制阀结构，并在出口处采用锥形结构，使介质直接流向阀体流道的下部的中心，不与阀体或阀内件接触，可减少对控制阀的汽蚀破坏；采用多级降压结构，使每一级的压降低于介质的临界压力，避免空化的发生。

2. 合理的材料选择

一般情况下，材料硬度越高，抵抗汽蚀作用的能力越强，因此合理选择阀内件的材质及表面硬化工艺，是抵抗汽蚀、延长使用寿命的有效手段。

3. 合理的系统设计

通过合理的系统设计，降低控制阀工作压差或工作温度，防止或减少空化的发生；或者管线布局中将气泡破裂的地方选择在控制阀以外的容积较大罐体中，使汽蚀作用不会对器壁形成损害。

§3.8.6　多级降压阀的工作原理

根据前边的叙述，空化、汽蚀发生的原因是介质通过节流面时压力降低超过了介质的临界压力，而多级降压阀的工作原理，就是通过合理的结构设计，将总的压差分成多级进行，这样每一级的压降都小于该介质的临界压力，从而避免空化、汽蚀的产生，如图 3 - 14 所示。

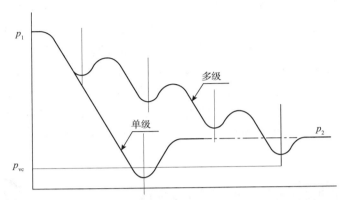

图 3 - 14　理想多级降压控制阀工作原理

p_1：阀前压力；p_2：阀后压力；p_{vc}：临界压力

§3.9　多级降压球形控制阀及异形球形控制阀

在高压差工况下，由于介质流速较高，容易对阀内件甚至阀体产生严重的冲刷损坏作用，尤其是介质中含有固体物，如粉末、颗粒类介质时，介质对阀内件的冲刷损坏非常明显，同时高压差还会因闪蒸、空化等作用对阀内件造成汽蚀损坏，这一过程中同时会产生噪声、震动等危害，给装置长周期、安全运行带来严重的隐患，因此需要多级降压控制阀。本节注重讨论球形多级降压控制阀的结构及维修。

§3.9.1　球形多级降压阀的结构

球形多级降压控制阀，又称为柱塞式多级降压控制阀，结构如图 3 - 15 所示。球形多级降压阀的阀芯形状很像球形双座阀，而比双座阀有更多的阀芯。最明显的区别是球形双座阀的每一个阀芯上都有密封面，而多级降压阀的多个阀芯只有一个密封面，其余阀芯只起到节流的作用。

多级降压控制阀的另外一个重要作用，就是通过不断改变流体方向，消耗介质的动能，降低介质的流速，从而延缓介质对阀内件以及阀体等的冲刷损坏作用。

如图 3 - 15 所示，阀芯打开时，介质（流开型）流经第一级阀芯与阀座（套筒）间的节流面后进入空腔，缓冲、压力回升后流经第二级节流面，再次缓冲、压力回升后流经最后一级节流面。控制阀的全部压降被分成三级，可有效降低流速，并大幅避免对阀内件的汽蚀损坏。

图 3 - 15 （a）是典型的球形多级降压控制阀，每一级阀芯的形状都是球形；图 3 - 15 （b）是角型阀，且阀芯为切槽式异形多级降压型，其阀芯如图 3 - 16 （a）所示。

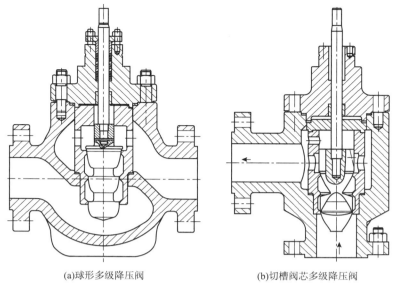

(a)球形多级降压阀　　　　　　(b)切槽阀芯多级降压阀

图 3-15　球形多级降压控制阀

(a)切槽型多级降压阀芯　　　　　　(b)开关型多级降压阀芯

图 3-16　异形球形多级降压阀阀芯

图 3-16（a）所示的切槽型多级降压阀芯,是通过在圆柱上切槽形成节流面,这种阀芯通过槽的形状实现流量调节（仍为等百分比特性）,优点是与球形阀芯相比空腔更大、实体尺寸更大,因此更耐汽蚀;虽然切去了一部分形成了槽,但剩余部分仍然是圆柱面,因此阀芯的导向性更好,运行更平稳。这种阀芯更适合于高压差、高流速介质工况使用,比如在锅炉蒸汽系统、煤化工黑水、闪蒸系统的控制阀中,都有优异的表现。

§3.9.2　多级降压控制阀的特点

（1）启闭过程中能够降低持续压差,每一级节流口的动作均滞后于上一级节流口,可以使在启闭过程时作用于节流面的持续高压逐级降低,分担了上一级节流口的压力。

（2）流阻减小,可以胜任流体清洁度不高,甚至固液两相流的场合。

（3）串级式阀芯一般都会进行喷涂等硬化处理,抗汽蚀、冲刷性能良好。

（4）制造过程与其他多级降压控制阀相比,工艺更为简单,加工方便、制造成本相对更低。

（5）串级式多级降压控制阀一般降压级数有限，多为 3～4 级，不能应用于压差过高的场合。

（6）串级式多级降压控制阀，与球形单座阀一样，多为非平衡式阀芯结构，因此难以生产规格较大的控制阀，一般 $DN100$（NPS 4″）以下。

§3.10　球形多级降压阀的维修

1. 阀芯型面及密封面冲刷、汽蚀、硬物挤伤等损坏

相比于单、双座阀，球形（柱塞式）多级降压控制阀多用于更高压差工况，阀芯型面及密封面更容易受到冲刷、汽蚀等损坏，同时介质中的硬质颗粒夹在阀芯与阀座之间、恰逢阀芯关闭动作时，容易使阀芯型面及密封面受到挤压损坏。

作为球形（柱塞式）多级降压控制阀，大多用于蒸汽系统，及煤化工气化装置的黑、灰水系统，作用是减少汽蚀、冲刷损坏，延长介质对阀内件的损坏时间，因而其材质也大多使用 440B、440C，甚至 YG11 等硬质合金，故而一旦阀内件汽蚀或冲刷损坏，也无法采用补焊、车修等方法修复，只能更换新的备件，使其恢复使用功能。

2. 上、下阀芯连接部位弯曲变形

连接部位弯曲变形，会导致各级节流阀芯型面及密封面，以及上、下导向圆柱面之间的同轴度公差失控，而且不易校正修复，因此出现这种现象时不建议继续修复，最好更换新的备件。

3. 上、下阀芯之间的连接部位汽蚀损坏

双座阀用于相对较高压差、温度时，上下阀芯的连接部位容易受到汽蚀损坏。因连接部位处于较细的部位，如果采用补焊方式修复，因局部及单侧受热发生弯曲变形，导致上下阀芯密封面及型面不同轴，引起更大麻烦，所以不易采取补焊等修复方式修复，建议做报废处理，并更换新的备件。

4. 导向部位磨损直径变小，或磨偏

因介质对阀芯的单侧冲击力较大，阀芯的上、下导向部位容易单侧与上、下阀盖的导向套受力摩擦，因此容易"磨偏"，使阀芯与上下阀盖导向部位配合间隙增大，引起一系列问题，比如上下运动时容易与阀座单侧碰撞、摩擦，以及使阀芯容易受介质流动的影响而发生振动等。随着摩擦、损坏的严重，这样的破坏速度会越来越快，导致严重后果。

新产品设计时，一般上阀盖上的导向套应采用硬度较高的材料或工艺，阀芯导向部位也应该局部硬化处理，比如环形堆焊，过整个导向部位喷涂处理等，以延长导向部位的使用寿命。

一旦导向部位发生"磨偏"现象，应进行更换，且所更换的新导向套与阀芯导向部位间的配合间隙应符合要求，否则会因间隙太大导致阀芯运行过程中的振动幅度太大、过早报废，或因配合间隙太小导致阀芯卡涩甚至卡死。

5. 阀座冲刷、汽蚀损坏

与阀芯密封面、型面容易冲刷、汽蚀损坏相似，阀座密封面及流道也容易受到冲刷、汽蚀损坏。

与阀芯相似，球形（柱塞式）多级降压阀的阀座也大多采用较硬的材料，且轴向尺寸太大，因此损坏后也无法采用补焊后修复的方式修复，一般情况下损坏后也只能更换新的备件。

6. 阀杆拉伤损坏

作为连接执行机构与阀芯的关键零部件，阀杆做上下运动，容易受到填料、填料压盖及导向部位的摩擦，因此容易受损。阀杆填料密封部位如果拉伤损坏，容易导致介质顺着槽状拉伤痕迹泄漏。

阀杆为细长杆状零件，局部受热会因热应力导致阀杆弯曲，因此拉伤损坏后不易进行局部补焊修复；一般检修条件下没有相应的加工手段以及表面硬化设备，因此也不宜将阀杆车细处理，因为一旦车削处理，会损失阀杆的表面硬化层，使阀杆完全失去使用价值。因此阀杆一旦拉伤损坏，唯一的方法就是更换正规厂家生产的新备件，并且所更换的新备件必须有相应强化、硬化处理措施。

7. 阀芯、阀杆连接部位

阀芯、阀杆连接部位的可靠性也是重要的一环，尤其是高压差、易卡死控制阀的阀芯阀杆连接。大部分控制阀的阀芯、阀杆，都是通过螺纹连接，在阀杆螺纹的接近末端，通过销子连接防止螺纹松动、因震动退出等。

在控制阀检修中，应检查阀芯、阀杆连接螺纹是否完好，检查销子是否松动、脱落，保证阀芯与阀杆的可靠连接。如果检查发现阀芯或阀杆的连接螺纹有掉牙、溢扣等现象，推荐更换新的备件；如果因紧急检修没有更换备件条件而必须进行修复，一般先计算螺纹小径是否符合改制要求，在满足要求时将螺纹加大一个规格，并将阀杆连接螺纹部分进行补焊并同样加大一个规格。

8. 其他

其他易损坏部位及损坏后的修复方式，参见球形单座控制阀中的相关部分。

第4章 套筒式控制阀的结构与维修

套筒式控制阀（CAGE Control Valve），因控制阀内有套筒，且控制阀的流量特性由套筒（侧壁的流量窗口、流量孔等）决定，因此称为套筒式控制阀。套筒侧壁开有流量窗口或孔，其形像笼，因此也普遍称为"笼式控制阀"。套筒式控制阀，其流量特性由套筒侧壁所开流量窗口的形状、大小、位置决定，如果是低噪声套筒式控制阀，其流量特性则由流量孔的大小、数量、分布方式等，形成近似等百分比、线性等特性。

套筒式控制阀的流量特性由套筒侧壁所开的窗口决定，因此广义地定义：凡流量特性由套筒（窗口形状、大小、位置）确定的控制阀，都称为套筒式控制阀。

套筒式控制阀，粗略地可分为常规窗口套筒式控制阀、低噪声套筒式控制阀，以及窗口式及低噪声式套筒都可以设计为多级降压型的套筒式控制阀。

套筒式控制阀中的套筒，除确定控制阀的流量特性外，还可以将上阀盖传递的压力传递给阀座，用于压紧阀座，也有的套筒与阀座设计为一体；另外，套筒还是控制阀阀芯导向的重要元件，上盖或阀体上部定位台阶、套筒上部与下部定位台阶、阀体定位台阶等圆、端面之间，须满足一定的形位公差要求，确保套筒装配后能占据准确的位置及状态，以满足阀芯运行中的导向，及阀芯密封面与阀座密封面的正确接触。

套筒式控制阀，因为阀芯上、下压力平衡的需要，在阀芯上开有平衡孔，因此套筒式控制阀的阀芯上、下必须有两处密封结构，一种为阀芯、阀座之间的密封，加上阀芯与套筒间的平衡密封环密封结构，如图 4-1（a）所示；另一种为阀芯、阀座密封，加上阀芯与套筒间的锥面密封，形成的双座套筒式控制阀，如图 4-1（b）所示。

§4.1 常规窗口套筒式控制阀

常规窗口套筒式控制阀，是指其流量控制套筒为单层的窗口，且介质只流经一级套筒的套筒式控制阀，如图 4-1 所示。

图 4-1（a）所示为窗口式套筒，阀芯、阀座密封加阀芯与套筒间的平衡密封环双密封结构，其中阀芯左半部分表示阀芯密封面与阀座密封件接触，为控制阀关闭状态，阀芯右半部分为控制阀全行程开启状态，即全开。套筒式控制阀多为流关型，即介质从图示左侧法兰流入阀腔后，经过套筒窗口进入套筒与阀芯之间的间隙。在控制阀关闭状态下，上部有平衡密封环实现套筒与阀芯之间的密封、下部有阀芯与阀座之间的锥形密封面实现密封，因此控制阀处于切断位置；另外，阀后的介质可以通过右侧法兰进入阀腔后通过阀芯

平衡密封环，在控制阀阀芯上、下实现平衡作用，减少介质对阀芯（向上）的作用力。在控制阀打开状态下，介质从左侧法兰流入阀腔后，通过套筒的流量窗口后进入套筒内部，然后经过阀座中间的流量孔从右侧法兰流出。

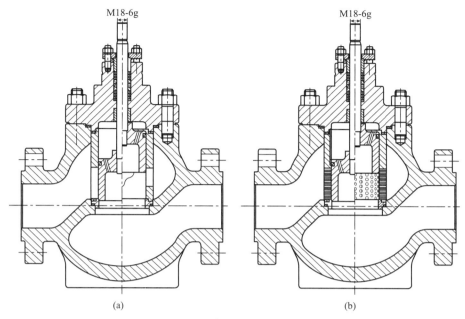

图 4 - 1　常规套筒式控制阀

1. 等百分比特性的套筒流量窗口

前文已经说到，套筒式控制阀的流量是由套筒的窗口形状、大小、位置等确定的，因此套筒窗口是套筒式控制阀的核心零部件。各种流量窗口的形状如图 4 - 2、图 4 - 3 所示。

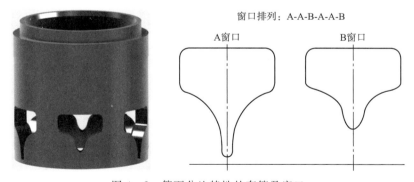

图 4 - 2　等百分比特性的套筒及窗口

如图 4 - 2 为等百分比特性的套筒及窗口，因为流量系数较大，窗口由 A、B 两种窗口按照 A - A - B - A - A - B 的顺序组合而成；图 4 - 3 为线性特性的窗口形状，图 4 - 4 为快开特性的窗口形状。实际的套筒中，线性和快开窗口，其形状、数量、位置也应视流量系数情况而定。

2. 线性特性的套筒流量窗口

具有线性特性窗口的套筒式控制阀，具有线性、或近似线性的流量特性，其窗口形状如图 4-3 所示。需要说明的是，窗口的圆角是为了便于铸造、加工等工艺性设计，并会适当修改流量特性曲线，而不是线性流量特性的必要组成。图 4-3（a）所示的窗口形状，在控制阀打开的一瞬间流量会有一个突然的增加，因此多用于较大 C_v 值的控制阀；图 4-3（b）窗口下部的圆弧，可减小控制阀小开度时的流量增益、提高小开度时的调节精度，并增加控制阀小开度时运行时的平稳性。

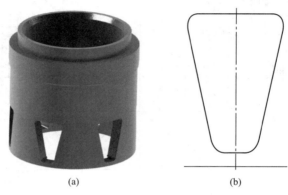

(a)   (b)

图 4-3　线性流量特性窗口

3. 快开特性的套筒流量窗口

图 4-4 所示为快开特性套筒的窗口形状，窗口很宽，具有该种特性的控制阀，小开度时相对流量随相对行程的增加很快，对介质的控制品质较低，一般用于控制要求不高，或只做通断控制的控制阀。

图 4-4　快开特性流量窗口

§4.2　常规低噪声套筒式控制阀

图 4-1（b）为低噪声流量孔、双阀座式结构，阀芯的左半部分表示阀芯密封面已与阀座密封面接触，为控制阀关闭状态；阀芯的右半部分为控制阀全行程打开，即全开状

态。介质从图示左侧法兰流入阀腔后，经过套筒侧面的低噪声流量孔进入套筒与阀芯之间的间隙。在控制阀关闭状态下，上部有阀芯上部密封面与套筒上部的锥形密封面（也称上阀座）实现套筒与阀芯之间的密封，下部有阀芯与阀座之间的锥形密封面实现密封，因此控制阀处于切断状态；另外，阀后的介质可以通过右侧法兰进入阀腔后通过阀芯平衡孔流入阀腔上部，在控制阀阀芯上、下实现平衡作用，减少介质对阀芯（向上）的作用力。在控制阀打开状态下，介质从左侧法兰流入阀腔后，通过套筒侧面的低噪声流量孔进入套筒内部，然后经过阀座中间的流量孔从右侧法兰流出。

1. 近似等百分比特性低噪声套筒及流量孔的分布形式

如图 4 - 5 所示为近似等百分比低噪声套筒的低噪声流量孔分布形式，可以看出，孔的分布与等百分比窗口相似，越靠近上部（阀芯开度越大）的位置，孔的分布越多，可以满足等百分比流量特性小开度时流量变化越小的要求。需要说明的是，因为孔的不连续性，虽然其流量特性曲线基本与窗口的等百分比特性曲线重合，但有局部阶跃、弯曲的特点，因此是近似（非严格）的等百分比特性。

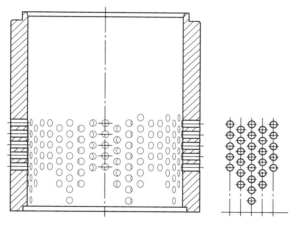

图 4 - 5　近似等百分比流量特性的低噪声套筒

在进行控制阀，尤其是低噪声套筒设计时，低噪声孔的孔径应根据介质情况，如介质中颗粒物的大小，以及工作压差的大小进行设计，使其既满足介质顺利通过、不会造成流量孔堵塞的要求，又能使最终设计出的低噪声套筒能最大限度或适度起到降低介质流速（噪声）的作用，考虑空化、汽蚀等内件的作用，以及需要考虑控制阀的使用寿命等。

2. 近似线性特性低噪声套筒流量孔的分布形式

如图 4 - 6 所示为近似线性特性低噪声套筒的低噪声流量孔分布形式，可以看出，孔的分布基本相同，只是为了增加孔的数量及流量的连续性，相邻两列孔中心上下错开，本列的孔与相邻列的上沿、下沿相互交叠重合，使得控制阀阀芯移动过程中流量的变化尽量连续而不是产生明显的阶跃性增加。需要说明的是，尽管通过孔的连续性设计，但因流量孔为圆形，流量特性曲线仍有部分跃动、弯曲的特点，因此最终流量特性还只是近似（非严格）的线性特性。

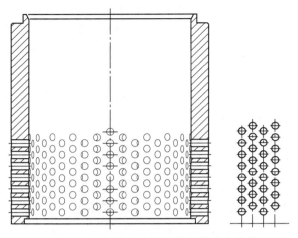

图 4-6　近似线性流量特性的低噪声套筒

　　线性特性的流量孔直径的设计与等百分比特性低噪声孔直径相同，需保证介质顺畅通过，又要能使最终设计出的低噪声套筒能最大限度或适度起到降低介质流速（噪声）的作用等等。

§4.3　套筒式控制阀的平衡密封环

　　套筒式控制阀平衡孔的引入，解决了大口径控制阀不平衡力大、需要更大推力执行机构的问题，是控制阀行业的一大革命。伴随着平衡孔的引入，附加的平衡密封结构也成为套筒式控制阀必不可少的环节，其中平衡密封环可以使得套筒式控制阀内件的加工及整机装配变得相对简单，也可以确保相应的泄漏量等级。

　　更常见的设计是在阀芯上开槽、将平衡密封环安装在阀芯对应的槽里，阀芯移动时带动平衡密封环一起上下运动。有时候也将套筒设计为上、下两件的分离式结构，将平衡密封环安装在上下套筒连接处的槽里固定不动，阀芯外圆为完整的光滑柱面，这样的设计可便于平衡密封环的安装、更换，也便于阀芯、套筒的加工，零部件加工的工艺性更好。

§4.3.1　蓄能式平衡密封环

　　蓄能式平衡密封环，外部为非金属材料，内部镶嵌弹簧。装配时紧配合装入，通过弹簧的压缩，在弹性力的作用下使外部非金属部分的外圆与套筒内径紧密贴合，非金属部分的内径与阀芯槽底直径紧密贴合，就可实现阀芯与套筒之间的密封。蓄能式平衡密封环及平衡密封结构如图 4-7 所示。设计时，阀芯槽宽应大于平衡密封环的高度，使平衡密封环的开口方向留有间隙，对于液体、气体类介质，进入弹簧部位的介质在高压差的作用下，也可加大平衡密封环非金属部分从内向外的膨胀力度，促使密封环与套筒及阀芯槽更紧密贴合，因此，蓄能式平衡密封环压差越高密封效果越好。只是因为非金属材料自身的强度不会太高，因此超过一定压差后会因自身强度不够而"撑坏"；另外，因蓄能式平衡密封环相对较为柔软，在阀芯与套筒之间配合间隙较大、工作压差较大时，阀芯会随着介质压差的作用摆动，不利于阀芯与套筒间的导向作用。鉴于以上原因，蓄能式平衡密封环会受到阀芯与套筒尺寸及工作压差的制约，必须根据产品的工况选用。

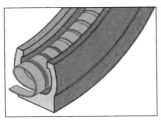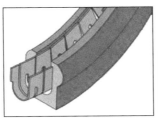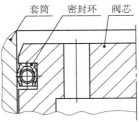

图 4 - 7　蓄能式平衡密封环及平衡密封结构

　　因为蓄能式平衡密封环的外部密封材料为非金属，因此又受使用温度的限制，目前市场上的产品可以使用到 300℃，因此使用时还应根据使用温度购买、选用。需要说明的是，非金属材料的选用，不是依据材料的熔化温度，而是"软化温度"，即温度升高使材料变软、失去密封效果，或因温度升高、强度严重下降而失效的温度。

　　使用蓄能式平衡密封环，如果设计、加工得当，控制阀泄漏量等级可以达到 ANSI Ⅵ级及更高要求。

　　蓄能式平衡密封环的开口方向：对于大多数套筒式控制阀，流向都是流关型，即高进低出，介质从侧面窗口进入阀芯与套筒之间形成高压腔，因此平衡密封环的开口必须向下方可实现可靠密封；对于蒸汽系统用高温、高压套筒式控制阀，尤其是低噪声套筒式控制阀，流向多为流开型，即低进高出，介质通过阀芯平衡孔进入上阀盖部位形成高压腔，因此蓄能式平衡密封环的开口必须向上方可实现可靠密封。如果由于工艺原因要求控制阀要求双向密封，即入口压力大于出口压力、出口压力大于入口压力时都需要实现密封，则需要同时装 2 个蓄能式平衡密封环，一件开口向上、一件开口向下，或一件双向蓄能式平衡密封环，一件里有两个开口，分别向上和向下。

§4.3.2　机械用碳平衡密封环

　　因为材料及技术发展的原因，一些早期的高温用套筒式控制阀，多用机械用碳（以下简称"机械碳"）作为平衡密封环材料，例如 Fisher 公司的 ED 型控制阀等产品。机械用碳的硬度低于套筒及阀芯的金属材料，无需担心密封环损坏套筒或阀芯；硬度及机械强度高于塑料、橡胶、合成树脂等类非金属材料，尤其是能承受较高的温度，自润滑、耐磨损，且热膨胀系数小、能耐大多数普通介质的腐蚀，便于压制及机械加工，因此早期作为高温套筒式控制阀平衡密封环的首选材料。

　　机械碳的类型很多，经不同材料的浸渍后可提高耐腐蚀性、柔韧性、自润滑性等，应根据需要选用。部分类型机械碳性能如表 4 - 1 所示。

表 4 - 1　机械用碳材料类别及性能

机械碳种类 （浸渍材料）	密度/ （kg/m³）	抗断裂强度/ MPa	抗压强度/ MPa	肖氏硬度	气孔率/%	热膨胀系数/ 10⁻⁶℃⁻¹	使用温度/ ℃
纯碳	1.80	100	250	90	1.20	5.5	600
呋喃树脂	1.80	80	240	90	1.20	4.5	210
浸锑合金	2.30	80	200	80	2.00	5.5	350
浸铜合金	2.60	80	250	75	2.50	6.0	350
浸巴氏合金	2.40	65	160	60	8.00	5.5	200
浸玻璃	2.00	48	140	75	2.50	5.0	600

　　加工机械用碳平衡密封环时，应进行组配加工。对于生产厂家的批量化生产，大多会使用模具压制成型，保证所生产机械碳平衡密封环的内、外径尺寸保持一致并符合公差要求。整体套筒、阀芯带槽的套筒式控制阀，加工套筒内径时应严格控制套筒内径，确保机械碳平衡密封环外径与套筒内径保持 0.06～0.1mm 的过盈量，机械碳平衡密封环的内径与阀芯槽底直径，应留有 0.6～1mm 的间隙，避免因温度升高、材料膨胀使机械碳平衡密封环内、外径同时与套筒、阀芯接触，造成控制阀卡死或运行滞涩；对于分离式套筒、整体圆柱面阀芯的套筒式控制阀，应严格控制阀芯外圆尺寸公差，确保机械碳平衡密封环的内径与阀芯外径保持 0.06～0.1mm 的过盈量，机械碳平衡密封环的外径与分离式套筒槽底直径应留有 0.6～1mm 间隙，原因同上。另外，无论整体式套筒、分离式套筒，机械碳平衡密封环的上下两个端面，与套筒或阀芯槽的上下两个端面，都应有 0.01～0.02mm 的过盈量，使机械碳平衡密封环在槽里游动时有滞涩感，是实现可靠密封的关键因素。需要特别说明的是，上述过盈量应根据阀芯、套筒的规格尺寸，以及使用温度进行判断确定，尺寸规格越大、使用温度越高，常温下的过盈量应越大。

　　在控制阀维修时，与生产正好相反，套筒、阀芯的尺寸已经给定，且已经过使用，零部件尺寸在温度、介质的作用下会有相应的变化，或相应的磨损、变形量，即使原厂家提供的机械碳平衡密封环备件也不能保证可正常使用，最简捷的方式就是采用机械加工性能较好的机械碳材料，根据已有的套筒、阀芯尺寸组配加工机械碳平衡密封环。组配前，应确保套筒内径或阀芯外圆无拉伤、变形，如有，应先修复、磨光，或更换新的备件，然后应使用千分尺（俗称"螺旋测微器"）或精度更高的测量工具精确测量套筒内径与阀芯槽底直径，或阀芯外径与套筒槽底直径，根据上述过盈量、间隙要求进行组配加工。

　　因为有过盈量要求，因此机械碳平衡密封环安装后阀芯、套筒很难直接装入，需要压力设备平稳压入，避免敲击等震动较大的方式进行装配，避免机械碳平衡密封环因振动碎裂。正式装配前应进行试配，有经验的装配工可以根据压入的力量判断过盈量的大小，否则应使用精度较高的量具，如内、外径千分尺准确测量后判断。如果发现过盈量过大，应用砂纸轻轻、均匀砂磨机械碳平衡密封环的外圆或内圆，经过不断砂磨、试配，使之达到合适的过盈量；如果过盈量太小，则应报废处理、重新加工。初次加工机械碳平衡密封环并装配后的套筒式控制阀使用时摩擦阻力较大，控制阀运行时可能会有滞涩感，但多次运行、使用中温度上升后情况会逐渐好转。

使用机械碳平衡密封环的套筒式控制阀，根据组配加工情况，也可保证 ANSI Ⅳ 级以上的泄漏量等级。

§4.3.3　金属平衡密封环

作为控制阀内使用的零部件，其所使用的金属材料绝大多数都是不锈钢材料，因此这里所说的金属材料指各类不锈钢。

前边所述蓄能式平衡密封环为橡胶、树脂等类材料，虽然耐高温性能较低，但柔韧性极高，可以有很大的塑性变形；作为过渡材料的机械碳加工的平衡密封环，虽然耐高温性能优于橡胶、树脂类材料，但性脆，弹性变形能力较差。而不同的金属材料，在耐腐蚀性、耐高温性等方面可以有更多的选择，机械性能可以有大幅提高，但可压缩性差、热膨胀系数较大，因此不能像上述非金属材料一样直接加工为整体的环形平衡密封环，因此设计、加工要求更高。

如果设计、加工得当，可以利用相应牌号金属材料耐腐蚀、耐高温的特性，加工成既能满足耐腐蚀、耐高温要求，且综合机械性能较高、又能满足密封要求的平衡密封环。

金属材料加工为零部件时，必须经过相应的热处理，使其综合机械性能满足要求。未经热处理，或退火状态的钢材，柔韧性较好，但强度、硬度太低，很难满足要求；而经过热处理后的材料，一般强度、硬度都有了大幅的提升，但韧性差、脆性增强，因此作为平衡密封环设计时对于材料的热处理工艺要多加考虑。

1. 金属平衡密封环的组配使用

金属平衡密封环，因结构、装配工艺性的原因，一般不宜安装在分离式套筒上，更适合在整体式套筒、阀芯开槽的套筒式控制阀里使用。

而平衡密封环的组配使用，是指根据实际工况，比如阀门的介质类型、使用温度、工作压差、密封等级要求，以及根据所选用的阀门类型预估的阀门振动情况等，决定平衡密封环槽的数量、每个槽的宽度，以及每个槽里是使用单片、还是两片、多片平衡密封环进行叠装等，是个较为复杂的过程，必须有一定的实践经验方可。

比如中高压蒸汽放空阀，虽然该阀位一般使用多级降压的低噪声套筒阀，但因一般工作压差较大（约 14MPa 以上），阀后又通过管道直接排入大气环境，因此工作压差较大、控制阀打开时振动较为严重；蒸汽温度一般为 350～550℃，因此必须使用金属平衡密封环，且一般将平衡密封环槽设置为 2 个，压差更高时可设计为 3 个；因振动较大，一般需设计成每个槽里叠装两片或多片平衡密封环，每个环的厚度 4mm 左右，可有利于缓冲来自套筒、阀芯的振动，并避免装配、使用过程中平衡密封环断裂。

如果是中低压阀门，则可将平衡密封环槽设置为 1 个、每个槽里 2 片平衡密封环叠装；如果压差低于 3.5MPa，则可每个槽里装 1 片平衡密封环，但是平衡密封环的厚度、宽度不可太大，避免加工出的平衡密封环太硬，不易装配或在使用中容易折断。

2. 金属平衡密封环的正确设计

（1）常见金属平衡密封环的类型

因为金属的不可压缩性，很难像橡胶、树脂类材料的平衡密封环那样，将金属平衡密封环设计成截面为实心，或 U 形等形状而获得弹性，必须通过开口金属圆环的弹性使平衡密封环获得弹性，即将金属平衡密封环设计成有一定宽度开口的环形金属环，装配时通过预压缩将平衡密封环装入套筒，通过开口金属环的弹性使金属平衡密封环的外圆与套筒内壁紧密接触实现密封。

常见的金属平衡密封环类型如图 4-8 所示。

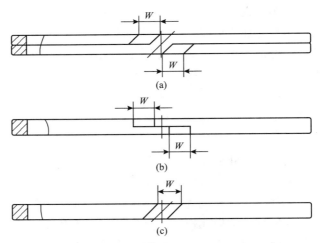

图 4-8　金属平衡密封环的常见结构形式

形状类似于常用的钥匙环，为类似螺旋的双层金属平衡密封环，如图 4-8（a）所示，强度大、弹性好，抗振性能很高，适用于高温、高压，尤其是蒸汽减温器、蒸汽放空阀等振动较强烈的工况，但不容易加工，一般需要锻造等特殊工艺获得，因此适合于大批量生产的控制阀。

单层，切口搭叠起来，两头各留有一定的间隙，如图 4-8（b）所示，便于平衡密封环随温度的变化进行伸缩，适用于中等压差工况，两片叠加使用可用于高压、强振动工况。

单层，直接在车削加工的环状零件上切开口而成，如图 4-8（c）所示。多为两片层叠使用；偶见单片使用时，可用于泄漏量要求不高的控制阀，如蒸汽减温器内，起导向、缓冲作用。

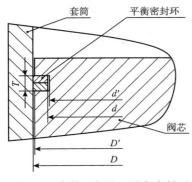

图 4-9　套筒、阀芯、平衡密封环装配关系示意图

（2）平衡密封环厚度 T 的确定

阀芯、套筒、平衡密封环的装配关系如图 4-9 所示。

如图 4-9 所示，无论选择单片、还是 2 片，平衡密封环（厚度方向）上、下端面与阀芯槽上、下面都是小过盈配合，例如槽宽为 5mm，则应选择 H6/n5 的配合，且密封环槽宽上、下两面应选择小于 $R_a1.6$ 的粗糙度，平衡密封环上、下两平面应选择等于或小于 $R_a0.8$ 的粗糙度，并注意两面的平行度形位公差。

在以上尺寸公差、粗糙度、平行度形位公差的配合下，装配时平衡密封环在槽里的移动有滞涩感，实际使用中因温度的作用配合间隙会有细微的增大，保证密封效果并不致卡死。

（3）金属平衡密封环外径的确定

确定平衡密封环外径的主要依据是套筒的内径。根据多年的摸索与试验，根据套筒内径 D 的范围不同，平衡密封环的外径应大于套筒内径 $1 \sim 3$ mm，如表 4-2 所示。

表 4-2　平衡密封环外径的确定 　　　　　　　　　　　　　　　　　　　　　mm

套筒内径 D	平衡密封环外径 $D_环$	备　注
$\leqslant 80$	$D+1$	
$80 < D \leqslant 120$	$D+1.5$	
$120 < D \leqslant 160$	$D+2$	本表只给定了粗略的取值方法，具体数字应根据实际工况进行调整。
$160 < D \leqslant 200$	$D+2.5$	
>200	$D+3$	

经以上方法确定外径的金属平衡密封环，装配时应先将平衡密封环装入阀芯的槽内，然后沿四周稍用力向内按压，或采用金属扎带类工装，由外向内均匀、平稳压缩平衡密封环的外径，克服密封环的弹力将阀芯连同平衡密封环装入套筒。装配后因平衡密封环弹性恢复的作用，使平衡密封环的外径与套筒内壁紧密贴合以实现密封。

（4）平衡密封环内径的确定

上述平衡密封环外径放大时，内径也应同时放大相同的数值；另外，根据套筒内径 D 的不同尺寸范围，平衡密封环的内径 $d_环$ 应大于阀芯槽底直径 d 约 $0.5 \sim 1$ mm，使平衡密封环内径与阀芯槽底直径间留有一定的间隙，避免高温时因平衡密封壁厚方向的增大，使金属平衡密封环的外径与套筒内壁、内径与阀芯槽底同时接触，造成阀芯与套筒卡涩（使运动出现爬行现象，或因运动拉伤套筒内壁）、甚至卡死的严重后果。

平衡密封环内径 $d_环$ 应依式（4-1）确定：

$$d_环 = d + (D_环 - D) + (0.8 \sim 1) \tag{4-1}$$

（5）平衡密封环开口尺寸（W）的确定

金属平衡密封环开口宽度尺寸 W 的确定，主要应考虑三个因素：

①上述（3）中设计平衡密封环外径时做了放大，装入套筒时外径缩小至与套筒的内径相等，需要一定的槽宽 W_1：

$$W_1 = \pi (D_环 - D) \tag{4-2}$$

②温度变化引起套筒内径、金属平衡密封环外径上的变化，需要一定的槽宽 W_2：

$$W_2 \approx \pi D T \alpha \tag{4-3}$$

式中，α 为套筒材料的线膨胀系数（$\alpha = 1 \times 10^{-5} \sim 2 \times 10^{-5} ℃^{-1}$），$T$ 为工况温度。

③安全系数：为适应材料的性能、工况的变化带来的影响，应考虑一定的安全系数 k，根据套筒内径 D 的尺寸范围，及工况温度范围取 $1.2 \sim 2.5$：

综合以上式（4-2）、式（4-3）及安全系数 k，得金属平衡密封环开口宽度 W：

$$W=k \cdot (W_1+W_2)=k\left[\pi\left(D_环-D\right)+\pi DT\alpha\right] \qquad (4-4)$$

式中，D 为套筒内径，T 为工况温度，α 为套筒材料的线膨胀系数，π 为圆周率。

3. 金属平衡密封环材料与热处理工艺的确定

（1）高镍奥氏体球墨铸铁（含 Ni 13％以上）具有良好的综合机械性能与工艺性，其耐高温、抗氧化、耐腐蚀、抗裂、减振及塑性等性能是其他材料无法比拟的。因成分不同、金相组织不同，形成很多牌号，应根据实际工况的不同选择使用。

高镍奥氏体球墨铸铁中的镍元素能使其获得较好塑性，但会影响其热膨胀系数与马氏体化温度，Ni 含量 22％时热膨胀系数最大（$17\times10^{-6}℃^{-1}$）、36％时最小（$4\times10^{-6}℃^{-1}$）；高镍铸铁中加入铬（Cr）、锰（Mn）、钼（Mo）可以强化其机械性能，Cr 和 Mo 可以起到稳定奥氏体组织的作用，Cr、Mn 含量 3.7％时马氏体转变点低至约 170℃，每 1％的 Mo 可使马氏体转变点降低 25℃，但 Cr、Mn、Mo 可降低铸铁的塑性和韧性；硅（Si）可使铸铁石墨化，影响奥氏体稳定性。

综合考虑，为减少材料牌号数量并满足大部分使用，建议采用 Ni36Cr10Mo5Si4 作为高镍铸铁平衡密封环的材料，并采用 1050℃保温 4h 的正火处理工艺，这样材料要求的低热膨胀系数、耐热、耐腐蚀、耐磨损等要求都可得到满足。

如果动作频次极高，或介质含硬质颗粒物质时，可选用稀土硬镍铸铁作为平衡密封环的材料，该材料硬度、耐磨性极高，但塑性、韧性相对较低，须减小平衡密封环槽的深度及宽度，便于将平衡密封环装入阀芯。

（2）马氏体不锈钢

因其具有高温强度高，且材料易得、便于加工等特点，在蒸汽系统用控制阀多用马氏体不锈钢作为金属平衡密封环的材料。马氏体类不锈钢牌号很多，常用作金属平衡密封环的材料如 1Cr13、2Cr3、3Cr13 等等。适用温度 250～400℃。

（3）Inconel、Incoloy 系列

该系列合金在 600℃高温下仍能保持原有机械性能，且耐腐蚀性极高。

§4.4 套筒式控制阀的介质流向

一般情况下，套筒式控制阀介质流向为侧进底出（流关），特殊情况下可以为底进侧出（流开），具体应选择哪种流向，与工艺参数，如关闭压差、工作压差、工作温度、介质特性，及作用形式、套筒窗口形式、执行机构匹配等有关。

HG/T 20507—2014《自动化仪表选型设计规范》对控制阀的流向进行了规定：

（1）直通单座阀（globe）宜选用流开型，当冲刷严重时应选用流闭型；

（2）单密封套筒阀宜选择流开型，有自洁要求时宜选择流闭型；

（3）两位式控制阀（快开特性的单座阀、套筒阀、角阀）宜选择流闭型，当出现水锤现象、震荡时宜选择流开型；

（4）对于高黏度、含固体颗粒，且要求自洁性能好的介质，角型阀宜选用流闭型。

§4.5　套筒式控制阀结构特点

1. 平衡式结构

与球形单座阀不同，套筒式控制阀可以很方便地在阀芯上加工平衡孔，使阀芯上下面的介质压力趋于平衡，大幅降低了阀内件的不平衡力，使同规格的控制阀所需执行机构规格大幅减小；同规格执行机构下，控制阀的规格可以做得更大。套筒式阀芯的平衡原理如图 4-10 所示。

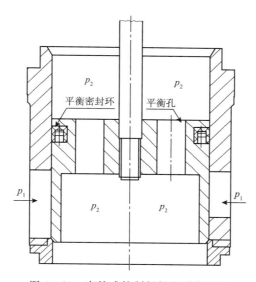

图 4-10　套筒式控制阀阀芯平衡原理

如图 4-10 所示，当阀芯关闭时，阀芯下部的介质通过平衡孔进入阀芯上部的阀腔、使阀芯上、下建立基本平衡（相差一个阀杆的作用面积）。作为常规的套筒式控制阀，介质流向多为侧进底出的流关型流向，此时图中的 P_1 为阀前压力、P_2 为阀后压力；某些工位的高温、高压控制阀，则需要底进侧出的流开型流向，此时图中的 P_2 为阀前压力，P_1 则为阀后压力。总之，无论哪种流向，阀芯的上下部都能基本处于压力平衡状态，因此工作时的不平衡力较小，这就是所谓的平衡式结构。

平衡式结构虽然解决了阀芯不平衡力大的问题，但同时又带来了平衡密封的结构，也就是需要解决因为阀芯、套筒之间的间隙，至平衡孔这一通道介质流动问题的密封结构。常用的解决方式就是增加平衡密封环，或在套筒上增加一处阀座的方案。

2. 阀芯导向可靠、平稳

与不平衡力小的球形双座阀相比，控制阀阀芯长度大幅缩小、阀体高度大幅缩小，体积、重量也大幅缩小；双座阀阀芯为上下圆柱导向，导向直径小、下导向孔容易被污物填塞，导致控制阀无法关闭；而套筒式控制阀为阀芯外圆与套筒内径配合导向，导向面积大，运行非常平稳、可靠。

3. 阀座固定方便、可靠

因为有套筒，套筒式控制阀一般采用压紧式阀座，紧固上阀盖时通过套筒将阀座一起压紧，有的控制阀将阀座设计为与套筒一体，直接通过上阀盖将套筒压紧固定在阀体上，实现阀座（套筒）与阀体间的密封。这种阀座（套筒）压紧方式，避免了部分球形控制阀用螺纹将阀座与阀体连接的麻烦，阀座固定的方式更为方便、可靠，维修、更换备件更为方便。

4. 运行更为平稳

套筒式控制阀因为平衡结构、更为可靠的套筒导向结构，运行更为平稳；另外因为套筒的存在，可有效降低紊流、涡流对阀芯的影响，即时在小开度工作时，运行也比其他种类控制阀更平稳。如果采用低噪声套筒，可以大幅消除紊流、涡流等现象对阀芯的影响，采用侧进底出的低噪声多级降压套筒，可完全消除紊流、涡流、大气泡及水锤等对阀芯的影响，避免阀芯震荡、大幅降低运行中的噪声。

5. 降低空化、汽蚀作用对控制阀密封性能的影响

套筒式控制阀，因为套筒的引入，当采用底进侧出的流向时，空化、汽蚀易发生在套筒窗口处，虽然会降低套筒的使用寿命、影响控制阀的调节性能，但降低或避免了空化、汽蚀作用直接对阀芯与阀座密封面的损坏，可有效延长控制阀的使用周期。

6. 流阻小、流通能力大

套筒式控制阀的流阻比球形控制阀稍大，但运行时的噪声可比普通的球形单、双座控制阀噪声降低 10～30dB。

7. 易卡死

套筒式控制阀，为保证运行的安全、可靠，必须确保套筒内径与阀芯外径之间留有一定的安全间隙。也正因为套筒与阀芯之间存在的间隙，管道中的焊渣、介质中较硬的颗粒物等容易进入这一间隙，进入间隙的不规则的硬质颗粒容易导致阀芯与套筒相对运动卡涩，甚至完全卡死。

套筒式控制阀阀芯与阀座密封面的设计方式有多种。普遍的方式是阀芯加工较大的锥面，阀座上仅加工 0.5～1mm 高度的锥面，这样装配过程中更容易实现阀芯与阀座间的密封；另一种方式正好相反，在阀座上加工较大的锥面，而阀芯上的密封锥面很小。这两种密封副的区别就在于前边的设计方式，阀芯运行时，因其较大的锥面更容易使等于或稍大于间隙的颗粒物挤入间隙，因此更容易造成阀芯与套筒的卡死；而后一种密封副因为阀芯上的锥面较小，阀芯运行时对附着于套筒上的杂物有刮削的作用，是一种"自洁"的设计方式，硬质颗粒更难以进入套筒与阀芯间的间隙，因此后一种密封副设计方式相对于前一阵方式造成阀芯与套筒卡涩、卡死的风险更低。

8. 泄漏等级不易提高

因为平衡孔的引入，虽然阀芯的不平衡力大幅减小，但同时引入的平衡密封环节，对套筒式控制阀整体密封性能造成了影响。平衡密封有两种方式，一种是设置平衡密封环，另一种是在套筒上增加一处密封阀座。常温工况下，可以采用蓄能式等非金属平衡密封

环，装配相对较为方便，也可以实现较高的泄漏量等级；当工作压差较大，或者工作温度高于 350℃时，非金属平衡密封环就难以使用，必须采用金属平衡密封环，而金属平衡密封环只能确保 ANSI Ⅳ～Ⅴ级的泄漏量等级，对于 ANSI Ⅵ级或更高的泄漏量等级则很难实现。

在小批量生产或维修过程中，可以与套筒、阀座逐台配车、配研阀芯的两个密封面，甚至反复配车、配研，因此双座套筒式控制阀可以实现较高的泄漏量等级，但是在大批量生产中，如果逐台反复配车、配研，会大幅降低生产能力。

随着社会及技术的发展，数控机床已经相当普遍，因此如果设计得当，数控车床极高的加工精度、加工后较高的表面粗糙度等级，以及较高的加工效率，可以在不影响生产效率的情况下使双座套筒式控制阀达到较高的泄漏量等级。双座套筒式控制阀可以适用于任何温度、压力等级的特点，如果再能实现更高的泄漏量等级，将使得双座套筒式控制阀重新焕发出生机，将来有望取代平衡密封环式密封结构，成为套筒式控制阀首选的密封方式。

§4.6　低噪声套筒式多级降压控制阀

在相对纯净的液体、气体及气液两相混合介质的高压差控制阀中，尤其是高温、高压工况的控制阀中，采用低噪声套筒式控制阀可有效降低控制阀中介质的流速（噪声），提高控制阀运行的平稳性，并大幅延长控制阀的使用寿命。当压差达到一定数值时，常规低噪声套筒式控制阀也会因流速较高引起噪声及振动较大的现象，此时就需要采用低噪声套筒式多级降压控制阀。

简而言之，低噪声套筒式多级降压控制阀的套筒，就是由内而外的两层或多层低噪声套筒组成的复合型低噪声套筒。多级降压低噪声套筒，有传统式多级降压低噪声套筒及同步调节、分步降压低噪声套筒两种，如图 4-11 所示。

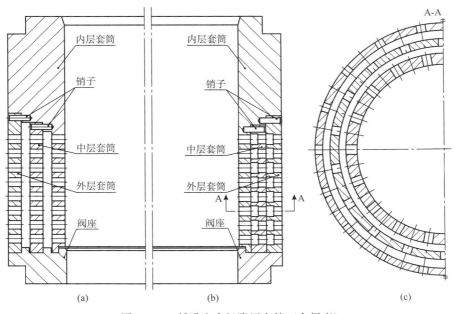

图 4-11　低噪声多级降压套筒（含阀座）

1. 传统低噪声多级降压套筒

如图 4 - 11 （a）所示，在过去的很长一段时间内，中、外各控制阀生产厂家普遍采用这种结构的低噪声多级降压套筒，因此本书称之为"传统低噪声多级降压套筒"。图中所示的低噪声多级降压套筒由内、中、外三层低噪声套筒组成，每层低噪声套筒之间都有间隙。在实际使用中，无论控制阀中的介质流向是从内到外、还是从外到内，各层套筒之间的间隙中都会充满介质，只有内层套筒与阀芯可实现流量调节，因此这种套筒的多级降压效果并不十分理想。当介质流向为侧进底出（从外到内）时，外层套筒可起到对介质的"整流"作用，即将紊流、涡流等混乱的介质流动整理成较为规则、稳定的流动，并起到一定的降低流速的作用；而当介质流向为由内到外时，由于各层套筒之间间隙存在的原因，除内层套筒外，其余各层套筒所能起到的降低流速的作用十分微弱。

综上所述，个人认为，传统式低噪声多级降压套筒一般只需要设计为内、外两层。当介质流向为从外到内，并且在极端工况下可设计成外、中、内三层，再过多层数的低噪声套筒都没有任何作用，无端增加成本、形成浪费，并且增加了流量孔堵塞、影响控制阀工作的风险。

2. 同步调节多级降压低噪声套筒®

为大幅提高低噪声多级降压套筒各层套筒降低介质流速的效果，经过多年的摸索设计出了同步调节多级降压型低噪声套筒。图 4 - 11 （b）所示的低噪声多级降压套筒也由外、中、内三层低噪声套筒组成，与传统低噪声多级降压套筒不同的是，同步调节多级降压套筒的各层低噪声套筒之间没有间隙，为过渡配合或小过盈配合。在套筒上加工多个环形槽，流量孔在槽内，环形槽之间的隔层隔断了各个环形槽之间介质的流通，装配时使各层套筒的流量孔位置相互错开；或者将中层、内层套筒的低噪声孔设计为台阶孔，装配时各层套筒的对应孔要对正、连通，台阶孔的大孔作为缓冲腔。采用这样的设计方式，无论介质由内向外、还是由外向内流通，介质流过流量孔后进入环形槽形成的空腔，或台阶孔的大孔形成的缓冲腔内进行缓冲，后依次流过流量孔、环形槽（台阶孔）、流量孔后流出套筒。最关键的是，无论阀芯处于任何开度，外、中、内三层套筒导通的流量孔数量都是相同的，这样就可实现外、中、内三层套筒的同步调节并逐层降压，最大限度发挥每一层低噪声套筒降低流速的作用。

环形槽式与台阶孔式同步调节逐级降压式低噪声多级降压套筒的区别是：台阶孔式结构因为大孔的原因，需要更多的侧面积，同时因为各层对应孔同轴线的原因，所以降低流速的作用相对稍弱一些，但加工工艺性较好且适合于含粉末类介质工况使用；环形槽结构相对可节约套筒的侧面积、可设计出更大流通能力的套筒，同时因装配式各层套筒的孔可以相互错开，因此降压效果更为明显，但因环形槽的存在，不可用于含粉末、颗粒类固体物的介质工况。

图 4 - 11 （c）是图 4 - 11 （a）、图 4 - 11 （b）的俯（仰）视方向剖视图。可以看出，虽然剖视图形状相同，但却是截然不同的两种结构。

图 4 - 12 为同步调节低噪声多降压套筒的三维剖视图，不同颜色区别不同层的低噪声套筒，可以更清楚地看出各层低噪声套筒的流量孔、环形槽。

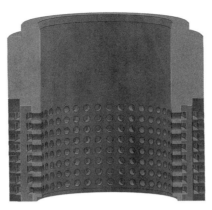

图 4-12　环形槽式同步调节多级降压低噪声套筒

§4.7　叠片式低噪声套筒多级降压控制阀

叠片式低噪声多级降压控制阀，也有人习惯称为"迷宫式套筒阀"，笔者持保留意见，因为这类套筒的降噪流道只是不断改变介质流动方向，很多设计中间没有起缓冲作用的腔体，所以"迷"倒是有，但"宫"却无从谈起。因为流道呈不断弯曲、改变方向的"羊肠小道"状，可更大程度地消耗介质能量、降低介质流速，可用于高达 30MPa 以上的纯净液体、气体或气液两相流介质工况，近年来国内、外许多厂家都有类似产品。

叠片式低噪声多级降压套筒，分为同层降噪流道式，及不同层交换流通降噪式等几种结构。同层降噪流道式低噪声套筒的叠片，下边一层上表面上的流道槽与上边一片的下表面贴合形成完整的通道，（每一层）的降噪流道从内到外贯通，如图 4-13（a）所示；交替流道叠片式低噪声套筒的叠片，单独一层无法形成内外连通的流道，流道在 2~3 层叠片间交替行进，直到连通套筒的内外径，形成完整的流道，如图 4-13（b）所示。

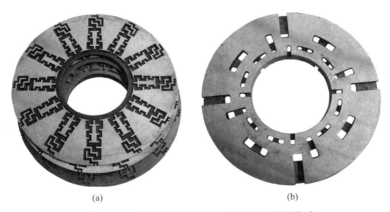

(a)　　　　　　　　　　(b)

图 4-13　叠片式低噪声多级降压套筒的叠片

同层降噪流道式叠片便于组装，各层叠片之间没有方向性要求，只要内径（或外径）在同一圆柱面上即可（也可组装后精加工形成完整、高质量要求的内圆柱面）；交替流道式叠片组装时，上下层叠片之间必须严格对准方向、使各片之间的流道完全接通，工艺上长通过定位销孔或配合螺栓装配、压紧实现。

§4.8 先导阀芯套筒式控制阀

先导阀芯套筒式控制阀，是在原控制阀的阀芯上增加了一个辅助的先导阀芯（Auxiliary Pilot Plug），在控制阀处于关闭状态时平衡结构也处于关闭状态、控制阀打开状态时平衡结构也处于打开状态的一种可在平衡、非平衡状态切换的控制阀。

1. 先导阀芯套筒式控制阀的结构及工作原理

如图 4-14 所示为先导阀芯部件、低噪声套筒组成的先导阀芯套筒式控制阀阀内件部分，阀芯部件主要由主阀芯和先导阀芯构成。先导阀芯上部与阀杆连接，中部法兰上有平衡孔，下部有与主阀芯实现密封的球形或圆锥形密封面；先导阀芯与主阀芯之间有碟簧或柱形弹簧，确保阀杆在不受执行机构推力的情况下使先导阀芯与主阀芯之间的密封面处于分离状态、介质可以流通；当执行机构推杆对阀杆施加推力时，先导阀芯在阀杆作用下通过弹簧带动主阀芯一起向下运动，直到主阀芯与阀座接触，然后先导阀芯开始压缩碟簧或柱形弹簧，靠近主阀芯上的密封面，直到主阀芯与阀座、先导阀芯与主阀芯同时严密接触实现密封；先导阀芯上部有卡簧，防止先导阀芯脱离主阀芯。阀座与套筒为一体设计、加工的低噪声套筒，这样虽然加工的工艺性稍差，但少一个件，便于组织生产、便于装配，与分体式设计、加工，各有优缺点。

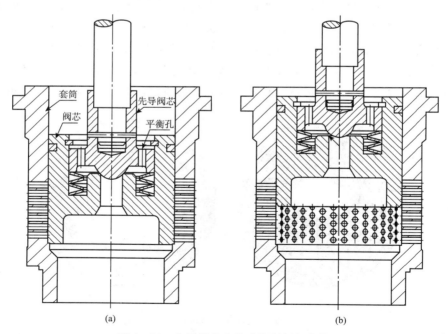

图 4-14 先导阀芯套筒式控制阀阀内件

图 4-14（a）为关闭状态，先导阀芯与主阀芯、主阀芯与阀座之间都为严密接触的切

断状态，如果流向为侧进底出，则介质通过套筒与主阀芯之间的间隙、导向钢环进入阀芯部件上部与上盖之间的腔体，此时阀芯上部为阀前压力 p_1，而阀芯下部则为阀后压力 p_2；如果介质为底进侧出的流向，则阀芯下部为阀前压力 p_1，而阀芯上部与上盖间的腔体，则通过套筒与主阀芯之间的间隙、钢环与套筒外部的阀腔压力相等，均为阀后压力 p_2。

图 4-14（b）为控制阀开启状态，无论是侧进底出、还是底进侧出的流向，先导阀芯与主阀芯、主阀芯与阀座之间均为打开状态，介质从主阀芯下部的平衡孔，流过先导阀芯与主阀芯之间的间隙，然后经过先导阀芯上的平衡孔，进入阀芯上部与上阀盖之间的空腔，阀芯部件的上、下除阀杆的面积外，基本处于平衡状态。

2. 先导阀芯套筒式控制阀的特点

（1）在控制阀切断状态，先导阀芯与主阀芯、主阀芯与阀座均处于切断状态，平衡孔不导通，此时先导阀芯套筒控制阀类似于非平衡式的球形单座阀，因此先导阀芯套筒式控制阀在选配执行机构时需要多加注意。

先导阀芯套筒式控制阀选配执行机构时，应按非平衡式的球形单座阀计算、选配，计算时主要考虑介质的流向、控制阀的作用形式。

（2）先导阀芯套筒式控制阀，因为先导阀芯的存在，避免了平衡密封环的问题，常温、常压状态时不必采用蓄能式等非金属平衡密封环，高温、高压下也不必考虑金属平衡密封环，虽然有时有个环，但主要起减震作用，不起密封作用。在这一点上，先导阀芯套筒式控制阀与双座式套筒阀类似，但因先导阀芯与主阀芯间的密封面较小，而且先导阀芯与主阀芯不是一体式结构，之间还有弹簧，虽然结构较为复杂，但更容易实现密封，一般可到 ANSI Ⅴ级至 ANSI Ⅵ以上的泄漏量等级。

（3）先导阀芯与主阀芯之间有碟簧或柱形弹簧，有一定的独立行程，一般为 3～10mm，因此设计套筒窗口、流量孔的位置、行程，及总行程时需要多加注意。

§4.9　窗口套筒式多级降压控制阀

低噪声孔套筒可以组成多级降压控制阀，窗口式套筒同样也可组成多级降压控制阀，在保持较大流通能力的同时，对介质流速（噪声）进行控制。如图 4-15 为某品牌 DST 窗口套筒式多级降压控制阀阀内件结构示意图。

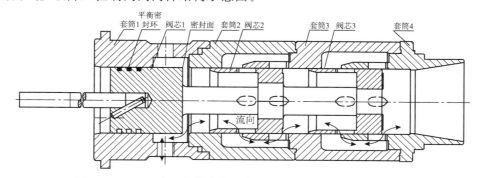

图 4-15　DST 窗口套筒式多级降压控制阀（内件装配）示意图

如图 4-15 所示，该控制阀由 4 个套筒、3 级阀芯组成，阀芯 1、套筒 2 上有密封面可以实现切断作用。控制阀打开状态下，阀腔入口介质从套筒 1 窗口流入，经阀芯 1 与套筒 2 之间的开度流入阀芯 2，经过阀芯 2 上的窗口流入套筒 2 与套筒 3 之间的空腔，经套筒 3 窗口、阀芯 2 与套筒 3 之间开度流入阀芯 3，经阀芯 3 的窗口流入套筒 4 与套筒 2 之间的空腔，最后经过套筒 4 的窗口、阀芯 3 余套筒 4 之间的开度流入套筒 4 流入阀腔出口。

以上是侧进底出的流向，也根据需要可以采用底进侧出的流向，流路正好相反。无论怎样的流向，介质都不断改变流向，套筒窗口与阀芯边沿之间的开度、阀芯窗口与套筒边沿之间都形成可调节的调节副，对介质流量进行调节，并对介质的流通能量进行消耗，以降低流速（噪声），还可以避免空化、汽蚀作用对阀内零部件的损坏等。

窗口式套筒多级降压控制阀，可以允许小颗粒介质、粉末类介质，及气体、液体等介质流通，但是换来的是轴向尺寸较大的阀体，因此控制阀整体尺寸较大、造价较为昂贵。

§4.10　套筒式控制阀常见损坏现象及维修

按控制阀的损坏程度，可将控制阀的损坏分为功能丧失及性能下降，因此控制阀的常见损坏现象也分为功能丧失型损坏及性能下降型损坏。所谓功能丧失型损坏，是指控制阀损坏较为严重，已经完全丧失某项功能或要求，造成控制阀完全无法使用，需要进行维修，比如完全失去了调节功能，或切断性能完全丧失，无法继续使用；而性能下降型损坏，指控制阀损坏相对不太严重，还能继续使用，只是某项性能下降，比如调节精度达不到应有要求，或泄漏量等级下降达不到应有的切断要求。

§4.10.1　功能丧失型损坏现象及维修措施

4.10.1.1　调节、切断功能完全丧失

在传统的控制阀定义里，控制阀的作用主要是对介质进行调节，一般不要求切断，因此国际、国内的许多标准及书籍里对泄漏量的定义甚至 ANSI Ⅰ级开始，比如 GB/T 4213—2008《气动调节阀》规定的泄漏等级Ⅰ级，其试验介质、试验程序、最大阀座泄漏量都是"用户与制造厂商定"，而Ⅱ、Ⅲ级泄漏量等级都是"$10^{-3}×$额定容量"数量级；ANSI/FCI 70-2—2016《CONTROL VALVE SEAT LEAKAGE》对Ⅰ级的定义为："A modification of any Class Ⅱ, Ⅲ or Ⅳ valve where design intent is the same as the basic class, but by agreement between user and supplier, no test is required"，Ⅱ、Ⅲ级与 GB/T 4213—2008《气动调节阀》规定相同。

近年来，国内炼化、煤化工行业蓬勃发展，对控制阀的性能要求越来越高；另外，从化工管线的常见布局来看，要求切断的部位一般前边安装控制阀、后边是手动的切断阀，一旦控制阀无法完全切断、出现紧急情况时，就需要工艺人员到现场手动操作切断，增加操作的危险性及人工劳动强度；另外，随着技术的进步，越来越多的工艺需要控制阀实现严密切断。综上所述，安全、文明生产，及化工工艺对控制阀的切断要求愈来愈高，因此

本文所述切断功能完全丧失，一般是指泄漏量等级低于 ANSI Ⅳ（不含Ⅳ）级。

新的控制阀安装，工艺及控制室会对该阀进行观察，通过后置流量计或其他方式对其控制规律进行摸索，等熟悉后会对其规律进行定义，需要紧急操作时会立即、准确对该阀进行控制操作，使其通过的物质的量准确投放。在长久使用后，因阀内件的损坏，其控制规律破坏，甚至无法重新进行定义，说明该控制阀已无法胜任精确控制要求，造成其调节功能的完全丧失。

造成控制阀切断、调节功能完全丧失的原因，及其维修措施如下：

1. 阀芯拉伤、冲刷、汽蚀、硬物挤伤等原因损坏

单座–平衡密封环套筒式控制阀（balanced single-seat control valves with a piston ring seal and metal-to-metal seats）、双座套筒式控制阀、先导式阀芯套筒式控制阀，只要出现一个阀芯–阀座密封副因冲刷、汽蚀、硬物挤伤等大面积损坏，或套筒内径（或分离式套筒阀的阀芯外圆）–平衡密封环损坏，都会导致控制阀内漏大幅增加，造成切断功能完全丧失。

对于相对轻微的阀芯密封面的冲刷、汽蚀、硬物挤伤等大面积损坏，可在车床上车去损坏部位的硬化层，重新堆焊、硬化处理后，按原始尺寸车出阀芯外圆及密封面即可恢复使用功能；对于较为严重的阀芯密封面、外圆因冲刷、汽蚀、挤伤、拉伤等大面积损坏，有备件的应更换新的备件，没有备件的应及时定购备件，并进行应急处理。应急处理的方式是先车去损坏部位的硬化层并继续向下车削 2~3mm，然后采用阀芯同材质焊材进行补焊，补焊后基本车修出原始形状，留下密封面堆焊余量，再次进行堆焊、硬化处理。如果补焊、堆焊面积较大，应拆去阀杆后进行去应力退火热处理，对于尺寸较大、热处理变形较大的阀芯不便进行热处理的，焊后应采取保温措施使其缓慢降温，避免产生较大的局部应力。堆焊、硬化处理后即可重新车修至原始形状、尺寸，使其恢复使用功能。

上述车修、补焊、堆焊、重新车修的方式，只适用于密封面附近部位，对于阀芯外圆上较长、较密集的拉伤损坏，则不宜采用局部补焊、堆焊等方式修复，防止筒型尤其是薄壁筒型零部件因侧壁局部受热及焊接因其的热应力、焊接应力导致变形，彻底失去修复价值。平衡密封环安装在阀芯上的，阀芯外壁拉伤损坏不影响密封性能，修复中只需去除拉伤损坏产生的毛刺、尖锐，即可继续使用；分离式套筒、平衡密封环安装在两套筒之间的，阀芯外圆也是密封面，因此需要修复拉伤损坏的痕迹。拉伤损坏痕迹较浅、深度小于 0.5mm 以内的，可保留密封面附近的一段圆柱面，而上、下运动过程中与平衡密封环接触的部分则可以直接车削至拉痕消失，然后重新按车修后的尺寸购买，或车配平衡密封环即可使其恢复密封性能；对于拉伤损坏痕迹较深的，则已完全失去修复价值，建议报废处理，如果是应急维修，则必须拆去阀杆、车去密封面硬化层，将整个外圆车削 3~3.5mm 后对整个外圆进行补焊，补焊后按新备件加工所需的热处理工艺，如 304、316 等奥氏体不锈钢的固溶处理、2Cr13 等马氏体不锈钢的调质处理等，重新进行热处理，使补焊层金属获得较高机械性能及耐腐蚀性能，并可消除焊接产生的局部应力，然后采用合适的夹持方式找正、夹紧后进行车削处理，使报废的阀芯临时恢复使用性能。加工外圆及密封面时，注意找正、夹持方式，保证加工后阀杆、阀芯外圆及密封面的形位公差，否则修复后

的阀芯会因为形位公差无法占据应有位置而无法实现密封功能，达到所需的泄漏量等级要求。

最后，与平衡密封环接触实现密封的外圆，及与阀座接触实现密封的密封面，必须有合适的表面粗糙度。如果阀芯外圆粗糙，会无法实现密封且很快使平衡密封环磨损，而密封面粗糙度达不到要求也无法实现密封。阀芯外圆可以通过磨削的方法达到应有粗糙度，而密封面可以通过与阀座的粗研、精研等配研的方法逐渐达到应有的粗糙度。

阀芯、阀座的配研过程基本与球形单座阀相似，只是因为在使用中阀芯是通过套筒导向的，所以阀芯、阀座配研时必须使用套筒作为导向、定位器件，最好还是将阀座、套筒、上阀盖、填料导向套等按顺序装配后进行，填料可以不装，否则所需研磨扭矩太大无法进行。

2. 阀座密封面冲刷、汽蚀、硬物挤伤等原因损坏

阀座密封面损坏的情况、原因及修复方式与球形单、双座控制阀相似，维修方法也完全相同，请参看相关章节。

3. 套筒损坏

套筒损坏也会导致控制阀使用功能失效，比如平衡密封环安装在阀芯上的单座-平衡密封环式套筒控制阀，套筒内壁拉伤会导致内漏大幅增加，甚至造成切断功能完全失效；因设计不合理，在高温情况下，或上阀盖传递的压力太大导致套筒变形，是套筒对阀芯的导向功能丧失，造成阀芯、套筒卡涩甚至卡死等。

对于分离式套筒，平衡密封环安装在套筒之间的套筒式控制阀，因为不依靠套筒内壁作为密封部位，因此套筒内壁拉伤损坏时，只需去除拉痕上的尖锐、毛刺，使其不阻碍阀芯运动即可；而对于平衡密封环安装在阀芯上的平衡式套筒控制阀，如果套筒内壁拉伤损坏，就需要更换新的备件，或进行修复处理。如果套筒内壁密封部位拉伤损坏痕迹深度不超过 0.5mm，应急修复时可以直接镗削处理直至拉痕消失，然后进磨削、滚压处理，使其内表面达到应有的粗糙度及表面硬度，可以胜任一定时间的使用寿命、等待新的备件。套筒修复后，因经过加工内径已经变大，阀芯外圆与套筒内径之间的间隙变大，原平衡密封环已无法继续使用，也会使阀芯、套筒的使用效果变差，严重时甚至引起阀内件的强烈振动及噪声，因此还需要处理。此时需要将阀芯上、下部补焊增加一段直径尺寸合理的导向圆柱面，修改阀芯上安装平衡密封环的槽，按修改后的套筒及平衡密封环槽尺寸重新定购新的平衡密封环，或临时配车其他形式的平衡密封环，如聚四氟乙烯、机械碳、或金属平衡密封环。

对于轻微变形的套筒，应急修复时与内壁拉伤损坏一样，只需在车床上找正、夹紧后将内壁镗削处理，直至变形后的内径重新成为整圆，并按上述方法处理阀芯、平衡密封环后即可继续使用；如果套筒变形严重、加工量超过 1mm 以上，则不建议继续修复，应紧急采购并更换新的备件。

4. 平衡密封环损坏

平衡密封环损坏，也是平衡式控制阀尤其是套筒式控制阀最常见的损坏状态之一。非金属平衡密封环密封效果好、泄漏量等级高，但不耐磨损、不耐高压、不耐高温，因此更

容易损坏。

非金属平衡密封环损坏后，应优先考虑更换原型号规格的备件。如果应急处理时没有现成的备件可供更换，则可以使用 PTFE 等材料临时加工，其截面形状可以是实心矩形，也可以是 U 形、V 形等其他形状，与工作压差有关，如图 4-16 所示。

套筒内壁 阀芯

 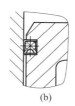 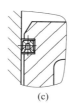

(a)   (b)   (c)

图 4-16 应急加工的平衡密封环

如图 4-16 所示，图（a）是截面为实心矩形的平衡密封环，优点是与套筒内壁、阀芯槽底接触面大，可耐更高压差，缺点是阀芯上下运动时阻力较大；图（b）所示为截面中间有 V 形槽，平衡密封环外径与套筒内壁、内径与阀芯槽底接触面小的"唇"密封边，优点是阻力相对减小、可引入介质使密封唇与套筒、阀芯紧密接触，所能耐受的压差介于 (a) 与 (c) 之间，且形状简单、便于加工；图（c）所示为截面内外都呈 U 形的平衡密封环，自身结构弹性较好，与套筒内壁、阀芯槽底接触面较小，可最大限度利用介质压力使唇型密封边撑开与套筒内壁、阀芯槽底接触实现密封，该结构的特点是接触的力较小因此使用寿命更长，缺点是结构复杂不易加工，且能耐受的压差有限。

无论哪种形式的非金属平衡密封环，其外圆与套筒内壁、内圆与阀芯槽底都是通过压缩平衡密封环后进行配合的。临时配车、加工时，平衡密封环的内、外径与套筒内径及阀芯槽底直径配合的过盈量应根据温度段进行调整，压缩量如表 4-3 所示。

表 4-3 各种形式应急 PTFE 平衡密封环所需压缩量

序号	截面形状	温度范围/℃	压缩量/mm	备 注
1	实心矩形	-70~80	0.3~0.5	
2		80~150	0.4~0.6	
3		150~180	0.5~0.7	温度越低、材料越硬，因此压缩量越小；随着温度越高，材料变软，因加工时需要更大的压缩量。 从实心矩形、V 形槽到 U 形槽，结构弹性越好，需要更大的压缩量。
4	V 形槽	-70~80	0.4~0.6	
5		80~150	0.5~0.7	
6		150~180	0.6~0.8	
7	U 形槽	-70~80	0.5~0.7	
8		80~150	0.6~0.8	
9		150~180	0.7~0.9	

金属平衡密封环虽然能耐很高的使用温度，但密封效果稍差，而且因现场很难有热处理及全面的机械加工设备，因此有损坏时无法应急加工金属平衡密封环，需要尽早从正规生产厂家定购合格的备件进行更换。

5. 阀芯、阀杆脱离

有很多原因会造成阀杆断，以及阀芯阀杆连接螺纹失效等，造成阀芯与阀杆脱离连接：

（1）因为套筒式控制阀的最大缺点就是阀芯、套筒容易卡涩或卡死，增加阀杆的负荷，使阀杆受力增加，超过其强度极限造成阀杆断裂；

（2）因金属的疲劳失效，阀杆在震动等作用下超出疲劳强度，造成阀杆断裂；

（3）阀芯、阀杆连接螺纹的防转动销子脱落或断裂，阀芯或阀杆转动使连接螺纹退出，造成阀芯、阀杆的连接脱落；

（4）在强大推力或拉力的作用下，使阀芯阀杆连接螺纹损坏（溢扣），使阀芯阀杆脱离连接；

（5）有些生产厂家使用摩擦焊或直接焊接工艺连接阀芯阀杆，在振动或强大作用力下造成焊接部位开裂，造成阀芯阀杆连接脱落。

对于阀杆断裂造成阀芯、阀杆连接脱落的，必须更换专业生产厂家生产的阀杆予以解决。一个合格的阀杆，不但要求形状、尺寸正确，而且要求必需的热处理、表面硬化工艺等。如果是因销子脱落造成阀芯阀杆连接螺纹松动、退出，则只需可靠连接阀芯阀杆后重新铆好销子后即可恢复使用；对于阀芯、阀杆连接螺纹损坏的，则需要整体更换阀芯部件，如果是在应急状态下可将阀芯螺纹扩大一个规格的螺纹，将阀杆螺纹部分补焊后按新加工的阀芯螺纹配车，需要注意的是加工螺纹时要考虑阀芯、阀杆的整体同轴度等形位公差，具体可参看球形单座阀的维修部分。

4.10.1.2 调节功能完全丧失

套筒式控制阀，套筒上的流量窗口或孔作是流量直接控制元件，阀芯是辅助调节元件，因此，阀芯、套筒的大面积损坏是导致调节功能完全丧失的主要原因。

1. 套筒窗口大面积冲刷损坏

如果套筒的流量窗口或孔轻微冲刷或因空化、汽蚀损坏，虽然做不到精确控制，但通过调节不同的开度，还是可以起到调节作用的，只有窗口或孔大面积冲刷损坏，尤其是小开度位置大面积冲刷损坏，无论阀芯的开度怎样变化，都无法对介质的流通起到任何调节作用，或大大超出预期的变化。

套筒作为薄壁件，任何局部的高温作用，尤其是施焊，都会导致套筒变形，使套筒无法继续使用，因此冲刷损坏，尤其是大面积汽蚀或冲刷损坏的套筒，只能报废处理、更换新的备件，无法进行任何维修。

2. 阀芯严重冲刷或汽蚀损坏

如果阀芯外圆与端面相交的棱角部分（密封面）处冲刷损坏严重，阀芯与套筒流量窗口或孔接触、对介质进行调节的部位无法很好地遮挡窗口或孔，相当于放大了流通面积，因此造成介质流通失控，严重时导致套筒式控制阀调节功能完全丧失。

损坏严重的阀芯，建议更换新的备件，因为即使经过补焊、车修，焊材的成分不会完全相同，而且焊接的熔池部分金相组织会有变化，还会影响周围组织的材料的原始热处理金相组织，因此修理后的零部件达不到全新零部件的状态。

应急情况下进行应急修复的，可以车去硬化层并扩大后采用相近成分的焊材对损坏的部位进行补焊，补焊后进行粗车，接近最终零部件的形状和尺寸、留堆焊余量后对密封面进行堆焊硬化处理，如果补焊、堆焊面积较大，应进行去应力退火处理。堆焊、去应力退火后即可将阀芯精车至所需的形状、尺寸。

3. 阀芯、阀杆脱离

阀芯、阀杆脱离连接后，尽管执行机构动作，但未能带动阀芯进行调节，因此也会造成调节失效。阀芯、阀杆脱离连接的情形及维修方式，与前文相同，不再赘述。

§4.10.2　性能下降型损坏现象及维修措施

1. 窗口冲刷

窗口式套筒控制阀如果窗口冲刷、汽蚀损坏，会导致设计流量特性丧失、调节精度严重下降，甚至完全无法使用。

窗口冲刷损坏后，一般很难进行补焊、加工等常规手段修复，必须更换新的备件方可恢复使用。有些维修队伍会将冲刷的窗口补焊起来，然后采用铣削或打磨的方式重新修出窗口，这样修复后的窗口流量特性达不到出厂要求的精度，因此严格来讲达不到"修复"的标准。

2. 低噪声套筒流量孔堵塞或冲刷

低噪声套筒式控制阀的套筒，流量孔部分或完全堵塞，会导致流量不足，同时也破坏了原有的流量特性；有时候低噪声套筒的流量孔冲刷损坏严重，甚至几个孔连通成一个不规则的窗口，此时不但原有的流量特性丧失、流量增大，严重时会完全丧失调节功能。

低噪声套筒的流量孔堵塞的可以通过取出堵塞物或重新钻孔等方式恢复使用性能，而冲刷损坏后的套筒仍然无法通过补焊、加工的方式修复，只能更换新的备件方可恢复使用性能。

3. 多级降压型

无论是低噪声套筒式多级降压套筒阀，还是多套筒式多级降压套筒阀，冲刷损坏的套筒都不能采用补焊、加工的方式修复，必须更换新的套筒备件方可恢复使用性能。

4. 叠片式套筒损坏

叠片式套筒为一层层的环片叠加而成，有焊接连接式的，也有螺纹连接、压紧式的。焊接连接的一旦损坏无法修复，只能更换新的备件。螺纹连接、压紧的，如果出现套筒部分流量孔堵塞的可以拆开、疏通后重新连接、压紧即可恢复使用；部分流量孔冲刷损坏，并且有原生产厂家提供的叠片则可以更换后重新连接、压紧，否则只能报废处理，更换新的备件方可恢复使用性能。

第5章 球阀的结构与维修

球阀（Ball Valve）开关及流量控制核心元件—阀芯，是在球体上加工流道、端面倒圆角后，流道口与阀座配合实现对介质的切断或调节。

球阀是 20 世纪 50 年代问世的一种新型控制阀，问世后短短的 30 年、至 20 世纪 80 年代，球阀就已经发展成为一种主要的控制阀，在航天、石油化工、长输管线、轻工食品、建筑等许多方面都得到了广泛的用，截至今日，全球已经有成百上千家企业在生产球阀，产品质量优异的企业也有上百家，可见球阀生产、使用的广泛性。

球阀与其他阀类相比，具有许多突出的优点，是受到普遍欢迎的主要原因，其主要特点如下：

1. 流体阻力小

球阀没有直动式控制阀的 S 形等复杂流道，尤其在全开状态下等同于直通的管道，因此球阀的流阻系数都比较小，尤其是全通径球阀，管道、阀体的流道直径与球芯流道直径相等，局部能量损失只有同等长度管道的摩擦阻力，在所有各类切断性能较好的控制阀中，球阀的流阻最小。在火箭发射及其试验系统中，尤其要求输送管道的阻力越小越好。减少管路系统的阻力有两个途径：一是降低流体流速，为此需要增大管径和控制阀的通径，这对于管路系统的经济性往往会产生不利的影响，特别对低温输送系统（如液氢、液氮）是极为不利的；一是减小控制阀的局部阻力，因此，球阀自然就成了最佳选择。

2. 开关迅速、方便

球阀为旋转式控制阀，常规球阀的行程为 90°转角，换向球阀有 30°、60°、120°等转角，在合适执行机构的驱动下很容易实现快速启闭与换向。

3. 密封性好

目前，绝大多数软密封球阀的阀座都采用聚四氟乙烯等弹性材料制造，金属与非金属材料组成的密封副，通常称为软密封，很容易实现较高的泄漏量等级，甚至"滴水不漏"，而且对密封表面的加工精度与表面粗糙度要求也不很高；在加工精度较高、表面粗糙度较小的情况下，硬密封也可达到很高的泄漏量等级，甚至在很高的工作压差下也可做到"滴水不漏"。

4. 使用寿命长

由于聚四氟乙烯（PTFE 或 F-4）本身相对较耐磨，且有良好的自润滑性，与球体的摩擦系数小，随着球芯表面加工工艺的改进可达到较高的形状及尺寸精度、表面粗糙度等级，从而提高了球阀的使用寿命，甚至可达 10 万次以上的开关寿命。

5. 可靠性高

球阀的可靠性高主要是因为：①球体与阀座形成的密封副轻易不会发生擦伤、急剧磨损等故障；②阀杆改为内装式后，消除了阀杆在流体压力作用下可能因填料压盖松开而飞出的事故隐患；③采用防静电、耐火结构的球阀，适用于输送石油、天然气、煤气的管线。

6. 适用范围广

球阀为直通式流道，流道粗糙度等级可以做到很高，更适用于黏性、含丝线、粉末及固体颗粒等类介质工况。

§5.1　球阀的类型

根据球芯的形状，球阀可分为 V 形球阀和 O 形球阀。V 形球阀的球芯是球缺，然后在球缺上加工 V 形缺口，利用 V 形缺口与阀座的配合调节介质的流通面积，从而调节介质的流量；O 形球阀的球芯是在完整的球体内加工圆柱形流道，并在垂直于流道方向的中心加工驱动球芯旋转所需的花键孔、带键槽圆孔、月牙槽、四方孔、六方孔等。下边的叙述中，除非特殊说明是 V 形球阀，所说的球阀都指 O 形球阀。

根据球芯与阀座组成的密封副的材料，可分为软密封球阀和硬密封球阀；根据球芯是否有固定转轴，球阀可分为浮动式球阀和固定式球阀，其中固定式球阀又可分为普通固定式球阀、半固定式球阀和轴球一体式球芯固定式（上装式、对分式）球阀；根据球阀的阀体，可分为三分式球阀、二分式球阀及整体阀体的上装式球阀，其中二分式球阀又可分为对分式球阀和一般二分式球阀；根据球芯通径的尺寸，球阀可分为全通径球阀和缩径球阀。

§5.2　软密封球阀和硬密封球阀

一般来说，炼化企业所用的球阀，其球芯都是全金属材料加工而成的，只有阀座可以采用全金属或聚四氟乙烯、聚醚醚酮等非金属材料加工。所谓硬密封球阀，就是指球阀的球芯、阀座全部采用金属加工，球芯、阀座所形成的密封副是金属对金属的全金属密封副，因此称为"硬密封"；而软密封球阀，则是指采用聚四氟乙烯、聚氯乙烯、聚醚醚酮、8000 塑料合金、尼龙、机械碳，甚至橡胶等非金属材料加工阀座，或者以金属为基体、在金属基体上镶嵌非金属材料，利用非金属材料弹性变形范围较大、容易实现与金属球芯的密封，以及某些材料自润滑特性可减小与金属球芯的摩擦力的特性，与金属球芯组成金属对非金属材料的密封副，因此称为"软密封"。

图 5-1 所示为常见球阀的结构，为便于比较，左侧阀座为金属硬密封阀座结构，右侧为软密封阀座结构。如左侧硬密封阀座结构，金属阀座的密封面直接与球面接触，阀座

下部装有弹簧，可保持阀座与球面紧密接触，并在球芯转动过程中有一定的退让空间，保证球芯可顺畅转动；如右侧软密封阀座结构，非金属阀座密封面与球芯接触、另一面及侧面与阀体接触，很容易同时实现了与球芯、与阀体的密封，另外，不需要弹簧，凭借非金属阀座自身的弹性变形量就可保证球芯的顺畅转动。

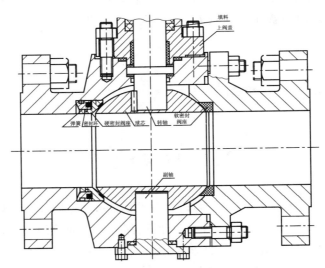

图 5-1　常见球阀结构示意图（开启状态）

　　通过比较不难发现，软密封阀座的球阀密封可靠、结构简单，只需要阀体、阀座、球芯、转轴就可组成一台球阀；同时因为阀座材质较软，球面和阀座不需要很高的表面粗糙度就可实现可靠的密封效果。软密封球阀的优点是阀座材质较软，容易实现密封，但也正因为阀座材质较软，因此软密封球阀的缺点是阀座不耐磨损，因此使用寿命相对较短，且不耐高温；软密封阀座材质强度较低，因此软密封球阀不宜在较高压差工况下使用。

　　硬密封球阀，因为球芯、阀座材质均为金属，本身强度、硬度都较高，还可以采用堆焊、熔覆钴基及镍基等硬质合金工艺，或采用热喷涂、超音速火焰喷涂等工艺使球芯、阀座表面附着一层更高硬度的硬质合金、陶瓷等材料，使球芯、阀座表面达到更高的硬度和耐磨性，即使在粉末、颗粒，及固、液、气多相流介质工况下，也可大幅延长球阀的使用寿命；另外，由于球芯、阀座均为金属，可适合于高温、高压差工况，通过更换不同的材质，可使球阀胜任何强腐蚀介质工况。

　　硬密封球阀的优点很多，但缺点同样难免。因为球芯、阀座材质均为金属，尤其经表面硬化处理后，密封面的硬度更高，因此球芯、阀座的密封面需要很高的形状公差及表面粗糙度，才能实现较高的泄漏量等级；因为金属的变形量极小，可认为是不可压缩变形的"纯刚性"，因此零部件需要更高的加工精度及形位公差，方可实现各零部件的正确配合及各零部件的"准确占位"；为保证球芯的顺畅转动，阀座需要弹簧的支撑方可实现退让等"浮动"效果；除球芯、阀座接触的密封面外，还需要增加阀座与阀体间的密封结构，实现阀座与阀体的密封，方可实现整个球阀的密封。硬密封球阀的结构复杂，各零部件尺寸精度与形位公差要求都很高，因此从设计、零部件加工、整机装配，到维修过程，都有很高的要求，"门槛"较高。

§5.3　固定式球阀与浮动式球阀

1. 固定式球阀

如图 5-1 所示是传统的固定式球阀，球芯的上、下都有固定的转轴，球芯的开启、关闭转动过程中都绕固定轴转动，因此其轴线是固定不动的，因此称为固定式球阀。

固定式球阀因为有固定轴的存在，当球芯处于关闭状态时，来自管道介质压力对球芯的推力最终由转轴承担，对出口阀座的挤压力较小，球芯开、关转动过程中的扭矩相对均匀，且开启所需扭矩相对较小；因出口阀座不承受来自管道介质对球芯的推力，所承受的力较浮动式球阀出口阀座小，因此出口阀座变形小，密封性能稳定，使用寿命较长，适用于中压及较高压力等级及中等到较大规格球阀。

例如当球阀的规格达到 $DN500$、工作压差达到 10MPa 时，球阀处于关闭状态时，管道介质对球芯的推力 F 计算如下：

$$F = p \times A = 10 \times 10^6 Pa \times \pi \times 0.25^2 \ m^2 = 1962500N = 1962.5kN$$

在如此大的推力作用下，因转轴为悬臂梁结构，在强大径向推力 F 的作用下易发生挠曲变形，而且随着带动球芯不断的转动，转轴承受的为交变的挠曲变形应力，如图 5-2 所示。

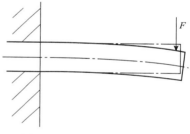

如果轴径过小，则挠曲变形量会很大，带来以下结果：

（1）转轴过大的挠曲变形，导致驱动球芯转动所需的扭矩急剧增大；

图 5-2　悬臂梁的挠曲变形

（2）由于不断的转动，转轴在较大交变挠曲变形应力作用下会过早达到材料的疲劳极限导致转轴断裂，影响固定式球阀的使用安全性及使用寿命；

（3）转轴过大的挠曲变形，导致球芯对出口阀座的挤压力大幅增加、阀座变形增大，使密封效果丧失；

（4）球芯对出口阀座过大的挤压力，会导致驱动球芯转动所需的扭矩急剧增大；

（5）入口阀座因球芯的远离，阀座与球芯间的作用力减小、密封比压不足，造成密封失效。

综上所述，过大的规格或过大的工作压差工况下，传统固定式球阀结构必须增大转轴的直径，而转轴直径增大时，需要大幅增加转轴固定处的尺寸，来自填料等处的摩擦力也会大幅增加。因此，传统式结构的固定式球阀很难适用于过大规格、过大工作压差工况。

2. 轴球一体式固定式球阀

轴球一体式球芯固定式球阀，其球芯、转轴为一体式设计、加工、装配，为不可分割的一个整体。如图 5-3 所示为轴球一体式球芯。

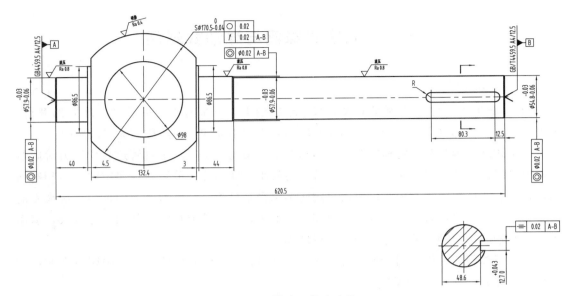

图 5-3　轴球一体式球芯

　　轴球一体式球阀，主要是因为将球芯与主副转轴设计、加工为一体，也正是将转轴、球体设计加工为一体式的球芯，引起了结构上的改变，这样的球芯在传统的阀体结构上无法装配，必须对阀体进行一些特殊设计。比如采用对分式阀体结构，将阀体从对称中心一分为二，左右两片阀体完全对称、相同，装配时直接将球芯"夹"在中间，两阀体之间需要采取对应的密封措施，这种结构看似简单，实际上对阀体的加工以及整机的装配都带来了一定的难度，比如对分式阀体之间无法使用缠绕式垫片等整体的环形密封垫片，需要加工特殊的槽，需要采用数控铣床或铣削中心加工，另外这样的特殊密封件必须是整体的，而且需要特殊的模具方可加工；因为对分式阀体在主副轴部分，需要既保证阀体之间的密封，还需要保证阀体与转轴之间的密封，以及填料函部分，密封环节太多，密封件装配需要格外小心，装配时需要认真对待。轴球一体式球芯、对分式阀体结构的固定式球阀，典型产品如 Neles 的 D 系列（Series D）产品，可以参阅其产品样本及维修手册。

　　轴球一体式球阀的另外一种结构就是上装式球阀，其阀体类似于球形单座式控制阀、套筒式控制阀的阀体，是一个整体的结构。阀体底部有球芯副轴的定位孔，装配时必须先将两端的阀座装入阀体，然后将球芯装入阀体，直至球芯副轴装入阀体的定位孔，最后装入上阀盖。上阀盖下部与阀体配合定位，中间与球芯转轴配合后保证球芯主、副转轴的可靠定位。

　　轴球一体式球阀的优点是，在高压差作用下，转轴处于弯曲应力与拉应力的复合受力状态，整体强度及刚性比常规、传统固定式球阀高，因此相同规格下能承受更高的工作压差，相同工作压差下可生产规格更大的固定式球阀产品。轴球一体式球芯、顶装式球阀，除轴球一体式球阀的优点外，因为阀体也是一个整体式结构，加工工艺路线相对较短，而且避免了主、副阀体之间的密封环节，因此阀体的安全性高。

　　轴球一体式球芯，因球芯部分尺寸远大于转轴直径尺寸，因此不适合于常规的机械加工工艺，批量生产宜采用铸造或锻造的生产工艺生产毛坯，然后采用机械加工的方式进行精加工。

3. 半固定式球阀

介于固定式球阀、轴球一体化固定式球阀的优缺点，发展了半固定式球阀，其结构如图 5 - 4 所示。

图 5 - 4　半固定式球阀

将球芯加工成两端带支撑轴的结构，如图 5 - 4（a）所示。另外设计两片轴支撑座（轴承），球芯与轴承装配后放入主阀体上的轴承定位台，如图 5 - 4（b）所示，不需要转轴即可实现球芯在阀体流道方向上的定位。因只定位了阀体流道方向，球芯绕阀体内圆轴线的转动还无法定位，只能依靠转轴及主副阀体间的压力固定，因此称为"半固定"式。这种半固定结构的好处是来自管道介质对球芯的推力直接通过球芯两端的轴承传递到阀体，转轴不再承受球芯传递的推力，不会发生挠曲变形，球芯两端加工的支撑轴与轴承之间作用方式是剪应力，支撑轴几乎不会产生弯曲变形。理论上，球芯两端加工的支撑轴传递扭矩的转轴，都没有弯曲变形，只需要传递来自执行机构的扭矩，因此转轴的受力情况良好，球芯开关过程转动所需扭矩最小。

采用半固定式结构的固定式球阀，因为轴承、阀座可以承受极大的推力，因此该种半固定式球阀结构既具有传统固定式球阀的一切优点，又避免了传统固定式球阀的缺点，球阀规格可以做得很大，也可用于工作压差很高的工况。

4. 浮动式球阀

如图 5 - 5 所示为常见浮动式球阀的结构，球芯只依靠入口、出口阀座的支撑，没有固定的转轴限制，随着转动过程中两端阀座位置的波动，其转动轴线也处于不断的浮动状态，因此称为浮动式球阀。

为便于比较并说明，图 5 - 5 中左边阀座依然为硬密封结构、右边依然是软密封结构，同时为便于展示球芯的月牙槽式驱动结构，球芯为关闭状态。

球阀处于关闭状态时，在管道介质压力的推动下，因为没有固定的转轴支撑，球芯有向出口方向移动、挤压出口阀座的趋势，因此浮动式球阀的球芯加工为月牙槽驱动方式，便于球芯的浮动。另外如图所示，转轴处于阀腔内的部分直径较大，装配时需要从阀腔内向外伸出，可防止上阀盖松动时因管道介质压力，或在维修时因阀体内介质的余压作用下转轴"飞"出，称为转轴防飞出结构。

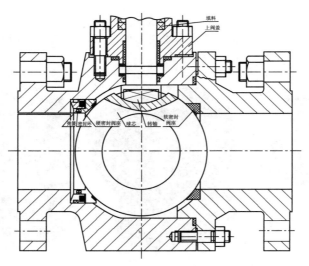

图 5-5　浮动式球阀结构示意图（关闭状态）

浮动式球阀的结构简单，便于设计、加工、装配、维修，成本相对较低，如果设计合理，使用过程中的故障率也很低，因此在炼化企业中得到了广泛的应用。

浮动式球阀的优点是明显的，但因球阀处于关闭状态时，来自流道介质对球芯的推力，最终会作用在出口阀座上，因此会导致如下结果：

（1）采用软密封阀座结构时，因软阀座材料对压力的承受能力，浮动式球阀的规格、工作压差不宜过大，否则会导致出口阀座因受压过大容易损坏。一般情况下软密封阀座的浮动式球阀规格不宜超过 $DN150$（NPS 6″）、工作压差不宜超过 2MPa。

（2）如图 5-6 所示，球芯半开启状态时，介质对球芯依然有较大的推力，而阀座处于部分受力状态，尤其出口阀座在部分受力状态下，球芯流道与球面相交的边沿对阀座的压力损坏更为明显，如果长期处于半开启状态会在阀座密封面上压出痕迹，导致球芯即使处于关闭状态也会有泄漏发生。

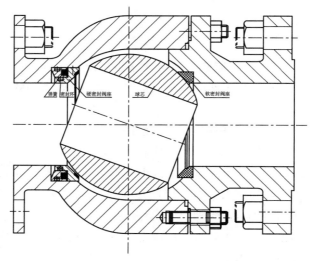

图 5-6　半开启状态的（浮动式）球阀

介于这一原因，浮动式球阀不宜作为调节作用的控制阀，以避免球芯在半开启状态长时间停留，另外球芯转动的速度也不宜过快，防止剧烈运动造成流道边沿对阀座的刮擦损坏。

（3）浮动式球阀的球芯在转动过程中，球面与流道口的交界棱边会对阀座形成较为明显的刮擦作用，如果棱边不光滑，或带有粉末、颗粒类介质，会刮伤密封面而导致密封不严。

5. 高温、高压用浮动球阀

前边叙述了传统、常规浮动式球阀的结构及优缺点，结论是浮动式球阀的规格及工作压差不宜过大，否则会导致出口阀座的过早损坏。高温、高压工况用浮动球阀则利用特殊的材料、加工工艺，及结构上的变化，继承了传统、常规浮动式球阀的优点，克服了传统、常规浮动式球阀的缺点，将浮动式球阀用于高温、高压差工况，甚至用于工况更为恶劣的 S-Zorb（催化汽油吸附脱硫）装置；另外，经过改造的浮动式球阀规格可以做得很大，仅笔者经手改造、维修过的球阀规格即达 NPS 28″（DN700）、Class600。

高温、高压差工况用浮动式球阀结构如图 5-7 所示。

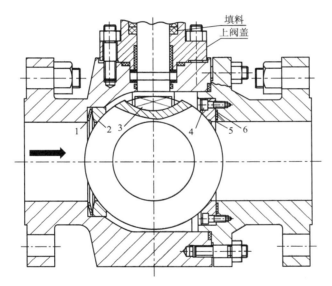

图 5-7　高温、高压差用浮动式球阀结构示意图

图 5-7 所示是适用于高温、高压工况的浮动式球阀，相比于常规、传统结构的浮动式球阀，高温高压浮动式球阀结构上有如下特点：

（1）出口阀座 5 采用高强度金属材料加工，密封面经过堆焊、熔覆高硬度材料的方式硬化处理，强化的基体材料和硬化的密封面材料，使其可以承受很大的压力，不会因高压差介质作用下球芯对阀座强大推力而遭到损坏。

（2）出口阀座底部没有使用碟簧等弹性元件，阀体上加工有密封环槽，可以安装符合要求的密封垫片 6，阀座用内六角螺钉 4 紧紧固定在阀体上，防止强大扭矩、强大摩擦力作用下阀座的倾覆、移动，影响密封效果；高温工况时甚至不使用密封垫片，靠阀座底面与阀体对应部位较小粗糙度实现金属与金属直接密封。

（3）为提供足够的密封比压，并不超过材料的许用密封比压，将密封面加宽处理，带来的副作用是转动球芯所需的扭矩也大幅增大；阀座密封面预先加工成与球芯球面直径相等的球面，机械加工后经过磨削、研磨，可以满足很高的泄漏等级要求。

（4）入口阀座2同出口阀座5同样采用高强度金属材料、同样工艺加工，可以满足高温、高压工况下的使用要求；入口阀座没有考虑与阀体之间的密封，其主要作用是配合出口阀座对球芯进行定位。

（5）入口阀座底部多装有碟簧或柱形弹簧等弹性元件，可以满足球芯、阀座基本的密封比压要求，并在因温度升高、元器件体积膨胀时可以退让、补偿。

（6）碟簧某方向加工有缺口槽，可以允许气体、液体进入，好处是利用介质的压力，推着入口阀座靠近球芯，压差越大、越有利于增加阀座与球芯贴合效果；带有缺口的碟簧还可实现碟簧不同方向的不同刚度，有利于调整球芯转动过程中阀座的受力状态，防止阀座倾斜，使阀座只做轴向移动。

经过以上处理的浮动式球阀，如果材料和工艺得当，可用于450℃以上高温、12MPa的大工作压差工况，另外适用于纯气体、纯液体、油煤浆等介质工况，只要粉末、颗粒类介质含量不超过一定比例都可以安全使用。

6. S-Zorb 球阀

S-Zorb 技术主要采用氧化锌、氧化镍以及铝硅组分为吸附剂，在脱硫过程中气态烃与吸附剂接触后，含硫化合物在吸附剂的作用下，C－S 键断裂，硫原子从含硫化合物中去除并留在吸附剂上，而烃分子则返回到烃气流中，可有效脱硫，而且可避免 H_2S 影响工序质量和影响环境。每套 S-Zorb 装置共使用程控球阀 57 只，其中闭锁料斗球阀 31 只。目前该工艺程控球阀大多使用进口产品，即使采购价格很高，但使用寿命还是达不到理想要求。S-Zorb 球阀的主要难点在于：①吸附剂颗粒硬度可达 HRC62 以上，普通硬化材料及工艺很难达到很高的硬度和耐磨性，球芯及阀座密封面磨损很快；②球阀工作压差大，尤其工作温度高达 427℃，在这一温度下，普通的硬化材料和工艺都会失效，例如普通的冷喷涂工艺下硬化层或软化、或脱落，难以达到长周期使用的要求；③阀门启闭动作频率较高，20～30min 开关一次。

针对以上工况，在结构上，高温、高压浮动式球阀正好符合 S-Zorb 程控球阀高温、高压差的工况需要；在材料选取及硬化工艺上，推荐使用热处理后硬度较高的基体材料、表面采用热喷涂工艺喷涂 CrC 等材料；也可以采用 Inconel 系列材料两次固溶处理，然后进行渗硼处理，这样处理后其耐腐蚀性、耐磨性等要求都可以满足要求，可以达到较长的使用周期。

另外 S-Zorb 装置程控球阀，刚开始开启及将近全关的状态下，由于开度较小，介质流速较高，含有硬质颗粒催化剂的介质在高压差、高流速作用下极易对流道口及附近球面造成冲刷磨损，市面上采用两种措施进行处理：

（1）加快球芯转动速度，缩短小开度状态的停留时间，延缓流道口及附近球面的冲刷损坏；

（2）在初开位置的流道口加工出与阀座密封面同轴心的弓形缺口，增大小开度时的流通面积、降低小开度时介质的流速，如图 5 - 8 所示。

　　加工弓形缺口，可以增加小开度时的流通面积、降低流速，另外加工弓形缺口后该部分变厚，也有利于延长球芯使用寿命。

§5.4　换向球阀

　　自从 20 世纪 50 年代球阀产生以来，很快就取得了迅猛的发展，各国工程技术人员充分发挥了聪明才智，使得球阀"百变其身"，比如球阀不仅可实现直通式流道切断和调节功能，还可以进行多路切换，甚至做成角形球阀、角形多路切换球阀等。

图 5 - 8　S-Zorb 程控球阀球体
流道口弓形缺口

　　1. 三通、四通换向球阀

　　由于球阀流通阻力小、动作迅速、密封可靠、寿命长等优点，因此受到客户的喜爱。球阀除作为调节、切断直通的管道介质外，还被发展为三通、四通换向用球阀，即改变介质的流向，比如一进二出、二进一出的三通换向球阀，以及二进、二出的四通换向球阀等。

　　（1）T 形阀体三通换向球阀

　　根据实际使用要求，三通换向球阀有一进二出及二进一出型。根据阀体结构的不同，三通换向球阀可分为 T 形及 Y 形结构，如图 5 - 9、图 5 - 10 所示；根据阀体的结构不同，球芯相应的也有 L 形及 T 形之分。Y 形阀体的三通球阀，其球芯流道夹角一般为 120°或 130°，否则无法实现换向功能。

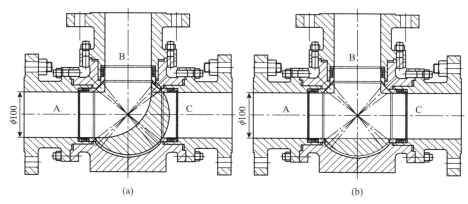

(a)　　　　　　　　　　　　　　　　(b)

图 5 - 9　T 形阀体三通换向球阀

　　如图 5 - 9 所示为 T 形结构阀体的三通换向球阀，三个流道的阀座分别安装在三个对应的副阀体里，阀座后部有密封环实现与对应副阀体间的密封，密封环后部有碟簧（也可用柱形弹簧），可以保持阀座与球芯的弹性接触，实现可靠密封，并防止球芯、阀座卡涩甚至卡死；副阀体与主阀体装配、固定后，阀座即与球芯接触实现球芯与阀座之间的密封。为保证与各个流道阀座的可靠密封及可靠切换，三通换向球阀的球芯一般为固定式结构，即球芯的上、下部分别有主、副转轴与阀体连接，实现可靠定位。

①T形阀体、L形球芯三通换向球阀

图 5-9（a），为 T 形三通阀体、L 形球芯的三通换向球阀示意图。在如图所示位置，流道 A 与流道 B 接通，流道 C 被切断；当球芯顺时针转动 90°后，流道 B 与流道 C 接通，流道 A 被切断，可见流道 B 为"公共端"，可以是"一进二出"型功用的入口端，也可以是"二进一出"型功用的出口端。

②T形阀体、T形球芯三通换向球阀

图 5-9（b），为 T 形三通阀体、T 形球芯的三通换向球阀结构示意图。与 L 形球芯不同的是，T 形球芯的三通换向球阀，需要 180°的执行机构驱动，以实现 0°、90°、180°三个阀位。如图所示 90°阀位 A、B、C 三个流道全部接通，根据各自流道介质的压差对介质进行分配；当执行机构带动球芯逆时针转动 90°后，流道 B 与流道 A 接通，流道 C 被切断；当如图位置执行机构带动球芯顺时针旋转 90°后，流道 B 与流道 C 接通，流道 A 被切断。整个过程的三个阀位中，流道 B 仍然是"公共端"，可以与流道 A、流道 C 分别或同时接通，同样可以是"一进二出"型功用的入口段，也可以是"二进一出"型功用的出口端。

T 形阀体三通换向球阀的优点是阀体结构为互相垂直方向，便于加工、便于装配过程中的调校，但缺点是球芯受阀座（弹簧）推力在 180°之内，因此有向如图所示下方运动的趋势，即水平方向流道阀座与球芯受力不均衡，造成水平方向流道内阀座容易向下磨偏的结果。

（2）Y形三通换向球阀

如图 5-10 所示为 Y 形阀体三通换向球阀。图 5-10（a）所示为可用于三个互成 120°角的管道（根据需要也可设计成两个 130°、135°等）。三通换向球阀三个流道之间的夹角，主要决定于主阀体，如果需要，通过下部两个带弯管的副阀体，下部两个流道在一条直线上（其法兰成为互相平行状态），与上部流道垂直，与 T 形阀体三通换向球阀一样可用于互相垂直的管道，如图 5-10（b）所示。

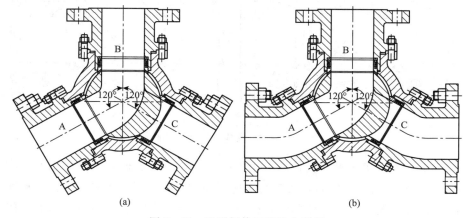

(a)　　　　　　　(b)

图 5-10　Y 形阀体三通换向球阀

虽然与 T 形阀体三通换向球阀的阀座、球芯密封结构基本相同，但 Y 形阀体三通球阀由于总夹角大于 180°［图 5 - 10（a）所示为 240°］，球芯的受力状况为 360°内的对称或基本对称分布，因此球芯平衡性相对较好，避免 T 形阀体三通换向球阀中球芯受力不均衡，容易造成图中所示水平流道两阀座单向受力较大、容易磨偏的结果。三通换向球阀用于互相垂直的三个管道，也可采用图 5 - 10（b）所示的结构。由于主阀体流道不是规则的 90°夹角，而是互成 120°或 135°等夹角，因此不便于机械加工，需要特殊的夹具或可分度的夹紧装置方可加工，工艺性相对较差。

（3）四通换向球阀

如图 5 - 11 所示为四通换向球阀。图 5 - 11（a）所示四通球阀 A、B、C、D 为互相垂直的四个流道，可以实现某流道与邻近两流道的切换连通。如图所示位置为 A - B 接通的同时 C - D 也接通，此后无论球芯顺时针还是逆时针方向转动 90°，都会变为 A - D、C - B 接通；图 5 - 11（b）所示的四通换向球阀主阀体与图 5 - 11（a）完全相同，区别是通过带弯管的副阀体将互相垂直的四个流道，改变为 A - B、D - C 互相平行的两条直线上的流道，四通换向球阀可实现的功能与图 5 - 11（a）完全相同，区别是图 5 - 11（a）只能用于互相垂直的四个管道，而图 5 - 11（b）只能用于互相平行的四个管道。

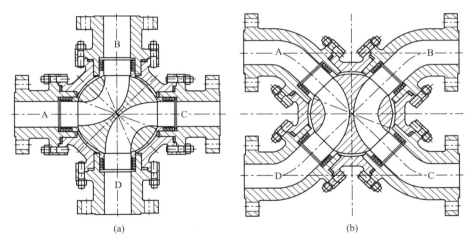

(a)　　　　　　　　　　　　　　(b)

图 5 - 11　四通换向球阀

（4）换向球阀球芯的变化形式

图 5 - 9、图 5 - 10 所示三通换向球阀的球芯，相同半径的球芯可加工的流道孔直径，与直通球阀的球芯基本相同，如果是全通径球阀的球芯，相同直径的球芯都可以将流道直径做到"最大化"，垂直于流道所在面方向的上、下部位剩余材料不太多，仅仅可以加工成支撑轴；但如果是缩径球阀的球芯，因为相同直径的球芯上加工的流道孔直径相对较小，或者如图 5 - 11 所示四通换向球阀的球芯，垂直于流道所在面方向的上、下部位剩余材料较多，去掉后可以缩小球阀的整体体积，就可以去掉，加工成类似盘形的球芯，或干脆直接加工成盘形，如图 5 - 12 所示。

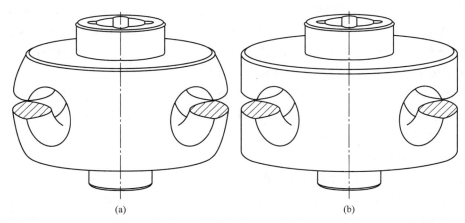

(a)   (b)

图 5-12 换向球阀球芯的变化形式

图 5-12（a）所示为换向球阀的球面盘形球芯，是将完整的球体图示位置上、下部位多余的材料加工成转轴，密封面仍然是球面，需要在球面车床或数控机床加工，但阀座的加工工艺性较好，整机密封性能较高，可用于气体、液体等密封性能要求较高的介质流向切换。

图 5-12（b）所示将球面改为圆柱盘形，在圆柱内加工流道，相应的阀体也加工为圆柱面，阀体、阀芯的加工工艺性较好，但密封面由球面改为圆柱面，阀座加工的工艺性较差、密封性能不好，一般仅用于粉末类或工作压差较低工况介质流向的切换。因为将换向球阀的球面变成圆柱盘形，阀座也不再是球面，整体换向阀已经没有了球阀的特征，因此这种换向阀应该称为"盘形换向阀"，阀芯内可以是只加工一个流道做成三通换向，也可以加工两个通道做成四通换向阀

2. 角形球阀、角形换向球阀

球阀也可以设计成角形阀，其结构如图 5-13 所示（该球阀已申请专利）。

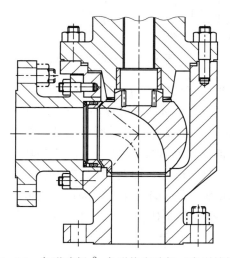

图 5-13 角形球阀 & 角形换向球阀（专利结构）

如图 5 - 13 所示为角形球阀，球芯为 L 形流道，上下位置设计、加工为固定转轴，通过上阀盖与阀体下部的定位圆，球芯处于关闭位置时可将来自流道介质的推力传递到阀体，避免转轴受径向力而发生挠曲变形，有效减小球芯转动时的扭矩，并确保侧向流道阀座的可靠密封；侧向流道的副阀体里安装有硬密封阀座、密封环、碟簧，可保证在关闭位的可靠密封；上阀盖与球芯之间有碟簧、耐磨衬垫，防止球芯转动过程中磨损球芯及碟簧，还可防止碟簧转动，碟簧可确保球芯与底部阀座的可靠接触；底部流道里安装固定式阀座，该阀座的主要作用是支撑球芯、起到固定球芯位置的作用。

图中所示为角形开关或调节用球阀，如果在垂直于侧向流道的前侧或后侧再加工另一流道，就可变为角形三通换向球阀，可切换侧向两个流道与底部流道的介质流向。角形球阀侧面流道可设置 2 个、3 个甚至 4 个，形成三通、四通甚至五通角形球阀，同时需要相应的执行机构配合实现。

§5.5 球阀的各种特殊结构

球阀有各种优点，因此可以在各种工况使用，只是在不同工况使用时必须做相应的特殊设计，例如使用在易燃易爆介质工况时，必须有阻燃、防火、防静电结构；使用于黏稠、易粘接介质工况时，必须有刮刀结构，防止介质粘接在球芯上，以及平衡结构、阀座助力结构等。

1. 变化万千的阀座结构

球阀是个很有"魅力"的产品，变化丰富，稍加变化就可以适应不同的工况。图 5 - 14 (a) 是常见的软密封阀座形式，阀座底部、侧面与阀体接触实现与阀体间的密封，一端与球芯接触实现与球芯间的密封，很容易就可实现极高的泄漏量等级。

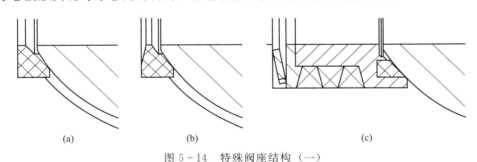

| (a) | (b) | (c) |

图 5 - 14 特殊阀座结构 （一）

①底部带斜面阀座

如图 5 - 14 (b) 所示，阀座的底部带有锥面，减少了阀座与阀体的接触面积，流道中的介质可进入阀座底部锥面部分，对阀座起到推动作用，使阀座的应力状态发生变化，加强球芯与阀座间的密封效果。

②镶嵌式软密封阀座

如图 5 - 14 (c) 所示，镶嵌型软密封阀座是在金属基体的阀座里镶嵌软密封材料阀座，实现与金属球芯间较高泄漏量等级的密封，金属阀座与阀体之间用密封环实现密封，整个阀座底部有蝶形弹簧，可实现软密封阀座磨损后的自动补偿功能。该结构的另一个好处加强非金属材料部分的强度及防火，防止高压差工况时非金属阀座的断裂失效、提高耐压等级。当遇到异常高温情况、软密封阀座材料软化、甚至燃烧后，阀座的金属部分可立即与球芯接触实现密封，防止灾害的进一步扩大。碟簧与阀体、与阀座密封环支撑环接触端都留有缺口，可以使介质进入阀座与阀体之间的空腔，因该处直径大于球芯端直径，因此介质可以推动阀座有向球芯移动的趋势，有助力碟簧起到促进密封效果的作用。

③防止异常高压

图 5-15（a）所示为防止异常高压的阀座结构。高密封性能的球阀、易挥发介质工况，球阀在关闭状态，阀腔中密封的介质因高温、突然爆发等原因引起阀腔内压力突然升高时，引起的异常高压可以从球芯与阀座之间泄压，避免引起大的事故。

④刮刀结构

如图 5-15（b）所示，阀座密封面口部外侧加工 V 形槽成为较锋利的刀口，随着球芯的转动可以刮去粘接在球面上的粘接物，保持球面清洁，防止粘接物进入球芯与阀座之间导致密封不严甚至损坏球芯与阀座密封面。

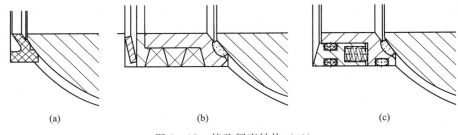

(a)   (b)   (c)

图 5-15 特殊阀座结构（二）

⑤弹簧保护结构

在一些带有粉末或颗粒类介质的工况下，介质中的固体物容易进入弹簧腔造成填塞，使弹簧失效。一旦弹簧腔填塞，就会使弹簧失效，一方面可能使球芯与阀座无法一直处于紧密接触的状态实现密封，一方面可能球芯转动过程中阀座无法浮动、退让，容易使球芯与阀座之间成为无弹性的"硬性接触"，使球芯或阀座拉伤、甚至卡死。如图 5-15（c）所示，阀座、阀座支撑环（或称弹簧座）处都带有密封、防尘结构，可以防止粉尘等进入弹簧腔形成填塞。该结构为专利结构。

2. 防静电、耐火结构

静电积累到一定程度，会因放电形成火花造成灾难性的结果，因此在一些易燃易爆介质工况下使用的球阀，要做防静电处理。所谓防静电结构，就是球阀从阀体到球芯、阀座等一应零部件上都要始终处于连通状态，使任何一个零部件上的静电都会导出阀体，最终通过阀体上的接地线导入大地。耐火结构，是指一旦发生火灾等事故，球阀处于开启或关闭状态（根据介质性质及工艺要求决定），球阀应能根据指令动作防止灾难进一步扩大的结构。如易燃易爆介质工况的球阀应处于切断状态，其阀座、填料材质等应能耐火，或烧毁后应能立即切换工作状态，使球阀继续处于切断状态等。

如图 5-16 所示，转轴与球芯连接端直径大于阀体上的转轴孔，装配时转轴必须从里边装入，因此阀腔异常高压或执行机构脱离等情况下，可有效防止转轴从阀体里飞出，而且阀腔压力越大，转轴与阀体间接触的力越大，越能防止介质从转轴孔逸出而造成事故的扩大；转轴与球芯接触端加工有孔，孔里装有导电性能较好的材料加工的弹簧、钢球，可以保持球芯、转轴始终处于接触导通状态，从而可随时将球芯上的静电传导到转轴上，然后通过后续装置进行接地、排放，防止异常事故的发生。

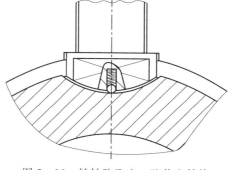

图 5-16　转轴防飞出、防静电结构

如图 5-14（c）所示，在火灾发生、软密封阀座变软或燃烧后，金属阀座能立即与球芯接触重新建立一定程度的密封，防止可燃介质排放，是阀座的防火结构；如图 5-15（c）所示，通过弹簧的作用，能保持球芯、阀座始终处于接触状态，阀座上的静电可随时通过球芯、阀体导出，也是一种防静电结构。

§5.6　O 形球阀的常见损坏现象及维修

1. 球芯与阀座的磨损、拉伤损坏

O 形球阀球芯的开启、关闭过程中，球芯始终与阀座接触、摩擦。为了实现球芯与阀座间的可靠密封，必须达到要求的密封比压，这就要求球芯与阀座间有足够的相互作用力。对于软密封阀座，这一作用力来自材料自身的弹性恢复产生的力，对于硬密封阀座，这一作用力来自阀座底部的弹簧。有了相互作用力，常见的浮动式、固定式 O 形球阀的球芯与阀座在转动过程中无可避免就会产生摩擦，造成球芯与阀座密封面的磨损及拉伤损坏。

受材料、工艺等技术条件的限制，早期的球阀其球芯表面大多采用高频淬火、渗碳、渗氮、电镀等工艺，使球芯表面获得 0.05～0.1mm 厚度的硬化层。这在使用软密封阀座时，因球芯硬度远高于阀座材料的硬度，因此球阀可以达到较长的使用寿命，即使球芯、阀座间进入直径较小的硬质颗粒，也不会造成球芯的拉伤损坏，只有当颗粒物直径达到一定值，在球芯的转动过程中颗粒物被"镶嵌"挤入软密封阀座密封面时，才会造成球芯表面的划伤。以上工艺产生的硬化层较薄，一旦硬化层被划破，介质中的颗粒物会不断在附近积聚，使球芯被划破的损伤不断扩大，最终造成大面积的损伤。

如果阀座也使用了全金属材料，尤其阀座密封面经过同样的硬化工艺，或堆焊较硬的材料进行硬化后，阀座与球芯间的硬度值接近，甚至阀座密封面硬度高于球芯表面硬度时，球芯表面将很快被磨损，或拉伤损坏。

随着技术的进步，新的硬质合金材料及硬化技术如雨后春笋般出现，比如各种牌号的司太莱合金，堆焊后硬度值可达 HRC38～HRC50；以及后来采用 Ni55、Ni60，以及 CoWC、TiN 等高硬度合金（粉末），在等离子堆焊、熔覆、热喷涂、超音速火焰喷涂等硬化工艺下，表面硬度可达 HRC55～HRC85。虽然新的材料及技术，使得球芯表面的硬度及耐磨性大幅提高，但是化工工艺及要求也不断提高，比如煤化工气化炉的锁渣阀，介质中水、汽、高硬度炉渣混合物等，对球芯、阀座的损坏极大。

（1）球芯磨损、拉伤损坏后的修复

球阀的球芯磨损、拉伤损坏后，必须经专业化厂家及施工队伍进行修复。

①传统炼化企业的球阀，介质多为纯净、温度不高的液体、气体，或烯烃类粉末，大多也为软密封阀座，球芯硬度不高，拉伤损坏也不会太严重，大多数经过研磨后重新渗氮处理、重新加工阀座即可满足要求。

②一些稍早期的进口产品，球芯表面多熔覆一层司太莱合金等材料，硬度多在HRC40左右。这类球芯磨损、拉伤损坏后，如果伤痕较浅的，可以采用研磨工装人工或研磨机研磨使伤痕消除后即可恢复使用；磨损较为严重、伤痕较深的，采用球面车床或球面磨床重新加工，只要研磨、磨削后硬化层厚度还可满足要求，重新研磨后即可恢复使用。

③无论进口还是国产，近些年生产出的球阀，球芯表面大多采用热喷涂或超音速火焰喷涂工艺喷涂硬质合金材料，硬度可达 HRC60～HRC80 以上，但厚度不超过 0.5mm。这类球芯磨损、拉伤后，因硬化材料硬度较高，常规的手工、机器研磨都很难修复，必须采用超硬刀具在球面车、磨床等设备上进行加工。对于伤痕较浅、磨削后硬化层厚度大于0.3mm 的，球面磨光后可以继续使用；伤痕较深甚至超过硬化层厚度的，因硬化层无法进行补焊修复，只能在球面车床或磨床上将硬化层全部去除后，采用合适的工艺重新进行硬化处理、机械加工（如车削、磨削）、研磨后方可恢复使用。

④采用喷涂工艺的球芯，密封面有硬化层脱落。一旦密封面硬化层有脱落，因硬化层无法进行局部补焊修复，尤其是 CoWC 类材料，很难进行补焊修复。这类损坏情形的球芯，必须在球面车、磨床上去除硬化层后重新进行硬化处理、机械加工、研磨处理后方可重新使用。

⑤高压、含硬质颗粒介质工况的球阀，球芯损坏形式不单是表面磨损、拉伤，很多都冲刷有深达 10～20mm 的凹槽，这类损坏的球芯一般应做报废处理、更换新的球芯备件，否则损坏球芯的修复过程因多了去除原硬化层，及补焊、焊后热处理、重新硬化等过程，及制作所需夹具、工装等，修复成本会很高，甚至高于新球芯备件的价格。

如果没有现成的备件，测绘、定制新的球芯又没有合适的毛坯，应急情况下必须进行修复使用的，必须先根据原球芯的表面硬化工艺，选择球面车床或球面磨床去除原硬化层后，选择与基体相同或相近材质的焊材对冲刷损坏部位进行补焊，如果补焊面积较大，焊后应进行去应力退火处理，或根据球芯材质重新进调质、固溶等热处理。补焊、热处理后必须在球面车床上进行球面的粗加工，将补焊后的球芯加工成完整且达到一定表面粗糙度的球面，然后重新进行熔覆、喷涂等硬化处理，硬化处理后进行车削、磨削等机械加工及后续研磨等处理后方可恢复使用。

因局部补焊后要将球芯加工成完整的球面，最终修复后的球芯直径往往小于原球芯的直径，因此需要对配套的阀座或阀座底部的衬垫等进行相应的补偿。计算补偿量是个复杂的过程，必须对现有阀体、阀内零部件等进行完整、精确的测绘，根据测绘结果进行完整的计算后进行，有时甚至需要更换阀座弹簧。

（2）阀座磨损、拉伤损坏后的修复

球芯磨损、拉伤，阀座一般同时磨损拉伤。球芯形状特殊、尺寸较大，加工工艺也相对复杂，在满足使用工况要求的前提下，一般在设计、生产中，阀座硬度配置相对要稍低，这样可以有效保护球芯，因此阀座更容易磨损、拉伤损坏。

同直动式控制阀的阀座一样，球阀的阀座也大多是薄壁件，局部补焊容易导致阀座椭圆或扭曲变形，因此建议球阀的阀座一旦严重拉伤损坏，就应做报废处理，并更换新的备件。

如果拉伤损坏较轻微，拉伤痕迹较浅，可以找直径相同的已报废球芯的完整球面进行研磨，至拉伤痕迹消失后再与配对球芯进行配研，恢复至所需粗糙度后即可使用；如果是中度拉伤损坏且硬化层厚度足够，而且硬化层硬度较高，人工或机器研磨太慢的，可以在数控车床或球面车床上对密封面进行加工，至拉痕基本消失时再与配对球芯进行配研，达到所需粗糙度时即可使用。

（3）阀座弹簧损坏

除高压浮动式硬密封球阀的出口阀座一般采用无弹簧的固定式阀座结构外，其余硬密封球阀的阀座，必须有弹簧配合，一方面提供球芯与阀座间的密封比压，一方面在球芯开启、关闭的转动过程中，可以进行退让、浮动，防止球芯卡死甚至损坏球芯与阀座，可见硬密封球阀阀座弹簧的作用十分重要。

硬密封球阀的阀座弹簧，一般应使用螺旋、圆柱式压缩弹簧轴向受力，或蝶形弹簧，其特性可测、可控，且性能较为稳定，使用较为广泛；其他如波形弹簧、螺旋弹簧平装径向受力等形式的阀座弹簧，一方面弹性特性不可测算、受力情况不可控制，另一方面也容易疲劳失效，因此实践中较少使用。

阀座弹簧因高温、长时间使用，以及介质对弹簧的腐蚀、冲刷，一定时间的使用后，阀座弹簧会疲劳失效，甚至冲刷损坏。失效、损坏的弹簧，应立即进行更换。有些维修者，弹簧疲劳后会采取垫高的方式靠增加压缩量的方式补偿弹力，这是不可取的，因为弹簧材料已经疲劳，垫高、补偿后在很短的时间内又会失去作用。螺旋圆柱式压缩弹簧因压缩量过大超过其工作范围，甚至出现"并圈"（弹簧螺旋部分的导程等于簧丝直径、各圈完全连在一起）时，阀座与阀体间完全成了刚性、固定式连接，会很危险；碟簧的压缩量超过一定范围（参看 GB/T 1972—2005《碟形弹簧》）达到翻转点时，也会失去作用。

（4）转轴、转轴轴承等损坏

球阀的转轴、轴承损坏，也是较为常见的故障形式，尤以磨损、拉伤多见。

①转轴拉伤损坏

因粉末、颗粒类介质进入阀体、上阀盖与转轴之间的间隙，或动作间隔较长的球阀，因温度降低容易结晶的介质在阀体、上阀盖与转轴之间形成结晶，容易导致转轴、转轴轴承"研伤"或拉伤损坏；转轴轴承材料硬度高于转轴材料硬度，轴承与转轴间的配合间隙设置不合理，或在较大的转轴径向力作用下，容易造成轴承与转轴间的研伤、拉伤；转轴直径与因工作压差导致介质对球芯的推力不匹配，转轴挠曲变形量超过设计极限，容易造成转轴与转轴轴承间局部受力不均匀的相互作用，造成研伤、拉伤损坏。

使用过的转轴，一般都会有弯曲变形，直径越大，或长径比越小，弯曲变形会越小。

因此直径较小（<40mm）或长径比较大的转轴，因弯曲变形较大无法再次在车床、磨床上找正加工；中等直径（40~80mm），或中等长径比的转轴，弯曲变形小于1mm且拉伤损坏痕迹深度小于0.5mm的转轴，应急情况下可在车床、磨床上找正加工至拉伤损坏痕迹消失，尤其是填料部分、防尘密封部位外圆无拉伤损坏痕迹时，外圆再经滚压处理（减小表面粗糙度并经冷作硬化提高表面耐磨性）的转轴，可修复使用，但必须重新设计加工转轴轴承、填料、填料压盖等；直径较大（大于80mm）或长径比较小的转轴，弯曲变形较小，小量的局部补焊不会造成较大弯曲变形，可以进行小量的局部补焊后，重新在车床、磨床上找正后进行加工修复，同样因进行了机械加工，转轴表面的硬化层消失，必须进行滚压处理、渗氮、镀硬铬等工艺处理提高表面耐磨性，同时因进行了机械加工，轴径变小，需要重新设计加工轴承、填料、填料压盖等配合件后，方可重新使用。

②转轴扭曲变形

因球芯、阀座拉伤损坏，介质结晶等原因，造成球阀开启、关闭过程中阻力矩增大、超过转轴设计扭矩极限时，转轴会发生不可恢复的扭曲变形，俗称"扭麻花"。此种变形的转轴，因材料已发生塑性变形、强度降低，因此不可修复后继续使用，必须更换新的备件，甚至增加转轴的强度，防止因同种原因再次出现故障。

球阀转轴的扭曲变形多发生在转轴与执行机构连接的四方、键槽，或转轴与球芯连接的四方、扁、键槽等薄弱部位，也有少量因转轴较长，整个转轴发生扭曲变形的。转轴扭曲变形后，因与执行机构连接的四方、键槽等，与转轴与球芯连接的四方、扁、键槽等，失去了原有的角度关系，导致球芯无法关闭到位也无法开启到位，因此不可继续使用。

有的使用者会要求将变形的四方、扁、键槽等部位补焊后重新加工出四方、扁或键槽后继续使用，超过强度极限的材料如果继续使用，会更容易扭曲变形甚至断裂，这是很危险的。

③转轴轴承损坏

为防止转轴、阀体或上盖的磨损，球阀在设计、生产时都会在转轴与阀体、上阀盖之间设置转轴轴承，可以起到协助固定转轴中心、增加转轴与阀体或上盖间的弹性、减小摩擦力、延长使用寿命等作用，还可防止磨损阀体、上阀盖等不容易修复的部位，损坏后经过简单的更换就可恢复使用。

因此，加工转轴轴承材料的选择以及生产工艺甚至结构等都十分重要，其表面硬度要低于转轴的表面硬度，防止轴承拉伤转轴；材料摩擦系数小，必须有一定的自润滑性，耐磨性好，有一定的弹性变形能力等，可以说，转轴轴承决定整个球阀使用寿命的一半因素。

据以上可知，球阀转轴轴承作用重要，且材料、工艺复杂，因此损坏后难以修复，必须更换原生产厂家或有一定技术实力的厂家生产的新的备件。

§5.7 球芯与阀座间密封比压的估算

1. 球芯与阀座间实现可靠密封的条件

（1）球芯与阀座密封面必须满足一定的粗糙度要求；

（2）必须要根据介质压力满足一定的密封面宽度；

（3）球芯与阀座面间必须达到一定的密封比压；

（4）球芯与阀座的材料必须满足一定的许用比压要求，方可满足长周期使用要求；

（5）介质的某些性质，如温度、黏度、渗透性等，也影响密封性能。

对于浮动式球阀，在关闭状态时由于管道介质对球芯的推力会传递到出口阀座，使入口阀座与出口阀座受力情况存在差别，因此入口与出口阀座与球芯间的密封比压不同、计算方式也不同。入口阀座与球芯间的密封比压只来源于装配时其后弹簧的预紧力，在球芯因推动出口阀座弹簧压缩而发生位置移动时，还得考虑因位置移动而出现的预紧力减小的情况；而出口阀座与球芯间的密封比压，一部分来自装配时弹簧的预紧、一部分来自球芯推动阀座移动造成弹簧进一步压缩增加的预紧力。另外，在设计过程中考虑借用介质压力推动阀座靠近球芯的，这部分推力也应计入密封比压的计算。

对于固定式球阀，如果在不考虑转轴挠曲变形等非正常情况，球芯处于关闭状态时管道介质对球芯的压力不传递到出口阀座，因此密封比压只依靠装配时弹簧对阀座的推力，以及设计中借用介质推动阀座靠近球芯的力，力的来源相对比较简单。

2. 密封比压的估算

在球阀初步设计，以及球阀检维修中需要重新核算阀座密封面、弹簧预紧量时，需要对密封比压进行估算，可以按照如下方式进行。

（1）密封力与密封面积：

如图 5-17 所示，来自弹簧、介质等的密封力（合力），对阀座密封面的压力（或反作用力）N，及密封面有效面积 A 应为：

$$N = \frac{F}{\cos\beta}, A = 2\pi R \cdot b\sin\beta$$

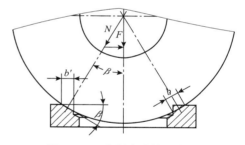

图 5-17　密封力计算示意图

式中：F 为来自弹簧和介质对球芯的推力等的合力，N 为球芯对阀座密封面的正压力，A 为密封面的有效面积，b 为阀座密封面的宽度；

（2）球芯、阀座间的密封比压估算可按下式：

$$\lambda = \frac{N}{A} = \frac{F}{A \cdot \cos\beta} = \frac{F}{A'}$$

式中，λ 为球芯与阀座间的密封比压，$A' = A\cos\beta$，近似为密封面在阀座端面上的投影。

依上式可知，密封比压近似为密封力（合力）与密封面在阀座端面上的投影（宽度为 b' 的环形）面积 A'。

上式可以看出，增大 β 可以加强密封效果，但因受到球芯流道两端距离的限制，故 β 一般取 $45° \pm 2°$。

上式可在算出介质对球芯或阀座的推力、确定密封面宽度后反向估算出所需弹簧的推力，作为设计弹簧、选择预紧力的依据。

在规格较大的球阀中，介质对球芯、阀座的推力远大于弹簧对阀座的推力，因此在估算浮动式球阀密封力时应综合考虑关闭状态下介质对球芯、阀座的推力，固定式球阀中应考虑介质对阀座的推力。

在新阀设计中，上式只作为估算依据，选定弹簧参数后应精确计算并校核；在控制阀检维修中，上式的估算结果与维修中损坏的弹簧进行比对后可得出正确值，但如果损坏较为严重，或改造幅度较大时，应按新阀的程序进行计算。

§5.8 V形球阀的结构及维修

毋庸置疑，O形球阀可以用于调节，许多书本讲到其流量特性时笼统地称其流量特性为"近似等百分比"，但实际上出入较大。等百分比流量特性的特点是小开度时随着开度的增加流量增加较慢、大开度范围内随着开度的增大流量增加较快；而O形球阀的流量特性是小开度范围内随着开度的增加流量增加较快、大开度范围内随着开度的增加流量增加较慢，因此O形球阀虽然可用于调节，但流量特性并非等百分比，也不同于线性，在小开度时虽然因其结构特点不易引起振动等后果，但调节精度不高。

为更好地解决这一问题，V形球阀应运而生。V形球阀可以根据需要设计为准确的线性或等百分比流量特性，且全行程范围内调节精度相对都很高。

O形球阀与V形球阀调节过程对比如图5-18所示。

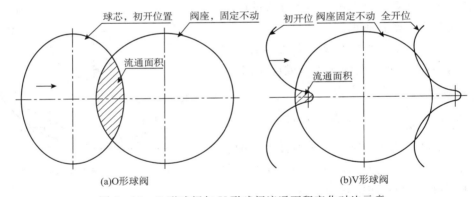

图5-18　O形球阀与V形球阀流通面积变化对比示意

如图5-18（a）所示，在小开度时球芯流道口在阀座平面投影为椭圆，随着开度的增加逐渐变为圆。球芯流道口与阀座圆共同形成流通面积，如图中的阴影部分，为两边是椭圆和圆的近似椭圆形区域。随着O形球阀球芯的开启，重叠部分的面积越来越大，流通能也越来越大，流通面积与转角（图中水平轴方向）关系为较为复杂的高次函数关系（可以通过高等数学的方法推导得出）。

图5-18（b）所示为V形球阀流量窗口与阀座形成流通面积并逐渐增大的过程，可以看出，流通面积变化过程与套筒式控制阀等百分比窗口的调节过程相似，只是由套筒式控制阀阀芯下端面的直线变为了V形球阀阀座的圆弧，对整个最终的流通特性曲线影响不大，可以通过修改V形球阀球芯上的窗口形状得以修正。

1.V形球阀的特点

（1）与O形球阀相同，V形球阀的流道为近似圆管直通，没有其他控制阀复杂的S形流道，因此流阻系数极小，通过窗口形状的设计，可实现较大的流通能力。

（2）V 形球阀的流量特性设计为较为严格的等百分比或线性，调节精度较高；近年来有厂家生产的 V 形球阀，其窗口分两段，小开度可以实现精确调节，大开度时可满足较大流量的通过，同时提高了调节精度，扩大了流通能力，因此可实现较大的可调比。

（3）V 形球阀的球芯转过阀座时，对阀座密封面有刮削作用，因此可剪断介质中的纤维类物质、挤碎介质中的颗粒物，因此可用于含纤维、颗粒及黏稠的介质工况。

（4）形状、结构简单，重量轻、体积小，可以设计、生产较大规格的产品。

（5）V 形球阀继承了球阀的大部分优点，并增加了调节精度高这一特点。

（6）因其球芯为空心球冠，故不适用于高压差的工况。

2. V 形球阀的结构

（1）V 形球阀的球芯是个不完整的球体，为了便于转动过程中介质流过，同时将球芯变为有一定壁厚的空心球冠，在一边设计加工满足流量特性和流通能力的近似 V 形窗口。

V 形球阀的球芯如图 5 - 19 所示。

（2）V 形球阀的球芯为不完整的球冠，因此只能设计为单阀座密封结构。

（3）整个球冠的宽度约为阀座密封面直径的 2 倍，一部分为半径略大于阀座半径的圆弧，便于 V 形球阀全关时球芯与阀座配合实现全关闭的密封，一部分用于加工 V 形流量窗口，由全关位置转过一整个阀座直径或略小于一个阀座直径的角度，到达全开位置，需要加工的球冠宽度（所需转过的角度）由设计所需的流通能力，即 C_V 值决定。

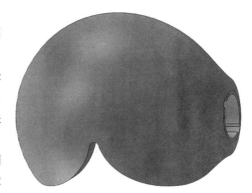

图 5 - 19　V 形球阀的球芯

（4）球芯由全关到全开、由全开到全关的过程中，可能会完全离开阀座，因此开、关过程中，球芯会突然接触阀座，或突然完全离开阀座，对阀座的损害较大。鉴于这一原因，V 形球阀的阀座设计加工时需多加考虑。如果是软密封阀座，其端面环宽必须达到一定数值，且外圆边角须有圆角，有效防止球芯切入阀座时切去阀座材料；如果是硬密封阀座，阀座后必须有弹簧，而且弹簧的有效行程相对 O 形球阀要大，既能满足球芯全关时的密封比压，又能在球芯离开、切入阀座时有较大幅度的退让。

3. V 形球阀容易损坏的部位及维修措施

（1）球芯磨损、拉伤损坏后的修复

和 O 形球阀一样，V 形球阀的球芯也容易磨损、拉伤损坏。其损坏后的维修过程与 O 形球阀相同，唯一不同的是，O 形球阀的球芯是整个球芯，补焊过程、热喷涂等局部、整体加热过程不会引起球芯发生大的变形，而 V 形球阀的球芯是不完整的球冠，而且是只有一定壁厚的空心球冠，因此局部补焊、喷涂等会引起球芯较大的变形，比如变形后主副转轴孔之间的距离或发生变化甚至其同轴度误差会增大很多；另外因其形状特殊，机械加工时的装夹、固定方式也会大有不同。

如图 5-20 所示，V 形球阀球芯的修复、加工过程中，必须使用工装，避免修复过程中因局部或整体受热，或机械加工中的装夹造成球芯变形。工装中的套，其长度等于原始状态下球芯两端安装处的内部尺寸，内径与工装的芯轴配合；芯轴外径与转轴孔为小间隙配合，穿在转轴安装孔中，一端用于装夹在卡盘里便于球面车、磨床加工，有键进行驱动，另一端用螺母固定、压紧，并有顶尖孔，便于球面车、磨床的顶尖顶紧，螺母下边增加外径较小的垫片，便于球面车磨床可以加工球面。该工装自修复开始，一直伴随该球芯，直至补焊、重新硬化、去应力退火、球面车、磨床加工、研磨、配研等过程全部结束、重新装配前方可去掉。

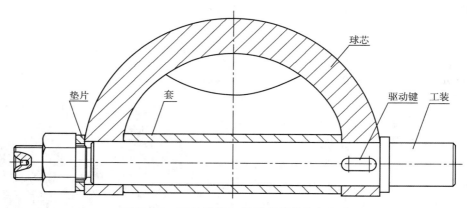

图 5-20　现场维修中 V 形球阀的装夹方式

（2）其他零部件的修复

阀座磨损、拉伤损坏后的修复，阀座弹簧损坏，转轴、转轴轴承等损坏，其修复方式同 O 形球阀完全相同，不再赘述。

需要强调的是，大多数 V 形球阀的转轴不是防飞出结构，是通过销子与球芯铆接，维修时要切记，否则在压力测试，甚至在使用中会发生转轴飞出的后果。

§5.9　轨道球阀的结构及维修

O 形球阀、V 形球阀，在球芯开启、关闭动作过程中，球芯与阀座始终处于接触、摩擦状态，由于所需密封比压较大，因此摩擦力大、所需扭矩大，介质进入球芯与阀座之间容易挤伤、拉伤球芯与阀座之间的密封面。而轨道球阀在打开的旋转运动前，先使球芯与阀座分离然后再进行旋转，关闭时先旋转至关闭方向然后球芯再靠向阀座，整个开、关动作过程中球芯与阀座不接触、无摩擦，因此球芯与阀座间的磨损小、所需扭矩小，而且关闭十分可靠，可达到很高的泄漏量等级，因此在 20 世纪末、21 世纪初广受欢迎，在重要的阀位使用十分广泛。

§5.9.1　轨道球阀的结构与动作原理

轨道球阀名称的由来，主要是因为其动作主要依赖阀杆上的螺旋形轨道（凸轮槽），执行机构带动阀杆上下移动，在轨道与固定在上阀盖上的轨道销的作用下，阀杆边上下移动、边做旋转运动，连同阀杆下部斜面的作用下，实现球芯开启时先离开阀座、再做旋转运动，关闭时先做旋转运动、到关位时再靠近阀座实现密封。因此该产品称为轨道球阀，阀杆称为轨道轴。轨道球阀的结构与动作原理如图 5-21 所示。

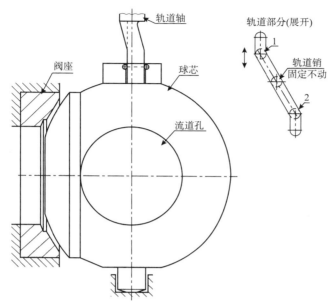

图 5-21　轨道球阀动作原理示意图

　　如图 5-21 所示，轨道轴上部与执行机构相连接，中部加工有 90° 转角的螺旋轨道（凸轮槽），轨道轴下部与球芯连接的部位上段为前后等宽的斜面，下段为与轨道轴轴线平行的扁；轨道槽上、下部分各有一段与轴线平行的直槽段，中部为螺旋轨道。展开为倾斜一定角度的斜槽；轨道轴在执行机构的带动下做上下移动，并在轨道（凸轮槽）与固定在上阀盖上的轨道销的作用下，边上下移动、边绕轴线做旋转运动。

　　当轨道上部的直槽处于轨道销位置时，轨道轴不会带动球芯旋转，轨道槽下部、四方上部的斜面与球芯上的配合销接触，推动球芯向阀座移动并将球芯的密封面紧紧压紧在阀座密封面上实现密封切断作用；当执行机构带动轨道轴向上运动、轨道槽上端的直槽还与轨道销配合时，轨道轴只做上下运动不做旋转运动，轨道轴下端的斜面带动球芯远离阀座，直到轨道展开图的 1 位，球芯与阀座间的距离达到最远，此时轨道轴下端的斜面部分全部移出球芯两限位销、直扁部分与球芯限位销配合；当执行机构继续带动轨道轴向上移动、轨道螺旋槽（展开图中的倾斜）部分与轨道销配合时，在轨道与轨道销的作用下，轨道轴边上下移动、边带动球芯旋转，球芯密封面逐渐转离阀座、球芯流道孔逐渐对正阀体流道，直到轨道（凸轮槽）展开图的 2 位，球芯已转过 90°、流道孔对中阀体流道槽，球芯密封面隐藏于阀体内腔侧面，防止介质对密封面的冲刷损坏；当执行机构继续带动轨道轴向上移动时，轨道轴不再旋转、球芯也不再动作，因此轨道（凸轮槽）下部的直段只起安全作用，没有动作作用。相反，当执行机构带动轨道轴向下移动，轨道螺旋（展开图中的倾斜槽）部位与轨道销配合时，轨道轴边向下移动、边带动球芯旋转，使球芯密封面靠近阀座、流道口远离阀座，当达到展开图中的 1 位时，球芯密封面重新对中阀座密封面；超过展开图中的 1 位、轨道轴继续向下移动时，因为轨道为直槽，轨道轴不再旋转，轨道轴下端的斜面与球芯上的限位销接触、带动球芯绕副轴支点旋转、密封面靠近阀座，直到球芯密封面与阀座密封紧紧接触，达到密封、切断效果。

§5.9.2　轨道球阀常见的损坏形式及维修措施

1. 阀杆（轨道轴）轨道（凸轮槽）磨损，或轨道轴断裂

轨道轴一方面承受执行机构的推力或拉力上下移动，使球芯与阀座接触密封或分离，一方面要带动球芯旋转，受到扭转阻力（矩）作用，其受力较为复杂。轨道一般为对称的 2 处，造成轨道轴在轨道处截面积大幅缩小，因此容易断裂；轨道轴在上下移动及转动过程中，其轨道与固定在上阀盖上的轨道销一直处于摩擦状态，因此轨道容易磨损，与轨道销之间的间隙变大，导致球芯开启、关闭时的位置推迟，容易造成球芯、阀座关闭不严。

作为长轴类零件，当出现磨损时，受热容易弯曲变形，因此不能用修补后重新加工的方式修复，只能更换新的零部件。

轨道轴损坏后，一般建议更换原厂同型号备件。如果没有原厂同规格备件，应考虑由经验丰富的厂家、队伍进行测绘加工。

测绘、重新设计、加工新件相对较为困难。因轨道部位较为复杂，既要注意螺旋凸轮槽旋转角度行程，又要注意上下移动行程，关键是球芯全开、全关位置的临界点把控较为困难，因此需要经验比较丰富的技术人员进行；在加工时，因螺旋凸轮槽既旋转、又上下移动，需要几个轴同时准确动作才能加工出合格的轨道，因此需要较为高超的加工水平。

在数控机床较为普及以前，一般可以采用铣床加工轨道轴，轨道上下部位的直段容易加工，只要把控好转折点即可；而螺旋部分，需要计算好转速，采用合适挂轮配比的分度头带动工件旋转，工作台同时带动工件以准确的速度直线进给，旋转速度与直线进给速度的准确计算与把控是加工的难点；数控机床，尤其带第四、第五轴的数控铣床或铣削中心普及后，工件的旋转速度、直线进给速度都可以数字控制，轨道轴的加工较为方便。需要注意的是，作为轴类零件，必须在粗加工、热处理、半精加工后加工轨道槽，此时工件硬度增加，需要掌握切削参数。

2. 轨道销磨损、断裂

固定在上阀盖上的轨道销与轨道轴上的螺旋轨道槽配合使轨道轴带动球芯旋转，受推力、摩擦力的影响，轨道销因剪切力作用容易磨损、断裂，一旦损坏后，需要更换原厂备件，或测绘、加工新件并更换。

轨道销形状较为简单，只是既要满足强度要求、不易断裂，又要有一定的耐磨性要求，需要特殊的热处理工艺，或表面硬化技术。轨道销一般采用高强度合金结构钢作为加工材料，进行调质处理后再进行高频淬火处理，使表面达到很高的硬度和耐磨性要求，基体又有一定的韧性及机械强度。也可以采用上述材料及调质处理工艺后，表面堆焊或熔覆耐磨合金使其达到一定的耐磨性要求。

3. 阀座冲刷、腐蚀损坏

在内漏增大的情况下，阀座的冲刷、损坏更为常见。和 O 形球阀、V 形球阀不同，轨道球阀的阀座不能使用变形量较大的弹性元件和其他密封材料，一般使用全金属阀座，或金属阀座镶嵌金属 O 形密封圈或软密封材料的方式，以防止在球芯对阀座较大压力作用下造成阀座失效；轨道球阀的阀座与阀体间是通过大过盈配合下的压缩变形，实现阀座与阀体之间的密封，为防止拉伤阀座外圆与阀体配合孔内圆，阀座不能采用机械压入的方式装入，阀座一般要通过冷装的方式装入阀体，即将阀座在液氮等介质下降至一定温度，使其外径缩小后迅速放入阀体，缓慢升温后即可获得所需要的过盈配合，拆卸过程则需要先将阀座部位降低到一定温度然后取下。阀座放入过程中需要防止肌肤直接接触温度较低的阀座，还要注意阀座不能倾斜，防止中途卡住，放入后应采用螺杆等方式压紧阀座，防止升温过程中阀座底平面与阀体脱离接触。

损坏的阀座取出时，优先推荐采用同样的方法取出，即采用一些工装的前提下，采用液氮等低温方法使阀座迅速降温，外径缩小后取出阀座。在检修现场没有条件的情况下，可采用机械压出的方式取出阀座，只是取出过程中不可避免地会拉伤阀体内壁与阀座外圆，取出后需要修复。

如果阀座密封面只是轻微的磨损、拉伤，可以通过精确测量后加工与球芯密封面同样半径的半球体工装，使用工装代替球芯与阀座进行配研修复阀座密封面，避免将阀座取下造成更大的麻烦。阀座密封面伤痕较浅、硬化层较厚，通过较小的机械加工量就可修复的，设备允许条件下可以连通阀体一起加工，也可避免拆装阀座带来的风险。只有当阀座密封面损坏较为严重，或虽然伤痕较浅但没有较大设备连通阀体一起加工时，方才需要将阀座从阀体中拆除。

拆除后的阀座按损坏情况进行维修。损坏较为轻微、硬化层较厚的，可以直接采用机械加工方式修复；损坏较严重的，需要车去硬化层后重新堆焊、硬化后加工出密封面；对于较为"单薄"的阀座，因为焊接的高温和焊接应力会引起变形，则不宜采用重新堆焊、硬化后机械加工修复的方法，只能重新加工、更换新的阀座。

在阀座的测绘、加工中，要注意保持阀座密封面与底部的高度位置，应尽量保持原位或稍高于原位，否则可能导致修复、装配后球芯、阀座无法可靠接触、密封。

另外有一种常见弹性硬密封阀座结构，是在基体上镶嵌金属 O 形密封圈或其他冲压结构的弹性阀座，这种阀座常见的损坏形式是弹性件裂缝、碎裂，或塑性变形等造成密封面失效，这种结构的阀座损坏后只需更换弹性件即可恢复使用，无需将阀座从阀体里取出。

4. 球芯损坏

轨道球阀的球芯密封面一般都是经过硬化处理的，同时因球芯转动时已与阀座分离，很少有拉伤损坏的发生，常见的主要有腐蚀、局部硬化层脱落，或密封面冲刷损坏等形式。硬化层脱落常见于采用喷涂工艺的球芯，因喷涂层合金与基体结合强度低，或使用中因温度变化引起的应力变化以及硬物挤伤等原因，导致喷涂层脱落，而堆焊、熔覆等硬化工艺的密封面硬化层一般不会脱落。

对于硬化层局部脱落，应先去除硬化层后重新喷涂、硬化后磨削加工；局部冲刷呈凹孔、槽的球芯，应先去除硬化层后对冲刷损坏部位进行补焊、粗加工后重新进行硬化处理，如果是堆焊或熔覆硬化工艺，硬化后应先进行去应力退火处理后进行精加工。

5. 转动支点磨损

轨道球阀的球芯动作过程中与阀座分离、接触，及绕固定轴端转动，其支点都是球芯下部与阀体接触的副轴端球面，因理论上为球面与底平面的点接触，因此容易出现磨损的情况。与O形球阀等其他球阀不同，轨道球阀副轴端球面磨损后，会直接导致球芯与阀座关闭不严、无法实现密封的后果，如图5-22所示。

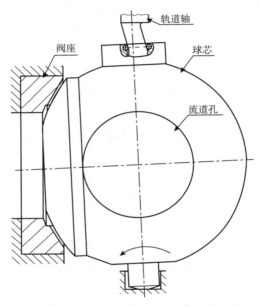

图5-22 轨道球阀球芯支点磨损后导致球芯关闭不严

如图5-22所示，轨道球阀球芯副轴端支点球面磨损后，球芯位置下降，轨道轴斜面带动球芯绕支点旋转靠近阀座时，球芯与阀座密封面下端接触，在与球芯副轴、副轴定位孔的共同作用下，球芯密封面与阀座密封面无法进一步靠近接触实现密封效果。

修复的方案，是用塞尺测量球芯上端与阀座之间的间隙，计算确定磨损量，可局部补焊、加工修复支点球面，也可采用合适材质和硬度薄钢板进行调整。副轴支点球面也不宜太高，否则导致球芯位置过高，球芯关闭时球芯密封面上端先与阀座接触，也会导致球芯与阀座无法继续靠近、接触达到密封效果，需要不断调整直至球芯的高度在一定范围内。有时候适当配研、降低阀座阀座密封面的高度可以克服图5-22所示缺陷。

6. 球芯限位销磨损

球芯上部与轨道轴接触，使球芯跟随轨道轴动作的两个限位销，如果磨损会造成轨道轴与球芯间的间隙太大，球芯跟随轨道轴的开关、转动都会滞后的后果，如果磨损达到一定程度，轨道轴的斜面不足以带动球芯密封面与阀座密封面接触，就会造成轨道球阀内漏的严重后果。

与轨道销一样，两个限位销磨损后不宜采用补焊、加工修复的方式，其尺寸小、形状简单，很容易测量、重新加工新的备件并更换。合格的限位销，其质量关键还是材质、热处理方式，既要保证其机械强度，又要达到一定硬度和耐磨性，因此一般还是采用强度较高的材质进行调制处理，或淬火后低温回火的热处理工艺。

§5.10　表面硬化

硬密封球阀（O 形球阀、V 形球阀）的球芯在转动过程中，球面与阀座处于挤压、摩擦状态，为避免冷焊、"耕犁"及划伤现象的发生，延长球芯、阀座的使用寿命，必须对球面、阀座密封进行硬化处理。表面硬化可以使球面、阀座密封面获得较高的硬度，而基体相对韧性较高，可以提高机件的整体强度。

§5.10.1　传统硬化方式

1. 表面镀铬

表面镀铬是传统的硬化方式，有一定的防腐蚀性及表面硬度，可延长球芯使用寿命，但硬度有限，在传统化工领域可以使用，在煤化工领域难以胜任。

2. 机械硬化、渗碳、渗氮

机械加工硬化方式，及渗碳、渗氮工艺也曾是有效的硬化方式，但与镀铬一样，在传统化工领域、软密封阀座时可以延长使用寿命，更为严苛的工况下效果不够理想。

3. 堆焊 ALLOY 6

在控制阀生产中，ALLOY 6 合金的堆焊，近似一场技术革命，曾一度支撑着整个行业，硬化后的阀芯、阀座耐腐蚀又有一定的硬度，在传统化工领域的控制阀备件加工中是较为理想的硬化方式，但在煤化工领域的球阀、直动阀，如锁斗阀、黑灰水角阀中的应用方面明显不足。

4. 球芯、阀座全硬质合金

曾有公司生产全硬质合金的球芯、阀座以延长球阀的使用寿命，但因硬质合金较脆的特性，没有取得显著成效。

§5.10.2　当前流行的硬化方式

1. 超音速火焰喷涂（HVOF）

主要是通过极高的速度将高硬度、耐磨损合金粉末涂层材料加热并喷涂到基体材料表面，喷枪能够产生的气流速度越高，则耐磨材料粉末涂层就能够获得更高的运动速度，从而耐磨粉末涂层与基体材料就能够获得更高的结合力和更高的致密性，因此也就具有更好的耐磨性能。常用的超音速喷涂材料有碳化钨钴、碳化钨钴铬、镍基合金、碳化铬、陶瓷等。

优点：

（1）可以喷涂超硬、高熔点的涂层材料，涂层的硬度甚至可以达到 HRC85 以上，因此涂层具有很好的抗擦伤性能和耐磨性能。

（2）采用超音速喷工艺，基体不需要高温加热，因此基体材料不会发生热变形。

缺点：

（1）材料与基体为物理、机械结合，结合强度比镍基合金的热喷涂要低，通常结合强度在 68～76MPa 左右，因此，对于高压球阀的球芯、阀座，采用超音速喷涂技术后涂层在使用中有脱落的可能。

（2）喷涂层不耐高温及温度有急剧变化的工况，否则硬化层容易开裂、剥落。

2. 热喷涂

镍基合金是一种易溶合金，主要成分包括镍、铬、硼、硅，其中镍是主要成分，也是耐磨材料与基体材料的黏合剂，根据配比成分的不同，可以获得不同的硬度。热喷涂是将基体加热到 800℃ 以上的较高温度，然后将镍基合金加热并喷涂到基体表面，因高温的作用及镍的黏合作用，能够使基体与密封面耐磨材料基本达到冶金结合，因此，镍基合金热喷涂具有结合强度高的特点。与超音速火焰喷涂相比，镍基合金热喷涂的另一个优点是涂层厚，一般可达 0.8mm。

镍基合金热喷涂是目前在金属硬密封球阀上成功应用的一种密封面硬化方法，镍基合金耐磨、耐腐蚀、耐高温等，其综合性能优良，可用于黑水、灰水、煤浆、煤渣等多种工况介质，也可用于高温工况。

热喷涂工艺的优点是结合力强、可以稍厚，可以用于较高温度工况；缺点是需要加热到较高温度，基体热处理状态不好，并且变形较大。

3. 熔覆

在生产领域，熔覆是较为广泛的概念，包括激光熔覆，也包括 PTA 工艺、真空熔覆等工艺。

激光熔覆是利用激光功率大、加热快的特点将耐磨材料熔覆在基体表面而不影响基体材料的特性，优点是可保留基体原始特性而表面又可获得很高的硬度，结合强度很高，缺点是生产效率较低。

PTA 工艺是以电弧受到喷嘴制约和保护气的限制，产生收缩柱状弧，喷涂类粉末主要是合金和碳化物，通过载体离子气加入温度稳定的柱状弧内，同时，保护气可以保护焊接区域不要暴露于空气中，防止和减少氧化。PTA 对基体堆积层的稀释度比较低，维持了堆积层的化学特性，而且它最大限度地降低了喷涂零件的热影响区（HAZ）的融深。

真空熔覆也叫真空熔烧，是将硬化材料粉末与黏合剂按一定比例配方调成膏状涂抹于基体表面并烘干，然后在真空炉中高温熔烧，使硬化层合金处于熔融状态，最终与基体成冶金结合状态，结合强度较高。真空熔覆工艺可熔覆镍基合金、碳化钨等较硬的合金，而且厚度可达 1mm 左右，缺点如同热喷涂工艺，基体要加热到较高温度，热处理状态不理想，变形较为严重，但因厚度较大可以后续加工修复。

第6章 蝶阀的结构与维修

20世纪30年代 Masoneilan 公司发明了蝶阀（Butterfly Valve）。蝶阀的阀芯为碟形，或称圆盘形，因此习惯上又称为阀板（disk），而有文章因此将其称为"碟阀"，笔者认为欠妥。蝶阀依靠垂直于阀板轴线、平行于阀板端面的转轴带动，并依靠阀体主、副转轴孔为旋转中心及支撑点进行翻转，即可完成开关动作。

§6.1 蝶阀的特点与类型

§6.1.1 蝶阀的特点

1. 蝶阀结构简单、体积小、重量轻

蝶阀的阀体组件，主要由转轴、阀板，以及简单的阀体组成，转轴带动阀板翻动、与阀体（阀座）配合实现对介质的切断和调节，体积小、重量轻，占用空间较小，也便于生产、制造较大规格的产品。

2. 流阻系数小、流通能力大

蝶阀全开时，管道里只有侧立的阀板，介质直接流过轴向尺寸极小的阀体，流路极为简单，因此流阻系数相对较小、流通能力较大。

3. 开启速度较快

同球阀相似，蝶阀的行程多为90°转角，因此开关速度较快，容易实现阀的启闭功能。

4. 流量特性近似线性

蝶阀的流量特性近似线性。相比于等百分比特性，线性流量特性的特点是小开度时流量随开度增加很快，大开度时流量随开度增加速度低于等百分比特性。而蝶阀在小开度时流量随开度增加的速度比线性还稍快，而大开度时流量随开度增加速度比线性稍慢，只有中段近似线性流量特性。

在小开度（据资料显示15％以下），受流体影响，阀板处于不稳定状态，蝶阀所需自锁扭矩较大，出口端更容易受汽蚀损坏，因此蝶阀不宜在小开度范围内工作；同时因为蝶阀在中、小开度范围内流量随开度增加速度较快，因此蝶阀在小开度时调节性能较差。

§6.1.2 蝶阀的类型

根据不同的分类方法，蝶阀的类型很多。按阀体的形状，可分为对夹式和法兰式。ANSI Class 300 及以下压力等级的蝶阀，轴向尺寸较小，阀体多不带法兰，由管线上两端的法兰直接对夹即可实现可靠密封，即为对夹式；压力等级 ANSI Class 600 及以上的蝶阀，轴向尺寸较大，为便于安装并实现与管道法兰的可靠密封，阀体上多设计、加工法兰，即为法兰式。

根据蝶阀使用的温度、压力，可分为普通蝶阀和重型蝶阀；根据阀板、阀座（阀体）密封副的组成，可分为硬密封、弹性硬密封及软密封蝶阀。最为常见的分类方法是根据阀板转轴与阀体中心的位置关系，分为中线蝶阀、单偏心蝶阀、两偏心蝶阀、三偏心蝶阀以及近年出现的四偏心蝶阀。

1. 中线蝶阀

中线蝶阀是最初的蝶阀结构，其结构特征是阀板旋转的轴线为厚度中间的直径，阀体上安装阀板转轴的孔的轴线也是阀体的直径，而且阀板的旋转轴线、阀体安装阀板转轴的孔的轴线，都与转轴的轴线重合，都是其几何中心，因此又称"同心蝶阀"。

中线蝶阀的阀板如图 6-1（a）所示。由于阀板、阀体的旋转轴线都是直径，如果阀板的直径大于或等于阀体的内径，阀板将无法转动，或即使能够转动，因阀体、阀板的厚度与弹性，相互间的摩擦力会很大；如果阀板的直径小于阀体的直径，虽然阀板可以转动，但关闭后阀板与阀体间的间隙较大，蝶阀的泄漏量会很大，无法实现切断功能，因此，中线蝶阀不宜做成全金属硬密封结构，一般多在阀体内部衬一层橡胶、聚四氟乙烯等非金属材料作为阀座，利用非金属材料易于变形的特点实现密封作用。

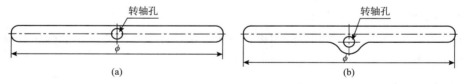

图 6-1 中线蝶阀与单偏心蝶阀的阀板

中线蝶阀的优点是结构简单、制造方便，缺点是由于阀板与阀座（体）始终处于挤压、刮擦状态，非金属阀座磨损较快、使用寿命短；因摩擦力较大，蝶阀的规格越大，启、闭时所需的阻力矩也越大；因使用非金属材料作为衬里阀座，使用上受到温度的限制。

2. 单偏心蝶阀

为解决中线蝶阀的阀板与阀座的挤压问题，将同心蝶阀阀板的旋转中心偏离厚度方向的中心，以期减轻阀板上、下端与阀座的过度挤压。

单偏心蝶阀的阀板如图 6-1（b）所示。更改后的蝶阀在应用范围上和同心蝶阀大同小异，仍然需要橡胶、聚四氟乙烯等非金属材料衬里作为阀座，整个开关过程中阀板与阀座的刮擦现象依然存在，只是稍有减轻，而且转轴方向的挤压更为严重。

　　纵观单偏心蝶阀的发展历程，基本没有实用价值，市面上也很少见到实际使用的实物，反倒是衬胶的中线蝶阀在水系统中经常用到。

　　3. 两偏心蝶阀

　　两偏心蝶阀是在单偏心蝶阀的基础上，将转轴再次沿阀体半径方向移动一定距离，并且将密封面设计为正圆锥体的一部分（圆台），与上下端面相交处倒圆角。第二次偏心后的两偏心蝶阀，只有阀板开启、关闭的瞬间会与阀座发生小量的挤压、刮擦作用，因此与中线蝶阀、单偏心蝶阀相比，性能有了很大的提高。

　　在两偏心蝶阀的基础上，许多厂家将阀板密封面的圆锥面改为球面，阀座改为中空。可借助介质压力撑开阀座使之与阀板接触、提高密封性能的冲压件，或软密封结构，密封性能及可靠性进一步提高，即称为高性能蝶阀，自此蝶阀的使用得到了大幅的普及，因此是蝶阀的一次飞跃性的变化。

　　4. 三偏心蝶阀

　　尽管高性能蝶阀的密封性能得到了大幅提高，并得到了大面积的推广使用，但阀板开启、关闭时还是会与阀座发生挤压、刮擦作用，而且中空的弹性冲压件或软密封结构，其使用温度及工作压差还是受到限制。

　　为进一步提高蝶阀的使用温度与工作压差限制，在两偏心蝶阀的基础上，将阀板、阀座密封面设计为对称轴线与阀板转轴垂直、与阀板端面有一定夹角的斜圆锥体的一部分（称为第三偏心），使得阀板在开启、关闭过程中不再与阀座发生挤压、刮擦作用，这样一来阀板、阀座密封面的形式、材质等不再受到限制，因此使用温度、工作压差得到了大幅的提高，而且只要阀板、阀座、转轴强度足够高，执行机构提供的扭矩、密封面加工粗糙度足够大，可以达到 ANSI Class Ⅵ 及以上的泄漏量等级，加上蝶阀结构简单、重量轻、流通能力大的特点，使三偏心蝶阀用到了重要的控制工位，甚至可以作为高温、高压介质的切断阀，以及程控阀等重要控制阀使用。

　　5. 四偏心蝶阀

　　发展到三偏心蝶阀阶段，已解决了蝶阀的大部分问题，只是因为三偏心蝶阀的斜圆锥结构，使得蝶阀密封面较宽、各处的密封比压不相等，因此工程技术人员又研发出了四偏心蝶阀，可以在保证密封性能的基础上减小第二偏心，从而减小执行机构规格，并且使密封面各方向密封比压更趋均匀。因为第四偏心的引入，四偏心蝶阀的加工工艺比三偏心蝶阀的加工工艺对设备的要求更高。

§6.2　高性能蝶阀

　　1. 高性能蝶阀的工作原理

　　单偏心蝶阀没有实用价值，但在蝶阀的概念及理论发展上占有重要地位，比如两偏心蝶阀就是在第一偏心的基础上，将转轴中心偏离阀板的直径位置一定距离，形成第二偏心。

如图 6 - 2（a）所示，e_1 为第一次偏心，形成单偏心蝶阀，e_2 是在单偏心蝶阀基础上偏离直径位置的第二次偏心。阀板第二次偏心后，阀体上安装阀板转轴的轴线也偏离阀体的直径位置。因为第二偏心的存在，阀板转动打开后能迅速脱离阀座，关闭时只有接近阀座位置时阀板才与阀座接触，从而大幅度消除了阀板与阀座的过度挤压、刮擦现象，减小了开启力矩，降低了磨损，提高了阀座使用寿命。

大多数两偏心蝶阀的阀板以阀板的对称中心轴线设计成带一定角度的锥面，使阀板成为圆台形状，锥面与圆台的上、下端面圆弧过渡，这样带锥度的设计便于在关闭位置阀板密封面与阀座密封面紧密接触实现密封。但也正因为这一锥度的存在，圆台上、下端面直径有一定的差别，使阀板在开启、关闭过程中会对阀座造成更大的挤压。

两偏心蝶阀，自从将密封面设计成球面开始，虽然开启、关闭过程中阀板依然会对阀座造成挤压、刮擦，但是不再依靠阀体衬里充当阀座，可以设计单独的金属冲压件或聚四氟乙烯等非金属材料弹性阀座，密封性能得到了很大的提高，使用寿命也得到了大幅的延长，尤其金属冲压件弹性阀座的出现，使的蝶阀可用于较高温度的工况，因此被称为"高性能蝶阀（High Performance Butterfly Valve）"。

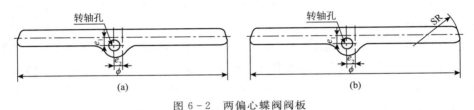

图 6 - 2　两偏心蝶阀阀板

如图 6 - 2（b）所示，在带锥面的两偏心蝶阀的基础上进一步发展，将锥面改为球面，可使常规的锥面阀板与阀座接触的面密封，改为阀板呈球面的密封面与阀座锥面接触的线密封，密封性能得到进一步提高，阀板更容易与阀座接触、脱离，因此使用寿命得到了进一步的延长。

2. 高性能蝶阀的阀座密封结构

图 6 - 3 所示为高性能蝶阀弹性硬密封阀座密封结构。

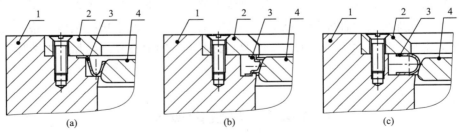

图 6 - 3　高性能蝶阀弹性硬密封阀座结构
1—阀体；2—阀座压板；3—阀座；4—阀板

图 6 - 3（a）所示为 V 形金属冲压件弹性阀座，利用近似 V 形中空冲压件的弹性，使处于关闭位置的阀座与阀板紧密接触实现密封；需要打开时，依靠 V 形弹性冲压件阀座自由端在一定范围内弹性变形的能力进行退让，使阀板翻转打开。阀座通过阀座压板、螺钉

固定在阀体上，压板依靠紧固螺钉的力将弹性阀座的平直边压紧、固定，并实现阀座与阀体间的密封。

图 6-3（b）所示弹性阀座较为复杂，上、下两个面与阀座压板和阀体接触实现密封、防止外漏，锥面与阀板紧密接触实现密封、防止内漏。由于冲压件结构及阀板转动开关的需要，阀座锥面与相邻上下面交接处有圆弧过渡，便于冲压件脱模，同时也便于阀板打开、关闭过程中阀座进行退让，使阀板密封面顺利脱离或进入阀座。

图 6-3（c）所示为截面呈 U 形的弹性阀座，上下两个平面（未压紧前口部呈张开状，压紧后成平行面）分别与阀座压板、阀体接触实现密封，防止外漏；与阀板接触部位为圆弧面，使阀座与阀板理论上是线接触密封。阀板打开、关闭过程中，由 U 形截面的圆弧部分弹性变形进行退让，优点是阀座截面与阀板密封面接触部位为圆弧，便于阀板的打开、关闭，同时圆弧形截面的弹性也较好，疲劳强度较高，另外阀座的一个面磨损后，只要上下翻转就可继续使用。

图 6-4 为高性能蝶阀的软密封阀座结构。其中图 6-4（a）蝶阀的阀体上有 V 形槽，阀座压板上有直槽，在阀座压板压紧阀座时的共同作用下使阀座定位，防止阀板打开、关闭时因强大偏心力的作用使阀座位置移动；阀座中间有斜槽，里边装有弹簧或 O 形密封圈，阀座压板上固定阀座的槽装入阀座后外径部分有空隙，这样的结构可使阀板在打开、关闭过程中挤压阀座时阀座可向外径方向退让，阀板转动到关闭位置时，阀座在自身弹性恢复力及斜槽里安装的弹簧或 O 形密封圈的作用下快速恢复到原始状态，与阀板密封面接触实现密封，这样的结构可大幅减弱阀板在打开、关闭过程中对密封面的刮擦作用，同时阀座 PTFE 聚四氟乙烯材料自润滑型较好、摩擦系数小，可大幅延长非金属阀座的使用寿命。

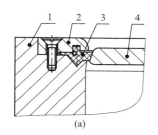 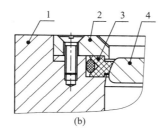 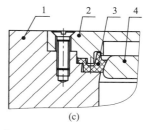

图 6-4　高性能蝶阀软密封阀座结构

图 6-4（b）所示同样是软密封阀座结构的高性能蝶阀，特点是在阀座外圆部分加工 O 形密封圈槽并安装 O 形密封圈，一方面提供阀座与阀体间的密封、防止外漏，一方面可以促使阀座向内径方向贴紧阀板密封面，有利于提高密封性能；阀座压板内径靠下位置有凸起部分，防止阀板关闭过程中阀座脱出。

图 6-4（c）是相对更好的一种软密封阀座结构的高性能蝶阀，阀座端面有一个较高的环状凸起和环状沟槽，与阀座压板的沟槽和凸起相配合，可以很好地固定阀座，防止阀板开启、关闭过程中因阀板对阀座的挤压作用使阀座位置移动甚至脱出装配位置；阀座外径边缘位置由阀座压板压紧在阀体上，实现阀体、阀座与阀座压板间的密封防止外漏的发生；阀板处于关闭状态时压缩阀座使之发生少量的变形，在弹性力的作用下实现阀座与阀

板间的密封、防止外漏的发生。

图 6-4（a）、图 6-4（c）所示软密封阀座结构的高性能蝶阀，阀座与阀体、阀座与阀座压板的密封部位都是通过阀座压板压紧阀座外径部位的边缘实现相互间的密封，以确保高性能蝶阀无外漏。如果流向是从阀板前流向阀板后（图示位置自上而下），阀板前边处于高压状态，介质会进入阀座的沟槽空腔形成撑开的压力，促使阀座与阀板紧紧贴合，有利于阀座与阀板间的密封；图 6-4（b）所示软密封阀座结构的高性能蝶阀，阀座压板压紧后，阀座的上、下端面分别与阀座压板、阀体紧紧贴合，实现阀座压板、阀座、阀体间的密封，以防止外漏，介质无法进入到阀座外圆部位的沟槽，介质推动阀座内径部位向下，因此阀座的上边缘与阀板密封面间的作用力增大，有利于阀座与阀板间的密封。图 6-4所示各种软密封阀座结构，如果流向是从阀板后流向阀板前（图示位置自下而上），阀板处于关闭位置时，介质推动阀座向前（上）抬起，则阀座密封面的下边缘与阀座间的作用力增大，同样更有利于阀座与阀板间的密封。图 6-4 所示软密封阀座的高性能蝶阀，如果介质流向是从阀板后流向阀板前（图示位置自下向上），则介质推动软密封阀座内径部分向上抬起，阀座密封面的下部与阀板密封面接触，同样有促进阀座与阀板贴合更紧的趋势，有利于提高密封性能。

§6.3　三偏心蝶阀

1. 三偏心蝶阀的工作原理

中线蝶阀、单偏心蝶阀，到高性能蝶阀，在开启、关闭过程中，阀板都不可避免地与阀座发生挤压、刮擦作用，对阀座的损害较大。为减少刮擦对阀座的损害，高性能蝶阀只能采用弹性硬密封阀座或软密封阀座，弹性硬密封阀座提高了蝶阀的使用温度，但因其薄壁结构，所能承受的压力有限，蝶阀的压力等级还是受到限制；软密封阀座虽然密封性能大幅提高，但使用温度、使用压力都受到限制。

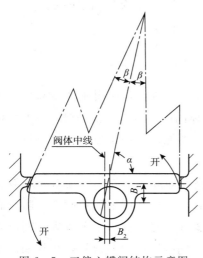

图 6-5　三偏心蝶阀结构示意图

三偏心蝶阀是在两偏心蝶阀的基础上，将阀板与阀体（座）的密封面设计、加工为中心线与阀板端面有一定夹角（α）的圆锥面，如图 6-5 所示。

如图 6-5 所示，B_1 为转轴沿阀板轴向偏离的第一偏心，B_2 为转轴沿阀体径向偏离阀体轴向中线的第二偏心，α 为第三偏心倾斜圆锥的中心线倾斜角度，β 为第三偏心锥顶角的一半。图示为阀板关闭状态，阀板沿逆时针方向转动可以打开。有开启方向的箭头线为阀板左上点、右下点在阀板开启转动过程中的轨迹线，可以看出，在三个偏心的共同作用下，阀板开启过程中，图示方向阀板密封面会迅速脱离阀座，不会与阀座发生任何刮擦作用；阀板关闭时，直到达到关闭位置时阀板密封面才与阀座密封面接触，也不会发生任何刮擦作用。

2. 三偏心蝶阀的结构

（1）三偏心蝶阀的阀板

根据前边的叙述，常规三偏心蝶阀的阀板、阀座密封面，是中心线与阀体端面成一定夹角的斜圆锥面的一部分。根据立体几何知识，垂直于圆锥轴线的平面与圆锥相交所得的截面是圆，如果是平行于阀体端面的平面与锥面相交，所得的截面则是大小不等的椭圆。因此，三偏心蝶阀的阀板从端面看，则是斜椭圆台，其短轴在蝶阀的转轴方向，长轴则在垂直于蝶阀转轴方向，因此常规三偏心蝶阀的阀板在转轴方向两端母线的夹角相等，而垂直于转轴方向则两端的夹角不相等，这是三偏心蝶阀的重要标志。常见三偏心蝶阀的阀板，长轴比短轴长约 5～15mm，这是常规三偏心蝶阀的另一标志。

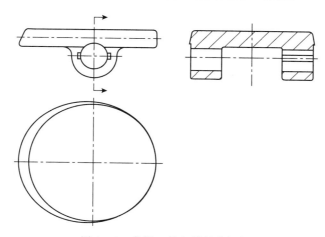

图 6-6　常规三偏心蝶阀的阀板

如图 6-6 所示，从主视图可以看出，垂直于转轴方向阀板密封面两侧的母线与中心线的夹角不相等，而左视图（右侧）可以看出转轴方向两侧母线与中心线的夹角是相等的，从俯视图可以看出从阀板的端面看，阀板是呈椭圆形的。

用于高温、高压工况的三偏心蝶阀，压力等级较高，要求耐冲刷，一般情况下阀体、阀板等零部件都比较"厚重"，习惯称为"重型三偏心蝶阀"。重型三偏心蝶阀的阀板多为整体结构，密封面直接在阀板上加工，且密封面一般都经过堆焊、熔覆等硬化处理；直接在阀体上加工密封面作为阀座。而中、低压力等级、温度等级的三偏心蝶阀，大多数情况下阀座与阀体为一体式结构，直接在阀体上加工密封面成为阀座，而阀板上有独立的密封环，用螺钉、压板等固定在阀板上，损坏时更换新的密封件就可恢复阀板的使用性能；也有些中、低压力等级的三偏心蝶阀的阀座也是独立的，使用时用螺钉等与阀体连接、固定在阀体上，轻微损坏时可以拆下来进行维修，避免连阀体一起加工带来的不便，如果损坏严重时直接更换新件即可恢复使用性能，独立的阀板密封环、阀座密封环便于维修、更换。

（2）全软、全硬密封环结构

独立式阀板密封环结构，是指阀板不是整体结构，而是将带密封面的部分单独设计、加工为单独的阀板密封环，用螺钉通过压板固定在阀板基体上，形成组合结构，便于加工，也便于损坏后的维修、更换，如图6-7所示。

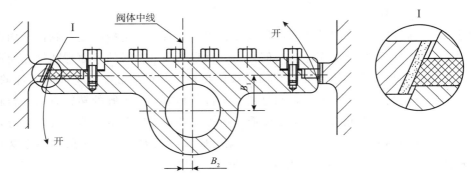

图6-7　独立密封环结构三偏心蝶阀

如图6-7所示，整个阀板由阀板基体、阀板密封环、阀板密封环压板及螺钉组成，阀板密封环内径与阀板基体上对应的定位台之间有间隙，便于装配过程中进行调整，使阀板密封环的密封面与阀体密封面间达到最佳贴合效果；密封环底部与阀板基体之间有密封垫片，以实现密封环与阀板基体之间的密封；密封环压板内径与阀板基体上的对应定位台外圆之间为较大的间隙配合，密封环压板下端面与阀板密封环贴合，在螺钉作用下将阀板密封环紧紧压紧在阀板基体上，确保一经调整、装配固定后，在三偏心蝶阀的使用中不因阀板的开启、关闭动作使阀板密封环位置变化，失去密封效果。阀板密封环可以是密封面经硬化处理的全金属，也可能是聚四氟乙烯等非金属材料加工而成。密封面经过硬化处理的全金属阀板密封环可用于较高的温度及工作压差，但因密封面粗糙度难以做到极高，因此泄漏等级难以做到很高；非金属材质阀板密封环因材料相对较软，容易达到较高的泄漏量等级，但因材料的性质，难以在较高温度、压差工况下使用。

（3）层叠式阀板密封环结构

层叠式阀板密封环，是指阀板密封环毛坯由钢板和非金属板材间隔叠加、粘接在一起后，再经过加工形成密封面作为阀板的密封件，如图6-8所示。

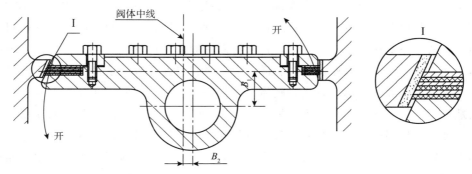

图6-8　层叠式阀板密封环三偏心蝶阀

如图6-8所示，根据需要，层叠式阀板密封环一般是由4层钢板夹3层非金属板形成4+3式，或3层钢板夹2层非金属板形成3+2式，各层板材相互间用黏合剂牢固黏合形成毛坯，使用时须经过与阀座角度、尺寸的配对加工，加工、装配后非金属层在压力作用下向外鼓出，与阀座贴合时优先于阀座接触，阀板密封环与阀座形成软、硬交替的半硬密封结构，有利于降低密封面粗糙度要求的加工难度，有利于克服加工误差，最终提高阀板与阀座间的密封性能。

这种软、硬交替的层叠式结构，在新密封环使用时，软密封起主要密封作用，钢板起支撑、保护作用，可有效提高整个密封环的强度；在使用一段时间后，层叠式密封环中的非金属层经磨损、冲刷后，与钢板层密封面相平甚至略有缩进，此时金属层与阀座密封面接触起主要密封作用。因中间非金属层相对较软，甚至略有缩进，金属层密封面获得一定的弹性变形能力，也能起到较好的密封作用。

3. 等径三偏心蝶阀（俗称"四偏心蝶阀"）

前边所说的常规三偏心蝶阀，其阀板、阀座密封面是中心线与端面有一定夹角的圆锥面的一部分，因此从端面看阀板、阀座密封面呈椭圆形。

除常规三偏心蝶阀外，日常检维修中还会碰到等径三偏心蝶阀，其阀板是由一系列圆心位置及半径不断变化的圆叠加而成，其圆心的连线与端面形成一定夹角，圆的外径从大到小连续、连贯，最终也形成一个斜的锥面。等径三偏心蝶阀的阀板如图 6-9 所示。

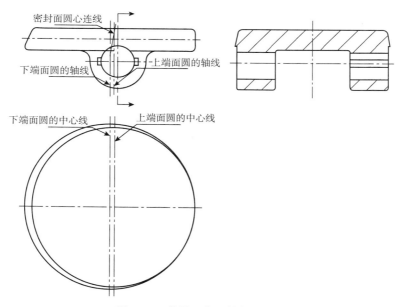

图 6-9 等径三偏心蝶阀的阀板

等径三偏心蝶阀阀板的特点：

（1）如图 6-9 所示，从转轴孔方向（主视图）看，阀板密封面两侧母线与端面夹角不相等，从垂直转轴孔方向（左视图）看两侧母线与端面夹角相等，这一点与常规三偏心蝶阀的阀板相同。

（2）从转轴方向（主视图）看，密封面两侧母线延长相交后仍然是斜三角形，其中心线与阀板端面也有一定夹角，这一点与常规三偏心蝶阀的阀板极为相似。与常规三偏心蝶阀阀板区别之处在于：常规三偏心蝶阀的阀板密封面是斜圆锥的一部分，主视图方向斜三角形的中心线是顶角的角平分线，而等径三偏心蝶阀的阀板是圆心沿中心线移动、半径连续缩小的圆叠加而成的斜锥体一部分，主视图方向斜三角形的中心线是底边上的中线。

从俯视图看，或用平行于端面的平面在任意位置切等径三偏心蝶阀的阀板所得截面都会是圆，而常规三偏心所得截面一定是椭圆；如果用垂直于锥体中心线的平面在任意位置切，常规三偏心蝶阀阀板所得截面为圆，而等径三偏心蝶阀阀板所得截面为椭圆。

正因为这一特点，即在平行于端面的任意平面上，任意方向测量阀板的直径都是相等的，本书将其称为"等径三偏心蝶阀"，这是区别常规三偏心蝶阀的重要标志。

（3）等径三偏心蝶阀的阀座密封面为圆形。因为等径三偏心蝶阀阀板平行于端面的任意截面都是圆，因此可以将阀座设计为圆形，这就为阀座的加工、维修带来了便利。

等经三偏心蝶阀的阀座，也可以按照常规三偏心蝶阀那样一体设计、一体加工，但如此一来，其设计思路、加工方法都和常规三偏心蝶阀相同，甚至加工工艺更为复杂，体现不出等径三偏心蝶阀的特点。

（4）等径三偏心蝶阀阀板多为整体式结构，密封面经过熔覆、堆焊等硬化处理，阀座为分体式设计结构，密封面截面多为圆弧形，如图6-10所示。

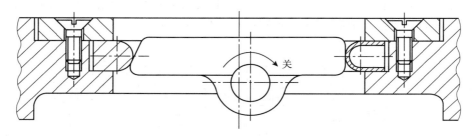

图6-10　等径三偏心蝶阀常见结构

如图6-10所示，在阀体上加工放置阀座的台阶圆，放入阀座后用螺钉通过压板将阀座找正后压紧在阀体上，防止阀板开启、关闭过程中阀座的位置移动，并实现阀座与阀体的可靠密封。

图中左半部分的阀座为实体结构，可用于压力、温度等级更高的工况，右半部分的阀座设计为薄壁冲压（滚压）件，弹性变形的性能更好，可有效提高泄漏量等级，可用于常温、常压工况，也可用于稍高温度和稍高工作压差的工况。

等径三偏心蝶阀的优点正在于"等径"，因同一平面上各方向的半径基本相等，因此相比于常规三偏心蝶阀，各个方向的密封比压趋近于相等，相同的扭矩下更有利于提高密封性能；另外，相对于常规三偏心蝶阀，缩短了常规三偏心蝶阀椭圆长轴，可以将第二偏心设计的更小，有利于减小实现密封所需的扭矩，可以缩小所需执行机构的规格。

§6.4　高性能蝶阀的常见损坏现象及维修

（1）中线蝶阀多为衬胶蝶阀，损坏现象多为衬胶破损，一般无法修复，只能更换同规格产品。

（2）衬塑中线蝶阀，阀体为上下两半的结构，损坏后可以通过更换新的阀座恢复使用性能。

（3）单偏心蝶阀市场上极为少见，本书不作讨论。

（4）本书重点讨论高性能蝶阀、三偏心蝶阀损坏后的维修。

高性能蝶阀损坏、需要维修时的故障现象，绝大部分都是内漏严重、无法继续使用。而内漏的原因，大部分是因为阀座损坏，还有部分的原因是阀板密封面损伤。

§6.4.1　阀座密封环损坏

图 6-3 所示的弹性硬密封结构的高性能蝶阀，其阀座密封面大多是用厚度 0.5～0.8mm 的薄钢板冲压或滚压工艺加工而成，在经过一定次数开关动作的循环交变应力作用后，会造成材料硬化，继而疲劳失效、强度下降的结果，最终形成开裂；也会因为介质的腐蚀、冲刷作用而损坏，造成阀座的提前失效。

作为薄壁弹性的冲压件，阀座损坏后的维修措施如下：

（1）更换原生产厂家同型号、同规格的阀座。

作为控制阀的原生产厂家，生产控制阀时有现成的模具及成熟的加工工艺，生产同样的阀座成本低、生产时间短，因此使用厂家在购买蝶阀的同时就应储备一定数量的阀座备件，以便损坏时随时进行更换，使损坏的控制阀在最短的时间内恢复使用；另外，生产厂家会随时更新产品，老旧的产品不再生产，会随时报废处理加工模具，这也是建议使用者在购买产品时同时定购一定数量的备件的原因。

优点：原厂备件质量有保障，同一套模具加工的阀座备件其尺寸一致性、互换性很好，加工时间短、成本低。

缺点：国外生产厂家定购备件的费用较高。

（2）测绘后重新设计合理结构的阀座。

如果是国外生产的弹性硬密封阀座蝶阀，阀座损坏后再去定购，不但成本较高，最重要的是采购周期较长，一般 2～3 个月方能到货，为缩短检修周期就需要测绘后重新设计、加工新的阀座。这种情况下，首先需要对阀体（座）、阀板及压板进行详细的测绘，然后根据测绘结果进行分析、计算后重新设计阀座，给出加工图纸、设计加工工艺，还需要设计、生产加工阀座所需的模具。这种情况下，可以根据实际工况进行改造，确保改造维修后控制阀的使用性能，也可以根据情况对阀座结构进行简化，方便加工、降低加工费用。

优点：

测绘、改造、定制的阀座，可追求使用质量，最好地适应现场使用工况、延长使用周期，只是新阀座的加工工艺可能相对复杂、成本较高；也可以追求加工周期，简化阀座结构、降低加工费用。

缺点：

模具成本高、风险大，周期稍长于国产产品的阀座，但比临时采购国外备件快。

（3）阀体、压板结构改造，借用国产产品的弹性阀座。

借用国产产品的弹性阀座，就是在国内产品中选一个与损坏蝶阀的阀座最为接近的产品的阀座，对损坏蝶阀的阀体、阀座压板，甚至阀板密封面进行改造、加工，使之适合新的阀座。因为加工新的冲压件弹性阀座，模具的设计加工较为费事、费力，成本也很高，其至超过蝶阀本身的价格，因此借用国产产品的阀座，而选择通过一定的机械加工改造、加工阀体与压板，成本、维修周期都相对较低。

优点：

冲压件弹性阀座易得，机械加工改造阀体、压板、甚至 密封面，成本相对较低，改造维修周期相对较短。

缺点：

对阀体、阀座压板甚至阀板进行机械加工改造，需要较为详细的测绘、分析、计算，需要有一定的整机设计及维修改造经验的工程技术人员，并需要出具较为详细的工程图纸，由较为熟练的加工人员方可完成。

（4）改机械加工件阀座。

如果原冲压件弹性阀座已经损坏，手头没有原厂备件、也找不到合适的可借用的阀座备件，受现场工况温度、压力限制又不能改造为软密封阀座的，只好临时改造阀座密封结构，用机械加工的方式加工获得相对有一定弹性变形能力的阀座予以代用。

如图 6-11 所示，原阀座为冲压件弹性硬密封阀座，损坏后没有可更换的备件，因控制阀使用温度为 260℃、关闭压差为 3.2MPa，无法改造为软密封阀座结构，在对阀体、压板进行局部改造、加工后，设计了机械加工工艺制造的、具备一定弹性变形能力的阀座，经验证密封效果良好，在原执行机构带动下阀板可自如开关动作。

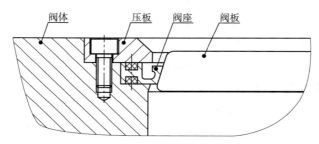

图 6-11 高性能蝶阀改造为机械加工弹性硬密封阀座

在对该阀进行改造维修时，本来是做应急准备，并提醒用户尽快定购原厂家阀座备件或重新购买整机，在现场装置运行情况允许时尽快进行更换，可一年后用户反映该阀运行情况依然良好，甚至超过了原阀的使用寿命，为保证以后出现损坏情况时的维修，继续订购该机械加工工艺的弹性硬密封阀座，这是连笔者也没有想到的。

（5）改软密封。

原始冲压件弹性硬密封阀座损坏后，如果控制阀的使用温度低于 180℃、关闭压差小于 2MPa，介质为纯净的液体或气体的，可以将其改造为软密封阀座结构，需要时可以对阀体、压板进行局部的机械加工改造，使其适合于所改造的阀座，具体结构可参考图 6-4 所示的软密封高性能蝶阀结构。

§6.4.2 阀板密封面损坏

如果介质中含有煤粉等粉末或颗粒类物质，在使用一定周期后阀板密封面会因介质中的粉末、颗粒的冲刷而损坏；如果介质中有较硬的颗粒物质，在阀板开启、关闭的过程中，硬质颗粒被夹在阀板与阀座之间，就会出现阀板密封面及阀座被挤压损伤的情况。较大的颗粒物质挤压损坏的情况为凹坑状损坏，较小的颗粒挤压损坏的情况有可能为槽状痕迹，颗粒物及粉末类介质冲刷损坏痕迹为不规则的连续槽状。

高性能蝶阀的阀板密封面多为球面，少数为锥面。如果损伤的阀板密封面为球面，加上转轴的偏心，一般损坏后进行机械加工修复的难度较大，没有一定修复经验的公司及人员无法完成修复。

如果损伤为少数凹坑或槽状拉痕，可以局部补焊后手工精心打磨修复；如果损伤面积较大，一般应建议更换原厂家的备件，在紧急情况需要修复的，必须采用机械加工的方式进行修复，此时应先对阀板进行较为细致的测绘、留存图纸，然后在阀板背面焊接长度不小于 60mm 的棒料作为加工时装夹的脐子，在车床上找正后轻轻夹紧阀板密封面外圆，将脐子外圆车正，使其外圆与阀板密封面同轴、与阀板端面垂直，然后掉头三爪卡盘夹工艺脐子外圆、找正阀板密封面，车去阀板密封面的硬化层后采用合适牌号的焊材对阀板密封面采用堆焊、熔覆等硬化工艺重新进行硬化处理。重新硬化后，因阀板密封面为球面，无法在普通车床上加工，只能依照图纸，采用球面车床或数控车床上重新加工密封面，并一次性磨削、抛光处理，使加工后的密封面达到应有的表面粗糙度。

密封面为锥面的阀板，密封面为局部挤压损伤的凹坑或拉痕的，也可以采用局部补焊、手工打磨的方式进行修复；如果损伤面积较大的，需要对阀板进行测绘，采用与球形密封面阀板同样的方式加工去除密封面硬化层、重新堆焊硬化，只是锥形密封面加工相对简单，采用普通车床就可重新加工出合格的密封面。

局部补焊应采用激光熔覆、点焊等发热量不大的方式修补，否则会因为局部热应力导致硬化层开裂，造成不可挽救的更大面积损坏；对密封面采用堆焊、熔覆等方式重新进行硬化的，因焊接面积较大，硬化后应先进行去应力退火处理后重新进行机械加工，条件允许的，去应力退火处理后应放置 10～15 天进一步释放、消除焊接应力，避免加工后一段时间内阀板变形，造成重新出现泄漏现象。

§6.4.3　转轴抱死、拉伤

蝶阀是由转轴带动阀板旋转做开关运动的，图 6-12 为常见的蝶阀转轴部分结构示意图。

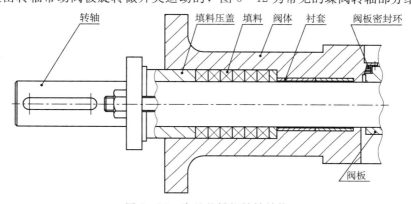

图 6-12　常见的蝶阀转轴结构

如图 6-12 所示，转轴端部的键槽用于与执行机构连接，与阀体上法兰交接处有填料系统实现转轴与阀体之间的密封；填料的下部有衬套，介质对阀板的推力传递给转轴后，通过衬套传递到阀体，因此衬套的作用是承受转轴的径向力、起支撑作用，因转轴转动时对其有摩擦力作用，因此衬套不但要承受转轴的径向力，还要求耐摩擦损坏。腐蚀性介质的衬套一般用不同的不锈钢加工，一般介质可用锡青铜或复合衬套，有一定的硬度、又有很小的摩擦系数。因阀体、衬套、转轴互不相同的材质，其热膨胀系数不同，不同温度下各部分膨胀量不同，温度变化时会导致转轴抱死、无法转动，要使蝶阀适用于各种不同的温度，转轴与衬套之间必须留有一定的间隙，否则介质温度升高或降低时容易使转轴与衬套或阀体形成过盈配合，使转轴转动受阻，习惯上称为"卡涩"，严重时甚至无法转动，习惯称"抱死"。

正是转轴与阀体之间的这一间隙及不同的间隙量，是导致转轴卡涩、抱死的常见原因。

1. 造成转轴卡涩、抱死的原因

（1）高温易汽化介质，如硫，汽化后进入转轴与阀体之间的间隙部位，温度降低后变为固态，造成转轴抱死。

（2）易融化在液体中的介质，随液体进入转轴部位，随着时间的推移析出的固态物质堆积在转轴部位形成结晶，造成转轴抱死。

（3）渗透性较强的液体介质，携带介质中的粉末等介质进入转轴部位，最终形成固态物堆积，造成转轴抱死。

（4）粉末类介质在压力作用下直接进入转轴部位并形成堆积，造成转轴抱死。

（5）因设计、制造时转轴与阀体间间隙过小，不同材料的热膨胀系数不同，在温度变化时造成转轴抱死。

（6）阀体或转轴弯曲变形，造成转轴抱死。

上述原因导致固体物质在转轴与阀体之间结晶、堆积后，在转轴转动时，就会导致转轴拉伤，如果进而在填料部位形成堆积，拉伤转轴的填料密封部位，就会形成外漏。

2. 转轴抱死或拉伤后的修复措施

（1）转轴严重抱死，但可以拆除

这种情况下，虽然转轴抱死、执行机构无法正常带动阀板开启、关闭动作，但是可以通过拔轴螺纹，甚至千斤顶等工具将转轴拆除。转轴拆除后拆除填料、衬套等，清理阀体主副转轴孔后重新装配，一般就可恢复使用。

（2）转轴严重抱死、无法正常拆除

因结晶、粉末类物质堆积造成转轴严重抱死，采用工具都无法拆除的，则需要对转轴外露部分进行测绘后，在镗床等设备上通过机械加工的方式去除转轴。去除后根据外露部分尺寸及与阀板等的连接尺寸，重新分析、计算并设计、加工新的转轴予以更换。重新设计、加工转轴时要根据温度、介质等实际工况，核算转轴与阀体、衬套等之间的间隙，通过公差进行控制。

（3）转轴未抱死，只是拉伤损坏

因转轴未抱死，因此转轴可正常拆除。如果有转轴拉伤，尤其是转轴填料部位轻微拉伤的，使用车床或者磨床修复拉伤部位即可；如果拉伤较为严重，在直径 1mm 内可以修复的，也可车床或磨床修复转轴，重新更换内径较小的填料即可紧急使用，这种情况因为转轴外圆进行了机械加工，转轴外圆的硬化层被破坏，只能短时间内使用，需要紧急定购新的转轴备件随时准备更换；如果转轴拉伤痕迹较为严重，则需要加工、更换新的转轴方可。

（4）防尘改造

介质里有易结晶物质，或介质中带有粉末、颗粒类物质的，在主副转轴孔接近内腔的部位，可进行防尘结构改造。改造的方式一般多在阀体转轴孔内加工环形槽、安装防尘圈或 O 形密封圈，阻止粉末类或易结晶物质进入主副转轴孔的转轴与阀体之间。

（5）填料函损伤

有时候因为介质的腐蚀性较强，或经长时间使用，介质将填料函壁腐蚀损坏，导致填料容易泄漏。这种情况下的修复方式一般是在镗床上加工填料函使其恢复应有的粗糙度，并设计加工专用的挤压头挤压填料函内圆，使其不但保证应有的粗糙度，而且因挤压作用增加填料函内壁的硬度，达到填料函应有的技术要求。

（6）衬套等损伤

转轴抱死强力拆除或机械加工去除的，一般衬套也会遭到破坏；另外因为长时间的使用或介质的腐蚀作用，以及温度快速变化等因素引起衬套变形等，也会导致衬套损坏。因衬套壁厚较小，破坏形式多为腐蚀或变形，损坏后无法修复，只能更换尺寸、材质合理的备件方可恢复其使用功能。

§6.5　三偏心蝶阀常见损坏现象及维修

同高性能蝶阀一样，三偏心蝶阀大多也是因为阀板与阀座之间的密封副损坏、出现内漏后报修，少数情况如重型三偏心蝶阀会出现转轴抱死、执行机构无法带动阀板进行开关动作时才会报修。

三偏心蝶阀同高性能蝶阀一样，也可能出现转轴抱死、拉伤的情况，其出现抱死的原因及维修方式可参阅上节内容。

三偏心蝶阀的阀板、阀座密封面损坏后，最好的方法是返回原生产厂家，利用原生产厂家有现成图纸及专用工装、设备的有利因素进行修复；在没有条件返回原厂家修理的情况下，也可交于有三偏心蝶阀生产经验的、较为专业的第三方进行修复；在有相关设备、熟练人员的情况下使用方可自行维修。因为大多是单台维修，没有现成的机械加工用夹具、工装，也没有现成的专用测量工具（如卡规）可用，只能采用常规的测量方法和特殊的机械加工方式修复，因此维修过程较为复杂，需要多工序进行加工及测量方可完成。

1. 阀板密封面或阀板密封环损坏后的修复

大多数情况下，三偏心蝶阀的阀体（座）采用了更高等级的硬化措施，因此不易损坏，拆解检查大多是阀板密封面或阀板密封环有冲刷或硬物挤伤损坏现象。

（1）重型三偏心蝶阀阀板密封面损坏后的维修方式

重型三偏心蝶阀的阀板多为整体式阀板，不采用分体式设计的阀板密封环结构，这样做的目的是增加阀板强度，提高其承受压力、温度的能力，使其适用于高温、高压差工况。

①大面积损伤后的修复

重型三偏心蝶阀阀板密封面大多也采用了硬化工艺，比如堆焊钴基 ALLOY 6。堆焊、等离子熔覆等工艺及合金硬化后，一般不能二次补焊或堆焊，否则会引起焊点周边密封面开裂，使故障面积扩大，因此重型三偏心蝶阀的阀板损坏后不能直接采用堆焊后机械加工修复的方式修复，一般需要通过机械加工的方式完全去除原始硬化层后重新进行硬化，然后采用机械加工的方式车修、磨削密封面，使其达到原始密封尺寸及粗糙度。

机械加工前，需要对原始密封面进行测绘，因为三偏心蝶阀的阀座、阀板密封面为轴线倾斜的圆锥面，普通量具难以直接精确测绘，一般需要采用划线的方式选定一个测绘面后，通过测量这一测绘面（椭圆）的长轴直径和短轴直径，加上圆锥面参数来确定整个密封面的尺寸。测绘过程需要在钳工划线平台上进行，将阀体放置在划线平台上并找平基准面，通过高度游标卡尺找准转轴轴线高度后，向密封面移动一个整数值，使高度游标尺划线刀刃位于密封面轴向中间位置，在该位置密封面椭圆长轴、短轴位置涂色后轻轻划线，然后用卡尺等测量该位置的长轴、短轴尺寸并记录，作为阀板车修时的控制尺寸；然后利用精度较高的万能角度尺测量确定圆锥面的参数，如对称轴线倾斜角度、锥顶角，即可开始加工。

加工时，首先根据圆锥面参数确定阀板偏转角，如图 6-5 所示。将阀板偏转 $90°-\alpha$，将圆锥的对称轴线旋转至于车床主轴轴线一致的方向，如图 6-13 所示，然后小拖板扳角度 β 加工锥面。

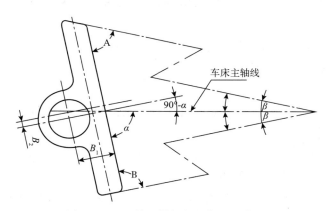

图 6-13　三偏心蝶阀阀板加工示意图

如图 6-13 所示，将三偏心蝶阀的阀板逆时针方向旋转 $90°-\alpha$ 后，阀板密封面斜锥面的对称轴线旋转至与车床主轴轴线平行的位置，小拖板扳动角度 β，只是满足了加工阀板密封面的基本条件，还需要将阀板平移一个偏心距方可开始加工。如果原始密封面大部分完整，可以在车床上直接找正原始斜圆锥密封面位置；如果原始密封面已大部分损坏、无法找正，则先需要计算：

如果以阀板转轴孔为基准，则根据如图 6-13 所示进行计算，需要移动的距离为：

$$h \geqslant B_1 \times \sin (90° - \alpha) \tag{6-1}$$

即将阀板转轴孔向下偏移 h 距离后，密封面斜圆锥的对称轴即与车床主轴轴线重合，可以利用小拖板进给加工密封面。

需要说明的是，在去除密封面原始硬化层，并重新堆焊或熔覆硬化后，因焊接面积较大，需要进行去应力退火处理后方可重新加工密封面，防止硬化层开裂及阀板的后续变形；焊接、去应力退火过程中，因温度升高，转轴孔可能会有变形，如果加工后转轴无法装入，则需要重新修复转轴孔。加工过程中，需要边加工、边在密封面根据先前所测量的选定密封面长轴、短轴尺寸测量控制阀板密封面。另外，为提高密封性能，需要车削时留一定磨削余量，便于后续采用磨削工艺提高密封面粗糙度等级；密封面加工至尺寸后，还需要加工密封面与阀板上、下端面的过渡圆弧。

②局部点、槽状损伤的修复

原则上，凡密封面修复都需要按上一条所叙述的过程去硬化层、重新堆焊硬化、去应力退火处理后重新机械加工修复，但如果现场应急处理、又没有合适的加工设备及工装、夹具，局部点、槽状的损伤可以采用简化的方式进行修复。例如采用激光熔覆或交流点焊补焊技术，则因为极短的脉冲焊接时间发热量很小，熔池周边温度没有明显升高，不会使原硬化层开裂。激光熔覆及交流脉冲点焊技术补焊效率较低，只适合于小面积的修补焊接，不宜用于大面积补焊、堆焊。

局部修补后，可手工打磨、抛光修复，如果操作水平较高，也可达到较高的泄漏量等级。

（2）阀板密封环损坏后的修复

常规三偏心蝶阀，一般将阀板设计为基体与可分离的阀板密封环组合式结构，密封环损坏后只需修复或更换新的密封环即可恢复三偏心蝶阀的使用性能。

①加工修复原密封环

组合式结构的阀板，其优点是密封环可拆卸。如密封环轻微的密封面损伤后，可采用与整体式阀板相似的方法车修密封面使之达到密封所需的粗糙度，然后在密封环与阀板基体之间增加垫片的方式加高密封环位置，使组装后的阀板重新恢复密封性能。

根据式（6-1）可知，密封环垫高后，相当于增加了阀板的整体偏心距 B_1，为确保垫高后阀板仍然能够正确开启、关闭而不与阀座发生干涉，需要同时增加偏心距 B_2，这得益于组合式阀板的阀板密封环定位圆内径与阀板基体定位圆外径之间的间隙。根据图 6-5 及图 6-13 可知，为确保阀板能顺利开启、关闭，并不与阀座发生干涉作用，须满足：

$$B_2 \geqslant B_1 \cdot \sin (90° - \alpha) \tag{6-2}$$

例如阀板密封环加工后某选定测量面上直径减小量为 ΔD，则阀板密封环需垫高量

$$\Delta B_1 \approx \Delta D \tan A$$

即 $$\Delta B_2 = \Delta B_1 \cdot \tan (90° - \alpha) \approx \Delta D \cdot \tan A \cdot \sin (90° - \alpha) \tag{6-3}$$

式（6-3）中，ΔB_2 即为密封环内径与阀板基体定位台外径间的单侧最小间隙。

②利用新密封环毛坯加工新的密封环

如果原阀板密封环损伤严重，则不能加工修复，否则加工量过大，会导致垫高量过大而影响阀板的整体强度，也会导致阀板关闭过程中与阀座干涉而不能关闭；另外如果加工量过大会使密封环外径与阀板基体外径尺寸接近，导致无法加工，甚至无法实现密封。因此阀板密封环损伤严重时，如果没有现成的密封环备件可更换，只能找到合适的密封环毛坯、加工新的密封环。如紧急情况没有层叠式密封环毛坯，也可采用全金属密封环替代，如果温度、压差运行，也可采用聚四氟乙烯等非金属材料代替。

利用密封环毛坯加工新的密封环备件，其加工方式与整体式阀板及修复原密封环的方式相似。

③阀板加工修复时的临时装夹

前边叙述了整体式阀板密封面损坏及分体式阀板的密封环损坏后的维修方式，但是进行车削、磨削加工时，必须采用合适的方法进行装夹方可正常加工。

三偏心蝶阀阀板密封面损坏，或密封环损坏需要加工时，最为简捷、快速的方法就是在阀板背面转轴位置的中间通过焊接的方式增加装夹用的脐子，利用车床四爪卡盘的方式进行装夹，阀板可以轻松地转动任何角度，也可以上下移动进行偏心设置，如图 6-14 所示。

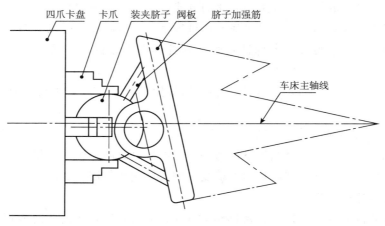

图 6-14　四爪卡盘装夹三偏心阀板进行加工

如图 6-14 所示，通过几件脐子加强筋将装夹脐子（两端面经过加工的圆钢棒料）牢固地与阀板焊接连接，然后利用车床的四爪卡盘夹紧装甲脐子，按照前边的叙述调整好阀板的角度与偏心距即可开始加工。

a) 装夹脐子的外径大于阀板转轴安装处外径即可。

b) 装夹脐子的垂直轴线应高于阀板转轴安装处的外径。

c) 因为阀板密封面修复过程中的加工余量不大，而且加工时为不对称断续切削，另外整体呈非对称形状、偏重严重，加工时切削深度、切削宽度、进给量都不能太大，因此装夹脐子的焊接既要能保证足够的强度及刚性，满足加工条件，又不能焊接量过大，否则会引起阀板变形，另外加工完成后切去装夹脐子的工作量也会很大。

d) 找正时应先找正转轴方向的阀板密封面使其对称，然后因阀板自重的原因，需要反复调整阀板倾斜角度与偏心距，使其符合加工条件。

e）同一规格的分体式三偏心蝶阀阀板，只要外径相近，加工阀板密封环时就可以利用同一个焊接过装夹脐子的阀板作为工装，更换不同厂家、不同型号的蝶阀时，只需重新调整倾斜角、偏心距即可。

f）车削完成后，需要利用可在车床上装夹的气动或电动磨削工具对密封面进行磨削处理，磨削的方法与车削方法相同。

g）加工完成后需要切去焊接的装夹脐子，并打磨修复阀板表面。

除过焊接装夹脐子、四爪卡盘的装夹方式外，如果条件允许还可以利用组合夹具的方式组合出适合阀板加工各参数的组合夹具，方便车床的装夹、找正，只是组合的过程较为复杂，需要专业的夹角组合人员；另外，在规模较大的三偏心蝶阀生产厂家，可以借助其专用工装进行调整后使用等。

2．阀座损坏后的修复

大多数情况下，三偏心蝶阀的阀座都是与阀体一体设计、直接在阀体上加工并经硬化处理过的，这样做的优点是可靠性高，并且无论是组合式阀板还是一体式阀板，固定的阀座设计都少一处活动环节，减少了装配过程中的调整步骤；缺点是阀座损坏后加工较为困难，尤其规格较大的三偏心蝶阀，阀座损坏后因阀体较大，需要较大规格的设备方可进行加工。

（1）轻微损坏

阀座只有个别挤伤损坏的点或槽，如果泄漏等级要求不高，可以局部补焊后手工打磨修复，如果操作水平较高，也可满足较高的泄漏量等级；如果打磨后仍然达不到应有的泄漏量等级要求，则参考后续介绍对整个密封面进行修复，使密封面恢复成为完整的圆锥面并达到应有的粗糙度要求。

（2）多处冲刷、挤压损坏

如果因压差较大，介质中含粉末、颗粒类介质，阀座容易多处或大面积冲刷、挤压损坏，此时就需要大面积进行补焊处理。但因阀座密封面处经过硬化处理，补焊时焊点周边硬化层受高温影响容易开裂、扩大损坏面积，因此需要先将整个原密封面硬化层去除干净，仍然有低凹处的需要补焊后重新加工至硬化前的要求尺寸和形状，然后重新进行堆焊、熔覆处理等硬化处理。因对整个密封面进行了大面积堆焊，焊接后需要进行去应力退火处理，再进行最终的车削、磨削加工，使密封面达到要求的粗糙度方可实现密封面要求。

这种损坏情况下，一般大部分密封面完好，还能测量偏心距、偏心角等相关参数，加工修复时需要根据所测的斜圆锥对称轴线偏角将阀体倾斜对应的角度，然后在转轴方向、垂直于转轴方向的长轴、短轴端点找正原始密封面，一般即可找正整个斜圆锥密封面；如果长轴、短轴端点恰好损坏的，可旋转一定角度另在互相垂直的方向找正，也可找正整个密封面。

因为需要去硬化层、补焊、粗车、堆焊硬化、精车、磨削等多个加工工序，因此需要多次装夹、拆卸反复进行，需要设计、加工专用的定位工装，保证每次装夹后阀体都能定位在同一位置，而且每次阀体拆卸进行补焊、堆焊等处理时，定位工装都不能动，处于等待状态，否则一旦定位工装移动，因已对密封面进行了粗加工，失去了再次找正的基准面，需要重新测量、计算后进行找正，为后续的加工带来麻烦，同时每次找正中的测量误差积累会导致较大的误差，影响最终修复后阀板密封面与阀座密封面间的位置精度，严重时导致阀板开关过程中与阀体（座）干涉、无法进行正常开关动作。

（3）阀座密封面严重损坏

指阀座密封面严重冲刷损坏甚至没有完整的部分可供测量，如果阀板上还能找到可供测量的部分还可以依据阀板参数进行修复，否则参考下节叙述。

（4）阀体（座）加工修复时的装夹

三偏心蝶阀阀座密封面与阀板密封面的加工原理相同，也需要将密封面斜圆锥的对称中心旋转、平移至与车床（主轴或旋转工作台）旋转中心重合的位置，然后将小刀架旋转锥顶角半角的角度方可实现，区别是阀板密封面加工外锥面，而阀座需要加工内锥面。图6-15为阀座加工示意图。

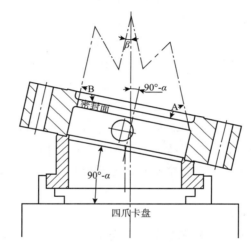

图6-15　在立式车床上加工三偏心蝶阀阀座密封面

如图6-15所示，因为三偏心蝶阀的阀座为内圆锥面，因此夹具需要加工为空心结构，便于刀具旋转并沿轴向进给；另外与加工阀板密封面的原理相同，仍然需要将夹具设计为阀体转轴方向垂直于旋转轴、与转轴垂直方向倾斜角等于$90°-\alpha$的结构，有定位台定位阀体的位置，确保在夹具不移动的前提下，每次装夹阀体都能在一个固定的位置。

与阀板相比，阀体的外形尺寸、轴向尺寸、重量都远大于阀板，因此$4''$或$DN100$以上的阀体不适合在车床上加工，需要在立式车床上装夹、加工，即如图6-15所示的方式。

3. 阀板、阀座同时严重损坏

相对于前边所述阀板、阀座密封面部分损坏，还可以进行测量的情形，如果阀板、阀座密封面都已严重冲刷损坏，则维修的困难将会很大。因为已经失去了密封面测量及找正基准，其维修过程完全与制造新阀完全相同，需要根据转轴孔的偏心情况重新进行计算、设计，以及加工所需夹具、工装的设计、加工，其维修成本甚至超过了生产厂家制造一台新阀的成本，因此建议这种情况下最好的方式是更换新的整机，或者利用原来的执行机构定制一台阀体组件，这样做的好处是成本相对较低，而且较大规模的厂家生产的产品，其后续维修、备件提供都很便利。

下边叙述是在阀板、阀座密封面都已严重冲刷，但又没有现成整机或阀体组件可供选用的情况下，仍然需要对原来的密封面进行维修的情况下的维修过程。

（1）测量转轴孔与阀体对称中心的距离 e_1。

（2）测量阀板转轴孔与阀板端面的距离 e_2，阀板密封面厚度 a，或转轴孔与阀板密封环安装台阶下端面的距离 b。

（3）初步测量流道直径，参考数据表显示的流通能力，确定最终的流道尺寸。

（4）参考平时维修中所积累的数据，根据 e_1 或 e_2，及 a 或 b，选择相同或相近的斜圆锥对称轴倾斜角及锥顶角。

根据个人日常检维修经验，有近一半常规压力等级，如 ANSI Class 150 对夹式阀体的密封面圆锥对称中心与阀体轴线间的夹角为 12°，锥顶半角 12°；也有密封面圆锥对称中心与阀体轴线夹角夹角为 12°或其他角度，锥顶半角为 8°、9°、10°的；重型三偏心蝶阀因为阀座、阀板密封面轴向尺寸较大（较厚），需要的密封面斜圆锥对称轴倾斜角、锥顶半角更大，比如 ANSI Class 600 法兰式三偏心蝶阀，其密封面斜圆锥对称轴倾斜角很多为 16°，锥顶半角可达 24°。普通立式车床小刀架角度一般最大 17°，因此锥顶半角大于这个角度时无法使用普通立式车床加工，角度较大时需要采用数控立式车床编制程序加工密封面圆锥。以上这些数据，及维修中的现有设备情况，在重新设计时都需要加以考虑。

（5）画出 1∶1 手工图，或 CAD 图，从阀板上端面，或密封环上端面开始为起始点画密封面圆锥对称轴线，验算所测得的转轴与阀体中线的偏心距 e_1 或 e_2 是否合适。

（6）根据日常检维修中的数据积累及现有设备情况选择密封面锥顶角，画出手工图或CAD 图，验证流道尺寸及大径方向密封面位置是否合理。

（7）以上（4）～（6）步需要反复进行，直到各项参数基本合理、可行，并得出参数表。

（8）根据最终确定的偏心距，验算执行机构扭矩是否足够提供阀板与阀座密封面间的最小密封比压，否则需要重新进行计算、设计。

（9）利用 ProE、SolidWorks 等可以进行分析计算的三维软件，根据设计结果的 CAD 图画出三维模型，进行阀板与阀体（座）间的动作干涉试验，确定阀板开关过程中是否与阀座发生干涉现象。

（10）以上（7）～（9）步需要反复进行，直到得出满意的结果。

（11）设计、加工一次性使用的夹具、工装。

（12）使用夹具、工装定位并夹紧，车去原密封面残余的硬化层。

（13）拆下阀板、阀体，对阀板及阀座损坏部位进行补焊，补焊厚度可保证完全或绝大部分加工出密封面，最低处能保证下一步堆焊硬化的余量。

（14）第二次将阀体、阀板安装到夹具上并夹紧，车削密封面全部或绝大部分至设计尺寸。

（15）阀体不离开夹具，将阀板、转轴、阀体初步组装，试着转动阀板，验证阀板与阀座是否会发生干涉，并验证阀板能否达到与阀座可靠密封的部位，如否，重新进行设计。

（16）进一步加工阀板、阀座密封面，留好堆焊硬化的余量。

（17）做好标记，拆下阀体、阀板，对密封面进行堆焊，确保能加工出完整的密封面。

（18）第三次将阀体、阀板安装到夹具上并夹紧，车削密封面，半径留余量 $0.3 \sim 0.5$mm，然后利用电动或气动磨具，或立式磨床磨削密封面至设计尺寸。

（19）倒角、倒圆、去毛刺、清洗，进行装配，转轴部分包括轴套、轴承、填料压盖，进一步确认阀板是否与阀座干涉、阀板是否能达到可靠密封部位，以及阀板密封面与阀体密封面是否吻合。

（20）正式装配，直至填料装配部分装配完成、与执行机构连接。

（21）根据所维修三偏心蝶阀的参数做内、外漏试验，检验是否合格，做其余性能试验。

第 7 章 气动执行机构的结构与维修

气动控制阀（Control Valve）通常由控制附件、执行机构（Actuator）和阀体组件（Valve）三个部分组成，其中执行机构是动力部分，作用是根据给定的信号由动力源输出特定的动作和机械作用力，带动阀体组件内的阀芯执行指定的动作。GB 17213.1—2015《工业过程控制阀　第 1 部分：控制阀术语和总则》对执行机构所做的定义是："将信号转换成相应的运动，改变控制阀内部调节机构（截流件）位置的装置或机构。该信号或者驱动力可以是气动、电动、液动或他们的任何一种组合"。

根据机械原理的定义，"各种机器均能完成有益功或转化机械能"，即动作过程有能量形式转换的即为机器，因此执行机构是一台完整的机器。电动执行机构，是根据控制信号将电能转换为输出的机械能，气动执行机构是根据控制信号将压缩气体中储存的势能转化为机械能；而液压执行机构，是将高压液压油中的能转化为机械能，这是三种最为常见的执行机构类型。

§7.1　执行机构概念

§7.1.1　气动执行机构的原理

$$p = \frac{F}{A} \Rightarrow F = p \cdot A \tag{7-1}$$

上述公式中，p 为气压，F 为作用在膜片或活塞上的力，A 为膜片或活塞的有效面积。在活塞上施加推力 F，在特定面积下就会产生相应的气压，是类似活塞气泵的工作原理；反过来只要有气压作用在有一定面积的活塞上，就会对活塞产生一定的推力，这就是活塞式执行机构的工作原理；而气动薄膜执行机构是利用膜片充当活塞的作用，因此膜室面积相当于活塞面积，气压会对膜片产生相应的推力，这是气动薄膜执行机构的工作原理。

§7.1.2　单作用执行机构、双作用执行机构

气动执行机构可分为单作用执行机构和双作用执行机构。

1. 单作用执行机构

增加气压时，在气压作用下执行机构推杆向外伸出或向内缩进，减小气压时，在弹簧

力的作用下执行机构推杆自动向内缩进或向外伸出，做与增加气压相反方向动作的执行机构，称为单作用执行机构。单作用执行机构可在装置气源故障时自动带动控制阀处于全开或全关的位置，有利于装置的安全性。

常见的气动薄膜执行机构是单作用执行机构。

2. 双作用执行机构

从执行机构的一个输入口增加气压时，执行机构的推杆向外伸出或向内缩进，减小气压时执行机构不会动作，需要从另一个方向的气源输入口增大气压，执行机构推杆才会向内缩进或向外伸出，做相反的动作。正、反两个方向的动作需要两个不同的气源输入口是双作用执行机构的外在标志，正、反两个气压工作腔是双作用执行机构的根本特征。

气缸执行机构加装弹簧后可以成为单作用执行机构，不加装弹簧的执行机构即为双作用执行机构。另外，有时可采用封闭的气腔形成储能室充当弹簧的作用，俗称"气弹簧"。

§7.1.3 执行机构作用形式

1. 直行程执行机构（Linear Actuator）

输出直线位移的执行机构，称为直行程执行机构；直行程执行机构可分为正作用、反作用和双作用形式。

（1）正作用执行机构（Direct Actuator）：随操作压力增大输出杆向外伸出，压力减小又自行向里退回的执行机构。

（2）反作用执行机构（Reverse Actuator）：随操作压力增大输出杆向里退回，压力减小又自行向外伸出的执行机构。

2. 角行程执行机构（Rotary Actuator）

给执行机构施加控制信号及动力源，输出旋转角位移的执行机构即为角行程执行机构，GB/T 26815—2011《工业自动化仪表 执行器术语》、JB/T 8218—1999《执行器术语》、JB/T 8219—2016《工业过程控制阀系统用普通型及智能型电动执行机构》定义为：由气压操作旋转式动力部件而输出角位移和转矩的执行机构。

（1）顺时针角行程执行机构（Clock Wise，缩写为CW）：增大气压时输出顺时针方向转动和转矩的角行程气动执行机构。

（2）逆时针角行程执行机构（Counter Clock Wise，缩写为CCW）：增大气压时输出逆时针方向转动和转矩的角行程气动执行机构。

§7.2 气动薄膜执行机构的结构与工作原理

利用橡胶与尼龙布复合制成的可伸缩的膜片作为气室隔离密封件，并将因气压产生的力通过托盘传递到推杆的执行机构称为气动薄膜执行机构，GB/T 26815—2011《工业自动化仪表 执行器术语》、JB/T 8218—1999《执行器 术语》中的定义为：利用气压在膜片上所产生的力，通过输出杆驱动阀或其他调节机构的一种机构。

　　气动薄膜执行机构分为单弹簧式与多弹簧式，早期的产品多为单弹簧式，上、下膜盖之间的膜室里只有膜片、托盘及限位件等，整个执行机构只有装在支架部位的一根弹簧，簧丝直径较粗、弹簧中径较大、长度更长，因此执行机构的轴向尺寸即执行机构总高度尺寸较大，需要更大的安装空间；20 世纪 90 年代引进 CV3000 系列控制阀产品后，多弹簧式气动薄膜执行机构得到了广泛的应用。相比于单弹簧执行机构，多弹簧气动薄膜执行机构将弹簧的簧丝直径、弹簧中径及长度大幅缩小，分为多个更小的弹簧装入膜室，从而使执行机构的轴向尺寸即执行机构总高度尺寸大幅缩小，控制阀整机所需安装空间缩小、整机重量大幅降低。图 7-1 所示为多弹簧气动薄膜执行机构，图（a）为反作用多弹簧气动薄膜执行机构，图（b）为正作用多弹簧气动薄膜执行机构。

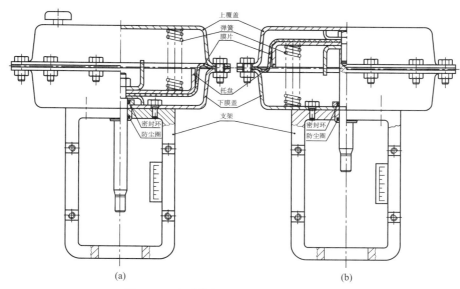

图 7-1　多弹簧气动薄膜执行机构示意图

　　如图 7-1 所示，膜片为橡胶包裹尼龙网布的复合结构，可以起到隔离两个气室的密封作用，并有较高的强度及韧性，使其可在较高压力及往复运动条件下长期工作；膜片的盆状内腔里放置托盘及限制行程的限位件，托盘可以保护膜片并传递强大的推力；下膜盖与推杆之间放置衬套起到对推杆的导向作用，衬套内部装有密封环及防尘圈，密封环可防止气室里的气体泄漏，防尘圈可防止灰尘进入推杆与衬套之间拉伤推杆，为防止衬套外部与下膜盖之间的泄漏，衬套可以焊接在下膜盖上，也可以在衬套与下膜盖之间增加 O 形密封圈、橡胶垫等，衬套或通过螺纹与支架连接，或通过支架的内孔与衬套的外径直接配合定位。从膜片的内腔，即弹簧、托盘的反侧通入压缩空气，会对膜片形成推力并传递给托盘，通过托盘带动执行机构推杆移动并传递推力，减去压缩弹簧做功、储能的力，以及推杆与衬套之间的摩擦力、膜片动作时消耗的力，就是执行机构的有效输出推（拉）力。根据弹簧的性质可以知道，随着弹簧的逐渐压缩，克服弹簧压缩所需的力越来越大，因此随着行程的增大，气动薄膜执行机构的有效输出推（拉）力会逐渐减小，执行机构参数中的输出推（拉）力参数应为最大允许供气压力下全行程时的输出力。

$$F = p \cdot A - (k \cdot L + F_0) - f_1 - f_2$$

式中，F 为执行机构的有效推（拉）力；p 为输入膜室的供气压力；A 为膜室的有效面积；k 为弹簧的弹性系数，对于多弹簧执行机构；k 为各个弹簧的弹性系数和；L 为行程，F_0 为执行机构装配时对弹簧的预压缩力，即各个弹簧因预紧量产生的力；f_1 为推杆与衬套的摩擦阻力，f_2 为膜片动作等产生的阻力。如果把各种阻力合写为一个 f，则上式变为：

$$F = p \cdot A - (F_0 + f) - kL \tag{7-2}$$

从式（7-2）可以看出，输出推力 F 是关于行程 L 的线性减函数，p 一定时，L 增大、F 减小，如果输入膜室的有效压力 p 确定，随着 L 的增大 F 会逐渐减小直至变为 0，此时气压对膜片的推力与弹簧的反作用力相等，推杆停止在某个位置，只有继续增大输入压力 p，L 才会继续增大，反之减小输入压力，行程 L 也会相应减小，这就是执行机构在定位器（Positioner）的作用下进行开度调节的原理，定位器的作用就是根据控制信号调整并保持对执行机构的有效输入压力 p。如果执行机构与阀体组件相连接，执行机构带动阀内件工作时，还需要综合考虑介质对阀芯的作用力及阀芯移动式与填料组件等的摩擦阻力。

同时，从式（7-2）还可以看出，因为 F_0 与 f 的存在，只有 $pA > F_0 + f$ 时，执行机构才会有输出动作，即 L 才会从 0 开始增加。当 $pA = F_0 + f$ 时的 p 即为执行机构弹簧范围的下限、增加 p 直至执行机构走完全行程，即 $pA = F_0 + f + kL_{max}$ 时的 p 即为弹簧范围的上限。测试弹簧范围时必须在执行机构必须与阀体组件相连接，且阀内没有介质输入的条件下测试，因此式中的 f 还应包括阀体组件中阀内件动作时的综合摩擦阻力。

§7.3　气动薄膜执行机构的常见损坏现象及维修

1. 推杆密封环及防尘圈损坏

绝大多数气动薄膜执行机构衬套与推杆之间的密封都是采用 Y 形圈与防尘圈组合的方式。Y 形圈与防尘圈都是橡胶材质，容易老化变硬，尤其在温度稍高或含油的环境中使用更容易老化；长时间的使用，或环境中砂粒进入推杆与密封环之间，也容易造成磨损。

推杆密封环及防尘圈应定期进行更换，检维修中一旦发现泄漏必须进行更换处理。

2. 推杆拉伤、磨损

推杆拉伤损坏是气动薄膜执行机构最为常见的损坏形式，因为砂粒、硬质颗粒等进入推杆与衬套之间会导致推杆磨损加速，另外阀杆弯曲或者因安装等因素使执行机构推杆与阀杆不同轴，推杆与阀杆强行连接后，阀杆、推杆互相有径向力的作用，会导致推杆、阀杆单侧拉伤、磨损。

推杆拉伤、磨损后会导致气室泄漏，正常情况下应更换新的推杆备件，同时应更换推杆密封环和防尘圈；检查衬套有无拉伤、毛刺，损坏严重的也应同时更换，如果拉伤、磨损相对轻微、大部分导向圆柱面完整，应急维修时必须修去拉痕毛刺，使其恢复光滑的表面，以免造成新推杆的磨损。

如果没有现成的备件，也没有现成的材料和加工手段加工新的推杆备件，现场应急维修时，至少要对推杆导向、密封部位的外圆进行车削、磨削加工，使其达到应有的表面粗糙度，有条件的情况下应进行滚压处理，使表面因加工硬化原理获得一定的硬度，延长使用寿命；推杆外径车削、磨削加工后，外径尺寸会有相应的减小，如果直径减小量在0.5mm 以内，可以更换新的推杆密封圈及防尘圈后继续使用一段时间，否则就必须根据维修后推杆的尺寸加工更换新的衬套，更换新尺寸的推杆密封环和防尘圈。

3. 膜片破裂

膜片为橡胶与尼龙布的复合品，有一定的韧性及强度，可以连续使用长达 10 年之久。但如果在生产中有气泡、砂眼等缺陷，或在使用中膜室中进水、进油，及长期在低温、高温下工作，都会导致膜片提前损坏甚至破裂，如果有外力导致的转动，也会导致膜片撕裂。膜片的破裂形式主要由砂眼气孔、龟裂、撕裂等。

因为膜片工作在大小、方向不断改变的气压环境，因此损坏的膜片必须进行更换，很难用常规方式安全修复。紧急情况下膜片的砂眼、气孔损坏形式可以采用修补车胎的黏胶两面粘贴修复，但工作压差不超过 0.3MPa，使用时间不超过 3 个月，因此紧急修补后应立即采购新的膜片并立即更换，防止损坏处突然扩大引起生产事故。

4. 弹簧损坏

弹簧的损坏形式主要表现为倾倒、锈蚀、疲劳、内外纠缠、弯曲变形及断裂等。有些产品在设计、生产时不设置弹簧座，外力作用或装配时不注意均匀分布及弹簧的旋向、预紧力不足等原因，容易导致执行机构动作时弹簧带动托盘、膜片转动或有转动趋势，弹簧就容易倾倒，导致执行机构运行中异响，以及靠弹簧力返回时推力不足，增加气压时行程不足等现象；弹簧为内外两层弹簧套装的，如果不注意旋向及螺旋起始方向的调整，装配后内、外层弹簧容易相互摩擦甚至纠缠，致使出现动作过程中有异响，甚至靠弹簧返回时推力不足，或增加气压时行程不足等现象；长期在潮湿的环境中工作，甚至气室进水等原因，容易导致弹簧锈蚀，严重的锈蚀断裂，也会造成动作中异响、增加气压时行程不足、弹簧力返回时推力不足等现象；长时间、高频率的工作，会导致弹簧的簧丝材料达到疲劳极限而导致弹簧疲劳失效，表现为弹簧长度无法恢复、弹性系数降低、弹簧推力不足等，最终导致执行机构弹簧返回推力不足、行程不足等；如果装配时弹簧不一致，或装配时有倾斜，在长时间工作中会使弹簧弯曲变形，也表现为靠弹簧返回时推力不足；弹簧热处理不当，或装配中预紧力过大时，会导致弹簧的簧丝断裂，使弹簧失效、倾倒，表现为执行机构靠弹簧返回时推力不足、运行中异响、增加气压时行程不足等现象。

弹簧出现以上损坏时，或加装弹簧座、调整旋向杜绝再次倾倒，弹簧本身损坏的应立即全套更换，避免单个更换后新、旧弹簧的性能参数不同再次造成执行机构短期内损坏。更换弹簧时，应优先选择原厂家的同型号执行机构的弹簧，如果无法及时购买到原厂家备件，可选择相近执行机构规格（膜室直径、膜室高度等、行程、弹簧范围）的全套弹簧，如果弹簧中径差别较大，应同时更换弹簧座，更换后应检测执行机构整机的弹簧范围、行程、有效输出推力等参数是否与原执行机构相同或相近。

如果找不到符合要求的弹簧，建议更换作用形式、行程、有效输出推力等相同或相近执行机构整机，必要时更改安装尺寸，便于与原阀体组件连接。

5. 气密试验

拆解、维修后的执行机构交付使用时应做气密试验，按照 GB/T 4213—2008《气动调节阀》的规定，应在额定供气压力下保压 5min，气室压力下降应小于或等于 5kPa。

6. 气动薄膜执行机构的更换

在执行机构推力、行程不足，或者原有执行机构膜片破裂、弹簧断裂等无法修复等原因时，都需要更换执行机构整机。如果只是因执行机构膜片破裂、弹簧断裂等原因需要更换的，可选择相同或相近型号规格的执行机进行更换，而如果找不到相同、相近型号规格，或者因执行机构推力、行程不足等原因需要更换执行机构时，就需要对执行机构进行重新选型，选择不同型号、规格的执行机构。

更换不同型号、规格的执行机构，选型时需要考虑以下因素：

（1）安装空间

安装空间是更换不同型号、规格执行机构的首要条件。首先要根据控制阀现场安装空间、安装位置、安装方向等，考虑执行机构的总体外观尺寸，如总高、总宽等尺寸数据，确保所选的执行机构可以在现场安装，并留意调试、维护等必备剩余空间。

（2）推（拉）力、作用形式、弹簧范围

比照原执行机构规格参数，所选择的执行机构其有效输出推（拉）力、作用形式、弹簧范围等参数必须满足新的需要。

（3）连接尺寸、与阀杆连接的连接件尺寸

所选择的执行机构，其连接尺寸是否满足原控制阀的安装、连接，如果连接尺寸完全相同，则所选执行机构可直接与原阀体组件装配、连接，否则必须经过相应的改造或按照阀体组件连接尺寸进行定制。

更换执行机构所需的安装、连接尺寸如图 7-2 所示。

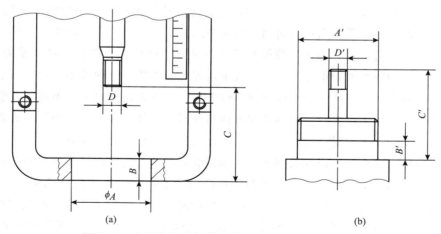

(a)   (b)

图 7-2 执行机构与阀体组件按照、连接尺寸示意图

如图 7-2 所示，图（a）为执行机构连接尺寸示意图，图（b）为阀体组件连接尺寸示意图，为使所更换执行机构能与原阀体组件正确连接，至少需要确认 A、B、C、D 四个尺寸与原阀体组件的 A'、B'、C'、D' 满足以下条件：

①0.1mm≤$A-A'$≤0.5mm：如果 A 小于 A' 则执行机构无法装入阀体组件，如果 A 大于 A' 较多，则执行机构装入后无法定位，无法保证执行机构推杆与阀杆同轴度关系；

②B 略大于 B'：可确保执行机构装入后圆螺母可靠压紧执行机构，否则执行机会处于晃动状态，影响执行机构运行的稳定性及可靠性，如果 B 小于 B'，可在圆螺母下夹垫片调整；

③5mm≤$C-C'$≤10mm：在阀体组件的阀芯处于关闭状态，执行机构推杆全伸出，或者阀芯倒装时执行机构推杆全缩进状态下测量 C 和 C'，满足条件可正常连接并确保有一定的预紧力，否则如果 C 小于 C' 时需要确认执行机构有效行程是否可满足阀芯全开位置，如是，可以缩进推杆一定尺寸进行连接；如 C 大于 C' 超过一定数量，无法确保连接件与推杆、阀杆连接，或连接不可靠；

④D 和 D'：比较推杆螺纹尺寸 D 和阀杆连接螺纹尺寸 D' 是否符合原阀的连接件尺寸，如果相同则可以正常连接，否则需要对连接件螺纹规格或阀杆、推杆连接螺纹进行改造，一般为避免拆解执行机和阀体组件，修改连接件螺纹较为简单，或直接更换满足需要的连接件。

§7.4　气缸活塞执行机构（Piston Actuator）

因为气压在活塞上产生力的作用并传递到推杆输出的执行机构，称为气缸活塞执行机构。GB/T 26815—2011《工业自动化仪表　执行器术语》、JB/T 8218—1999《执行器术语》中的定义为：利用气压在活塞上所产生的力，通过输出杆驱动阀或其他调节机构的一种机构。

气缸活塞执行机构的类型较多，其基本类型为直动式气缸执行机构，又可分为双作用型和单作用型直动式气缸执行机构；直动式气缸执行机构增加齿轮齿条或曲柄后变为旋转式气缸执行机构，因此旋转式气缸执行机构分为齿轮齿条式旋转式气缸执行机构和曲柄式气缸执行机构。

§7.4.1　直动式气缸执行机构

直动式气缸执行机构，是气缸执行机构的基本类型，是指活塞带动推杆做支线往复运动，可分为双作用形式和单作用形式。其中双作用形式较为简单，单作用形式是在双作用形式上增加弹簧返回机构而成，如图 7-3 所示。

如图 7-3 所示，分别为双作用气缸执行机构、内置多弹簧单作用执行机构（正作用）、外置单弹簧单作用执行机构（反作用）。图中活塞上安装正反两个方向的 Y 形密封圈，可以实现上下两个气室的同时密封；活塞中间装有耐磨导向带密封环，内径与活塞接触、外径与缸内径接触，可以增加活塞运行的稳定性，并延长活塞无故障使用寿命。除 Y 形圈外，也可以设计为一个 O 形圈与导向带的组合配置，或者两个 O 形圈与导向带的组合配置，缸径超过 800mm 的气缸，因行程较长，还可以将活塞密封环改为 D 形圈，防止活塞运行中 O 形圈滚动，降低密封性能及使用寿命。

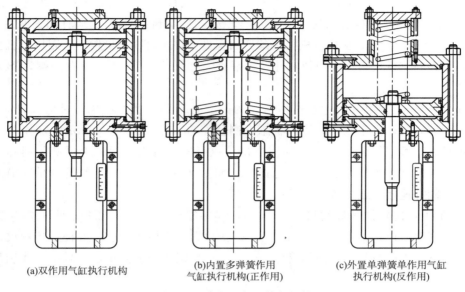

(a)双作用气缸执行机构　　(b)内置多弹簧作用　　(c)外置单弹簧单作用气缸
气缸执行机构(正作用)　　执行机构(反作用)

图 7-3　直行程气缸执行机构

对于缸径、行程较小的气缸执行机构，可以像气动薄膜执行机构一样将弹簧放置在缸内，设计为弹簧内置的正作用或反作用气缸执行机构，同时也必须注意弹簧的旋向，以及放置弹簧座，防止弹簧倾倒、纠缠，以及活塞运动时的自转动趋势。

因中径较小、总长度较大的弹簧容易弯曲变形，对于缸径、行程都较大的单作用气缸执行机构，不宜设计为多弹簧式，最好设计为簧丝直径、节距较大，总长度较长的单弹簧结构，增加运行过程中弹簧的稳定性，也便于通过调整预紧量调整执行机构的弹簧范围。为避免单弹簧的缸体过长，单弹簧不宜装置在缸体内，最好是在气缸外另外设置弹簧缸体，即弹簧外置式单弹簧单作用气缸执行机构。

§7.4.2　角行程气缸执行机构

在直动式气缸执行机构的基础上增加齿条齿轮机构，或曲柄摇杆机构，将直行程气缸执行机构推杆的直线运动转变为旋转运动，就可转化为角行程气缸执行机构，如图7-4所示。

1. 齿轮齿条式气缸执行机构

齿轮齿条式气缸执行机构，是活塞与齿条设计为一体，或将齿条固定在活塞上，当活塞受到气压作用移动时带动齿条同时移动，移动的齿条再带动齿轮旋转。齿轮与输出轴为一体，齿轮旋转时带动输出轴一起旋转输出角位移及扭矩，如图7-4所示。

如图7-4（a）所示为双作用齿轮齿条旋转式气缸执行机构，为增大输出扭矩、减小与齿轮一体的输出轴受到的径向力的作用，设计为两端两个活塞同时带动两个齿条，这样可以在两端两个齿条同时推动齿轮旋转时，输出轴所受的径向力平衡而所受扭矩则成倍增加。当从两端通气时，活塞与齿条向中间移动，带动齿轮轴顺时针方向旋转；而从中间通气时，活塞与齿条向两端移动，带动齿轮轴逆时针方向旋转。图7-4（b）为单作用齿轮齿条式气缸执行机构，当从中间通气时，活塞与齿条向两侧移动，带动齿轮轴逆时针方向旋转，并压缩弹簧做功、储存能量；当中间气压减小或消失时，在弹簧的作用下活塞与齿条从两端向中间移动，带动齿轮轴顺时针方向旋转。

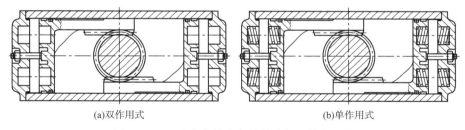

(a)双作用式　　　　　　　　　　　　(b)单作用式

图 7 - 4　双活塞齿轮齿条旋转式气缸执行机构

因为铝合金材质较轻且有相当的强度，而且因铝材铸造时的流动性较好。便于生产制造，一般缸径 450mm 以内的齿轮齿条式气缸执行机构的缸体、缸盖、齿条与活塞都采用铝材加工，可以减轻执行机构整机的重量，但在载荷较大或冲击较强时，齿条上的齿容易脱落，造成执行机构报废。缸径较大，或载荷较大、冲击较强时，齿轮齿条式气缸执行机构设计为全钢结构，强度较高、承载能力较强，但整机较重。

因采用了齿条、齿轮为运动的转化机构，齿轮齿条式气缸执行机构在均匀通入压缩空气时，理论上活塞的移动速度均匀，输出轴的旋转过程也是均匀的。

齿轮齿条式角行程气缸执行机构的活塞外径及齿条背面为导向部位，因此导向性相对较差，因此不宜作为高频、快速旋转式执行机构使用。

2．曲柄式角行程气缸执行机构

曲柄式角行程气缸执行机构是在直行程气缸执行机构的基础上增加曲柄，利用推杆带动曲柄摆动旋转以输出角行程及扭矩，其结构如图 7 - 5 所示。

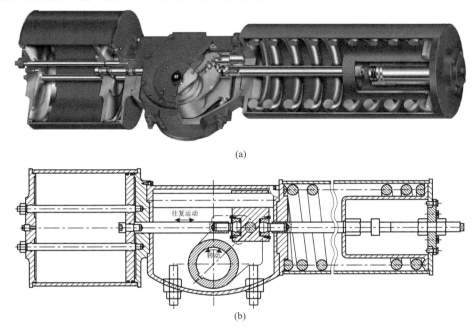

(a)

(b)

图 7 - 5　曲柄滑块机构的旋转式气缸执行机构

    图 7-5（a）为常说的"曲柄式"CCW 单作用角行程气缸执行机构实物，图 7-5（b）为其平面示意图。可以看出，这种气缸执行机构分为三个部分，左半部分为双作用直行程气缸执行机构，根据控制信号将所输入气压转变为左右往复直线移动并输出推力；右侧部分为弹簧缸，当气缸通气、活塞带动气缸推杆向左运动时，通过弹簧缸推杆压缩弹簧做功并储蓄能量，当气缸右侧气室气压减小时，弹簧释放能量并通过弹簧缸推杆、气缸推杆带动活塞向右运动；中间部分为曲柄箱，双作用直行程气缸部分的推杆和右侧弹簧缸的推杆为同一直线上的两个轴，曲柄销通过导向块与气缸推杆及弹簧缸推杆连接为一体，在气缸推杆及弹簧缸推杆共同作用下一起做左右方向的往复运动，推杆通过曲柄销带动曲柄在一定角度范围左右摆动旋转输出角位移及扭矩。

    图 7-5 为有弹簧的作用为单作用角行程气缸执行机构，与直行程气缸执行机构一样，也可以拿去弹簧就变成了双作用角行程气缸执行机构，这里不再赘述。

    参照《机械原理》的定义，"在连架杆中，能做整周回转的称为曲柄，而只能在某一定角度范围摇摆者则称为摇杆"，而且平面连杆机构分析中曲柄常作为主动件，摇杆则为从动件，"摇杆"符合这类角行程气缸执行机构的情形，可见角行程气缸执行机构结构分析中"曲柄式"的习惯叫法并不恰当，如果参照《机械原理》平面连杆机构中的定义，应该称为"导杆摇杆机构"，但因生产工厂、使用者都已习惯了"曲柄式"这一称呼，本书也继续沿用，将其称为曲柄。导杆、摇杆部分单独分析如图 7-6 所示。

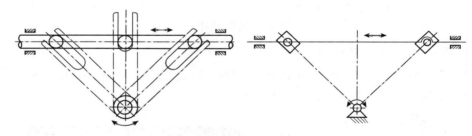

图 7-6　导杆摇杆机构示意图

    如图 7-6 所示，气缸推杆和弹簧缸推杆共同作为导杆输出左右往复的直线运动和推力，带动摇杆左右摆动旋转输出角位移和扭矩。

    曲柄式角行程气缸执行机构的导向为活塞外径、推杆共同导向，因此活塞、推杆的刚性较好，活塞运行更为平稳，可以传递更大的扭矩，如果局部设计得当也可作为高速、高频角行程气缸执行机构使用。

    曲柄式执行机构，如果为单气缸旋转式气缸执行机构，推杆在带动曲柄旋转时同时传递径向力，因此曲柄的受力情况相对较差，输出转轴（曲柄上下两端）容易单侧磨损。

    如果气缸的进气速度恒定，粗略地将气缸推杆和弹簧缸推杆（导杆）的运动视为匀速直线运动，但转变输出的角位移速度（角速度）却完全不是匀速，有兴趣、有必要时可自行推导输出角速度与进气速度的关系。

§7.5　气缸执行机构的常见损坏现象及维修

气缸执行机构的活塞、推杆始终在带载状态下往复运动，密封件一直与缸壁、推杆接触摩擦等，因此在经过一定次数的使用后，都会出现损坏现象，需要进行维修。

气缸执行机构常见的损坏形式及通常采用的维修方式如下：

1. 缸壁拉伤

有经验的工程技术人员设计气缸执行机构时，活塞外径与气缸内壁都留有一定的间隙，理论上，在密封件、导向带等作用下，活塞外径一般不与缸壁发生直接接触，只有密封件、导向带等非金属件与气缸壁接触。但实际使用中，因气缸体变形，导向带与缸壁间、密封件与缸壁间进入较硬的颗粒物等，都会导致缸壁的拉伤，严重时拉痕深达 1mm 以上。

缸壁拉伤后，会使活塞密封环无法实现气缸两个气室间的密封，出现两气室之间的"窜气"现象，导致推力降低，在需要调节功能时定位器不断处于"补气"状态，严重时会出现震荡现象。

同样，为提高执行机构维修后的使用质量并缩短维修周期，气缸壁拉伤损坏最好的方式就是更换已有的缸体备件，或在维修周期允许的情况下定购新的备件。

在没有现成备件，也来不及定购备件的情况下，可以采用镗削的机械加工方式对缸壁进行加工，通过扩大内径的方式消除拉伤损坏的痕迹，并使内壁达到应有的粗糙度要求。对缸体进行镗削加工，必须满足以下几个条件：

（1）对于大多数钢质缸体，多设计为壁厚为 6～9mm 厚的简单薄壁套，因此经过使用后大多数都已变形，因此加工时需要设计专用夹具及工装，在工装的作用使其恢复至圆形，一般圆度达到 0.1～0.2mm 以内方可进行加工；

（2）机械加工后需要磨削、滚压等方式提高内壁的粗糙度，使其达到 $Ra1.6$ 及以上要求，以提高机械加工后活塞密封件的使用寿命及密封件的密封效果；

（3）为保证足够的行程，角行程气缸执行机构的缸体大多较长，因此选择设备时应选择导轨、主轴精度较高的车床或镗床，并采用刚性较好的导杆，避免加工后的缸体带有锥度，影响加工后缸体的使用质量；

（4）一些较大规模的专业生产厂家生产的气缸体，内壁多经过了滚压、镀硬铬等硬化处理，在对其进行机械加工后往往原有的硬化层也已失去，需要重新进行硬化处理，否则会缩短使用寿命；

（5）经过镗削加工后，缸体的直径已经增大，原有的活塞与密封件的尺寸、规格也需要进行相应的调整。如果加工后半径增加在 0.5mm 以内的，可以不增加活塞的外径，但必须更换新的导向带及密封件，但对活塞上相应的槽底直径进行相应的变化处理，使其使用新的导向带、密封件等，使其达到应有的配合及密封效果。

2. 密封件磨损失效

经过长时间的使用，橡胶材质的密封件都会出现老化及摩擦损坏现象，导致密封性能下降；另外在有颗粒等杂质进入气缸活塞与缸壁之间，也会导致密封件拉伤损坏的现象。根据相关维护保养规定，无论是在使用中气缸执行机构就已出现泄漏，或者执行机构一经打开，都必须更换新的、全套的密封件，因此在日常使用中，各类执行机构的密封件都应做好储备，以便需要时可以随时进行更换。

根据多年的维修经验，无论是国外进口产品，还是国内各厂家生产的气缸执行机构，活塞密封绝大多数都使用 Y 形圈或 O 形密封圈等密封件，而且大多为丁腈橡胶、硅橡胶、氟橡胶等较柔软的橡胶材质，少数厂家使用格莱圈等其他密封件。

对于国产的，或采用欧标、国标的进口产品，国家标准的 Y 形圈、O 形密封圈等密封件可以直接选用；对于采用美标等其他国家标准的，现在国内市场可以采购部分产品进行更换。如果在给定的维修期内采购不到原型号密封件可更换，只能对活塞密封件安装沟槽尺寸进行相应的改造后使用国家标准的密封件，这样也便于下一次的维修、更换。

除活塞密封件外，气动执行机构的推杆、气缸盖等处大量采用 O 形密封圈作为密封件，是密封件中使用最多的密封件。下边给出损坏后进行测量后选择 O 形密封圈，以及根据已有 O 形密封圈规格设计沟槽的方法。

3. 气动执行机构 O 形密封圈的测量、选配方法

（1）测缸体内径

钢制薄筒状缸体，一经使用再次拆解后绝大多数都有一定量的变形，应均匀、多处测量直径，并进行数据处理，得出正确或更为接近真实值的缸径；齿轮齿条式气缸执行机构的铝缸体，大多为平头椭圆状，刚性较好，一般不容易变形，因此可以直接测量缸体内径。

（2）测量槽底直径

对于尺寸较小的活塞，卡尺可以直接测量槽底直径，而尺寸较大的活塞卡尺卡爪长度不足，无法直接测量直径，可以借助卡钳测量，也可以通过测量活塞外径、槽的深度，然后通过计算间接得出槽底直径。

（3）测量槽宽

槽宽尺寸可以通过游标卡尺直接测得。

（4）计算槽深

活塞设计时，有关标准里的槽深要从气缸内径处计算，而不是简单的活塞沟槽上槽的深度，否则会因为活塞与气缸内径间的间隙导致失误，如图 7-7 所示。

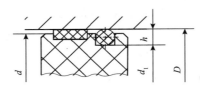

图 7-7 O 形密封圈沟槽尺寸示意图

如图 7-7 所示，图中 D 为缸体内径，d 为活塞外径、d_1 为 O 形密封圈沟槽槽底直径，h 为计算所需沟槽深度，可以看出：

$$h = \frac{(D - d_1)}{2}$$

（5）选择 O 形密封圈规格

根据测量、计算得到的槽深和槽宽尺寸，查询标准，得到所需 O 形密封圈的线径，GB/T 3452.3—2005《液压气动用 O 形橡胶密封圈　沟槽尺寸》给出了 O 形密封圈截面直径（线径）和槽深、槽宽的关系，如表 7-1 所示。

表 7-1　径向气动密封 O 形密封圈沟槽尺寸　　　　　　　　mm

	O 形密封圈截面直径	1.80	2.65	3.55	5.30	7.00
沟槽宽度	气动密封	2.2	3.4	4.6	6.9	9.3
沟槽深度/h	气动动密封	1.4	2.15	2.95	4.5	6.1
	静密封	1.32	2	2.9	4.31	5.85
	活塞杆密封	1.4	2.15	2.95	4.5	6.1

根据表 7-1，已知沟槽尺寸可以查得所需 O 形密封圈截面尺寸，在设计时也可根据所选 O 形密封圈截面尺寸查得所需沟槽尺寸。

对于表 7-1 中没有提供的沟槽尺寸和 O 形密封圈截面直径，可以参照表中给出的径向压缩量和宽度方向的宽度差参考选择。

（6）O 形密封圈内径的确定

得到 O 形密封圈截面直径后，可以根据沟槽的槽底直径从标准 GB/T 3452.1—2005《液压气动用 O 形橡胶密封圈　第 1 部分：尺寸系列及公差》中选取合适的 O 形密封圈内径，如果有正好相等的可以直接选取，否则可选择内径小于槽底直径 1~3mm 的规格。

（7）缸径及槽底直径尺寸及公差的选取

气缸执行机构设计或者改造中需要确定缸径、槽底直径时，缸径可以根据优先级系数选取，或按 0.5 的倍数进行圆整；槽底直径应根据选取的缸径和沟槽的槽深进行计算，一般应精确到小数点后 2 位，不进行圆整。

缸径公差应选 H8，槽底直径选取 h9 公差，其余根据 GB/T 3452.3—2005《液压气动用 O 形橡胶密封圈　沟槽尺寸》中给出的数据选择。

需要强调的是，O 形密封圈槽底直径尺寸，应在图纸中标注槽底直径，而不是槽深，以免加工中难以控制尺寸精度。

（8）密封件材质的选择

气动执行机构的密封件，如 O 形密封圈、Y 形密封圈等，应选择橡胶材质，质地柔软、密封可靠、使用寿命长。

一般情况下，气动执行机构的密封件应选择丁腈橡胶，适用温度范围-20~100℃，耐磨性较好、成本相对较低；在我国的东北、新疆、内蒙古等地区，冬季夜晚温度常达-40℃以下，因此在这些地区使用的执行机构密封件应选择硅橡胶，适用温度范围-60~200℃，缺点是耐油性较丁腈橡胶差。

4. 齿轮齿条断齿

铝制角行程气缸执行机构的活塞与齿条大多为一体式铸铝件结构，主要原因是超载荷运行，也有些是加工时齿面与齿根间没有过渡圆角，或者出现了局部裂纹，甚至是铸造缺陷，因局部应力集中导致断齿。因焊接强度问题，同时焊接后需要重新加工齿面，一般厂家又没有相应的加工能力，一旦出现断齿现象，无法采用焊接等方式修复，只能做报废处理，需要更换原厂家、原型号的备件进行修复。

5. 弹簧失效损坏

长时间超过寿命次数使用、超过工作极限使用等原因都会造成弹簧疲劳失效，结果就是弹簧载荷能力下降；另外锈蚀、断裂等原因，也是造成弹簧失效的主要原因。

失效的弹簧无法修复，只能更换新的弹簧，同时多弹簧执行机构应更换全套弹簧。

6. 曲柄中的滑块、滚轮及曲柄销损坏

图7-6给出的结构中曲柄销通过滚套与曲柄滑槽接触，因滚套与曲柄滑槽理论上为线接触，滚套对曲柄滑槽侧面的压力较大，因此这种结构较少使用。在实际使用中，更多采用曲柄销通过上、下两个滑块与曲柄的滑槽接触，滑块与曲柄滑槽接触面大，不易磨损滑槽，如图7-8所示。

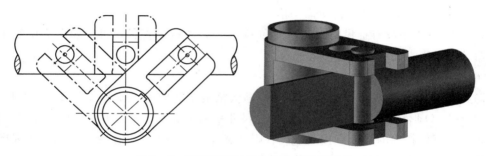

图7-8　曲柄销通过滑块与曲柄滑槽接触

即使是使用了滑块（多为锡青铜材质），在经过长期的使用后，也会出现滑块磨损、曲柄滑槽壁磨损，以及曲柄销磨损的现象。一旦出现磨损，会加剧磨损速度，使执行机构运行状况变差，因此使用中一旦发现有磨损情况，应立即更换新件，使执行机构恢复最佳运行状态。

7. 轴肩容易磨损

在实际使用中，曲柄的上下位置加工出轴肩，与执行机构曲柄箱的底板、上盖上的支撑孔配合形成滑动轴承，作为曲柄旋转的中线。因为圆柱面长度不大、接触面积小，加上使用环境中的沙尘、水分的作用，以及长期运行中缺乏必要润滑保养，因此在使用一段时间后曲柄上下的轴肩容易磨损，严重者形成沟槽、配合间隙增大。

轴肩磨损后的曲柄需要更换新的备件，应急维修中，如果余量足够，可以加工轴肩外径消除磨损痕迹，并使其达到相应的粗糙度要求；轴肩加工后外径减小，需要更换底板、上盖上配合的滑动轴承，使其适应新的曲柄轴肩尺寸。

8. 曲柄磨损或开裂

大多数进口产品的曲柄都是用了铸铁材料及相关工艺生产曲柄，因此虽然耐磨性有了一定的提高，但在强大的冲击载荷作用下，曲柄会从滑槽部位断裂，使执行机构无法继续使用。而铸铁件的可焊接性较差，焊接后无法承载较大的推力作用，因此无法采用焊接的方式修复，只好购买新的备件进行更换。

在没有现成备件、采购周期太长的情况下，只好测绘后进行单件加工，铸造需要设计加工铸造模具，成本较高、周期相对较长，因此一般为设计为焊接结构，后续的加工过程较为复杂、成本较高，但是加工出的备件使用质量要远优于原铸件毛坯的产品。

§7.6　气动执行机构的气密试验

控制阀在维修前、后都应该进行执行机构的气密试验。维修前的气密试验可以检查执行机构的运行情况，出现泄漏的也可以确定泄漏的部位并帮助分析确定泄漏的原因；维修后做气密试验可以确定维修后的执行机构是否合格。

§7.6.1　气源条件

（1）无论是使用中的控制阀气源，还是做性能试验时的气源，都应符合下列条件：
①气源中油污、水汽、腐蚀性成分的气体、蒸气等形式，含量均不应超过 $10mg/m^3$；
②气源中的固体微粒直径应小于 $30\mu m$，含量应小于 $0.1g/m^3$；
（2）使用中的控制阀，所带气动薄膜执行机构供气压力：
①当膜室直径在 400mm 以内时：控制阀带有定位器时输出压力不得高于 0.6MPa，不带定位器时输出压力不得高于 0.5MPa，以免损坏执行机构的膜片。
②当膜室直径大于 400mm 小于 600mm 时，空气过滤减压阀的输出压力不得高于 0.5MPa。
③当膜室直径大于 600mm 时，空气过滤减压阀输出压力不得高于 0.4MPa。
④气动薄膜执行机构的膜片使用周期超过 5 年时，强度会有明显下降，尤其在气温较高、湿度较大地区使用时，强度下降会更为明显，因此经长周期使用后空气过滤减压阀的输出压力应相应降低，以保护膜片不被拉裂；当出现执行机构输出推力不足时应更换新的膜片，或更换执行机构整机。
（3）向气缸活塞式执行机构供气的空气过滤减压阀，输出压力不得高于 0.6MPa。
（4）做执行机构气密试验时：
①气动薄膜执行机构膜室直径小于 600mm 时，气源压力应为 0.5MPa；
②气动薄膜执行机构膜室直径大于 600mm 时，气源压力应小于 0.4MPa；
③气缸活塞式执行机构，气源压力应为 0.7MPa。

§7.6.2　试验方式

气动执行机构的气密试验，推荐按图 7-9 所示方式连接。

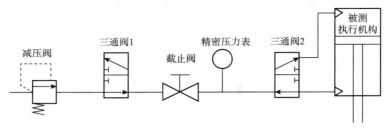

图 7-9　执行机构气密试验示意图

3. 试验过程

（1）按照图 7-9 连接测试气路，按照被测执行机构调整减压阀输出压力，检查气路是否有外漏，检查截止阀是否有内漏；

（2）调整三通阀 1 和三通阀 2 状态为向被测执行机构被测气室供气模式；

（3）打开截止阀向被测执行机构供气，观察精密压力表示值，直至被测执行机构内气压达到相应示值；

（4）关闭截止阀，观察压力表示值变化情况；

（5）如果为双作用执行机构，调整三通阀 2 状态为向被测执行机构的另一被测气室供气模式、前一被测气室应为排空状态，重复上述过程；

（6）测试结束，调整三通阀 1 为排气模式，排空被测执行机构内的余气。

4. 试验时间

在上述气密试验气源压力条件下，用于切断气源的截止阀、向执行机构输送气源的管线无泄漏情况下，关闭截止阀保持 5min。

5. 合格条件

（1）膜室直径小于 400mm 的气动薄膜执行机构，规定时间内压力表的示值下降不应超过 1.5kPa；

（2）膜室直径大于 400mm 小于 600mm 的气动薄膜执行机构，规定时间内压力表的示值下降不应超过 2.0kPa；

（3）膜室直径大于 600mm 的气动薄膜执行机构，规定时间内压力表的示值下降不应超过 2.5kPa；

（4）气缸执行机构缸体内径，参照上述气动薄膜执行机构膜室直径，规定时间内压力表的示值下降不应超过 3kPa、4kPa、5kPa。

第8章 控制阀控制气路设计与分析

气动控制阀的控制气路，是接受控制系统的信号、向执行机构输出正确的气压，使执行机构输出相应的推力和行程，正确控制整台控制阀准确实现预定动作、准确实现控制开度、准确控制动作时间，需要时并将动作结果反馈到控制系统的关键部分，是控制阀的"神经系统"，在控制阀中占有十分重要的地位。

综上所述，控制气路的主要功能如下：

1. 接收控制信号

如定位器的功能之一是接收控制系统发送的 4～20mA 控制信号，电磁阀接受控制系统发送的通、断逻辑信号，闭锁阀或气控阀接收系统气源的压力信号等。

2. 监督控制信号

绝大多数控制阀都有安全阀位要求，即在断气源、断信号源、电磁阀断电源的情况下实现控制阀的全开、全关或保持当前阀位的要求，以确保生产流程的安全进行或切换，即为"三断保护"。为实现三断保护的功能，首先得有判断气源、控制信号、电磁阀断电的信号监督功能。

3. 开度及逻辑动作

整个控制气路的功能就是接收控制信号，按照给定信号控制阀内零部件准确定位，达到所需开度，或者按照设定的程序实现开、关换向等逻辑动作或过程。

4. 安全保障

前边所提到的"三断保护"，就是在控制信号、气源、控制电压等故障时，控制阀到达安全阀位，保障生产过程安全的功能。

5. 反馈

从控制系统（DCS）发出信号后，控制阀根据信号进行动作后，需要将动作结果反馈给控制系统，以判断动作结果的准确性或是否达到了控制目标，比如阀位的开度、方向等。

控制气路的作用十分重要，但在日常的控制阀系统设计、检维修、改造等生产活动中，气动控制阀的控制气路却一直是一个被问及率较高的问题，因此有必要进行探讨。

§8.1 常用控制用气动元件

1. 空气过滤减压阀 （Air Filter Regulators）

空气过滤减压阀的作用是将来自空气压缩机的气源，经过过滤消除压缩空气中多余的水分、油雾、粉尘等杂质，并控制输出气压稳定在某个设定值的装置，如图 8-1 所示。

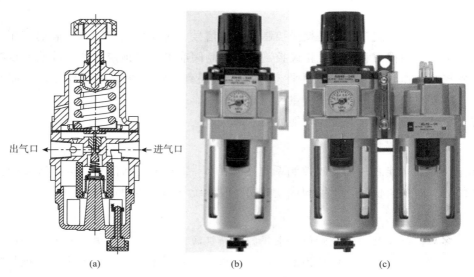

出气口 进气口

(a) (b) (c)

图 8-1 空气过滤减压阀

如图 8-1 （a） 为不带油杯的过滤减压阀，来自压缩机的"粗"气源进入后，其中的水分、油雾、粉尘等在自重的作用下沉到底部，实现过滤作用；膜片将空气过滤减压阀分为上、下两个部分，上部为调整手柄和调整弹簧，手柄可调整弹簧的预紧力，膜片下部形成一个气腔，另外还设计有阀芯和阀芯弹簧。当下部气室来自出口气压对膜片的作用力带动阀芯，以及阀芯下部弹簧对阀芯的推力之和小于上部设定弹簧的力时，膜片向下使阀芯处于打开状态，反之膜片向上时阀芯关闭、停止气压输出，这就是空气过滤减压阀的基本工作原理。图 8-1 （b） 为带油杯的空气过滤减压阀，压缩空气经过油杯时被清洗一遍，使压缩空气中的水分、油雾、粉尘过滤到油杯中。图 8-1 （c） 为带两个油杯的"二联件"，可以对输出气源进行二次过滤，输出的气源更为干净。

综上所述，空气过滤减压阀可以通过上部的手柄设定输出气源的压力，设定值可以是小于输入压力的任意值。

空气过滤减压阀安装时，必须确保排污阀或油杯向下，否则影响其过滤作用，甚至导致空气过滤减压阀无法正常工作。

2. 定位器 （Positioner）

定位器是根据 20～100kPa 的气源信号、4～20mA 的电流信号或 0～5V 电压控制信号，输出不同气源压力，并与阀位反馈信号进行比较，准确控制阀位开度的气动元件。

　　早期的定位器为气动定位器，只接受 20～100kPa 气源信号，利用波纹管控制喷嘴与挡板之间的距离控制输出背压，再经气动放大器将背压放大输出至执行机构，必须与电-气转换器结合方可实现远程控制功能；后来又出现了电-气阀门定位器，可直接接收 4～20mA 的控制信号，利用力矩马达控制喷嘴与挡板之间的距离控制输出背压，再经气动放大器将背压放大输出至执行机构。气动定位与电-气阀门定位器统称为机械式定位器。随着微控制器（MCU）技术的发展，出现了智能式定位器，可以通过键盘进行相关设置，数字显示运行情况。根据结构原理，有些智能式定位器仍然采用喷嘴挡板式结构，通过微控制器控制喷嘴与挡板之间的距离控制输出背压，放大器放大后输出控制气压，有些则采用了新型的压电阀结构，通过控制压电阀的开、关，再经放大器放大后输出。

　　定位器分为单作用定位器和双作用定位器，单作用定位器只有一个输出口，与单作用执行机构配合使用；双作用定位器则有两个输出接口，分别对应双作用执行机构的两个气室，分别输出不同的气压以控制双作用执行机构输出不同行程。

　　定位器的正确安装与连接：

　　（1）选择正确的安装位置。定位器的安装与连接是正确使用定位器的第一步，首先要保证有足够的安装空间，使定位器的任何零部件不得与控制阀的其他零部件干涉、碰撞，反馈杆与执行机构推杆或阀杆连接要可靠，保证反馈杆能灵活动作，又要使反馈杆与推杆的连接（通常是反馈销）不能有间隙，否则会造成回差较大的结果。

　　（2）选择有一定刚度的安装板，使定位器可以牢固安装，在控制阀动作时定位器不能有晃动等影响定位精度。

　　（3）执行机构通气，调整定位器的位置，确保控制阀有效行程内全开、全关位置时反馈杆应接近限位销，并留有一定活动余量，不得硬接触，如图 8-2 所示。

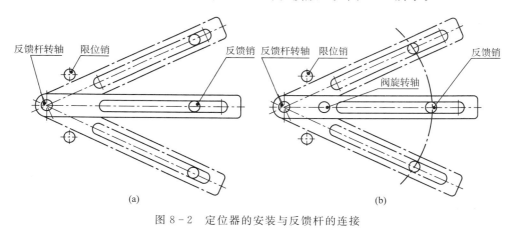

图 8-2　定位器的安装与反馈杆的连接

　　（4）行程50%时，反馈杆应在定位器有效行程的中间位置，有利于提高定位器的定位精度。

　　（5）在旋转式控制阀上安装转角式定位器时，优先采用"两轴重合"的原则，即旋转式控制阀的转轴轴线与定位器反馈轴轴线重合，不用反馈杆的连接方式，否则应注意行程50%时"三轴一线"原则，即定位器反馈轴、执行机构转轴、反馈销轴线在一条直线上，如图 8-2（b）所示。

3. 二位三通电磁阀与气控阀

二位三通电磁阀与气控阀，是分别用电磁力或气压的方式驱动阀芯在两个位置移动，从而接通不同输入输出接口的逻辑控制元件，二位是指阀芯有两个位置，三通是指有三个输入输出接口，如图8-3所示。

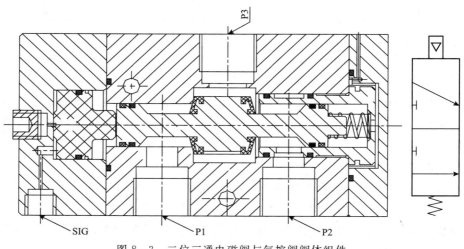

图8-3　二位三通电磁阀与气控阀阀体组件

图8-3所示为二位三通电磁阀或气控阀的阀体组件结构简图及气路符号，从SIG口输入气压就可驱动阀芯向右移动至右位，反之阀芯则在弹簧力的作用下向左运动至左位；当SIG口无信号压力时，阀芯停留在左位，使P2口与P3口接通、P1口处于阻断状态，否则P1与P3口接通、P2口处于阻断状态。

4. 二位五通电磁阀与气控阀

二位五通电磁阀与气控阀，是分别用电磁力或气压的方式驱动阀芯在两个位置移动，从而接通不同输入输出接口的逻辑控制元件，二位是指阀芯有两个位置，五通是指有五个输入输出接口，如图8-4所示。

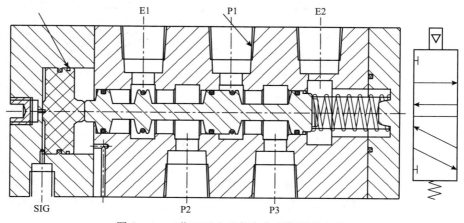

图8-4　二位五通电磁阀与气控阀阀体组件

图 8-4 所示为二位五通电磁阀或气控阀的阀体组件结构简图及气路符号，从 SIG 口输入气压就可驱动阀芯向右移动至右位，反之阀芯则在弹簧力的作用下向左运动至左位；当 SIG 口无信号压力时，阀芯停留在左位，使 P2 口与 E1 口、P1 与 P3 口接通，E2 口处于阻断状态，反之 P1 与 P2 口、P3 与 E2 口接通，E1 口处于阻断状态。

5. 闭锁阀（Trip Valve）

闭锁阀是控制气路中的信号监控及气路切换的元件，其气路切换功能类似二位三通气控阀，所不同的是它可以设定较为准确的动作气压。比如出厂时一般调校为 0.2MPa 的动作压力，即认为气源压力低于 0.2MPa 时为气源故障，反之高于 0.2MPa 时认为气源正常，其结构原理及气路符号如图 8-5 所示。

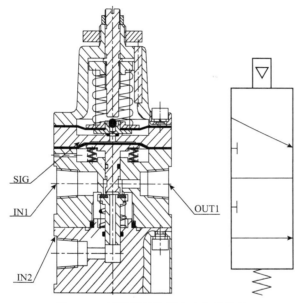

图 8-5　闭锁阀结构原理及气路符号

如图 8-5 所示，上部为调整螺钉和预紧弹簧，中部为气源信号输入口和膜片组成的气腔，下部为阀芯。当 SIG 口压力大于设定值，即气源压力正常时，在 SIG 口气压作用下上部膜片推动上部弹簧向上移动，使 SIG 口气源进入下边膜片上边的气腔，推动下部膜片带动推杆向下移动，推动下部阀芯向下移动，推杆与下部阀芯密封，此时 IN1 口与 OUT1 口接通、IN2 口处于阻断状态；当 SIG 口信号无气压，或气压低于设定值时，调整弹簧推动上部膜片向下移动，使下部膜片上边的气腔失去气压作用，下部膜片下边的弹簧推动推杆向上移动，下部阀芯向上移动与阀体密封，IN1 口处于阻断状态，OUT1 口与 IN2 口则通过下部阀芯中间的孔接通。

上述过程总结起来就是：当 SIG 口压力大于设定值（气源正常）时，IN1 口与 OUT1口接通；相反，SIG 口压力小于设定值（气源故障）时，IN2 口与 OUT1 口接通。

6. 保位阀（Reserve valve）

保位阀的结构和原理与闭锁阀极为相似，只是少了一个 IN2 输入口，作用是当 SIG 口信号压力高于设定值时认定为气源正常，其输入、输出接口接通；当 SIG 口信号压力低于设定值时认定为气源故障，其输入、输出接口成相互阻断状态，使执行机构中的气压无法排放，实现保持原阀位的功能。

从上面的叙述可知，保位阀只比闭锁阀少了一个 IN2 接口，因此在应急情况下可以将闭锁阀的 IN2 口堵塞后当作保位阀使用。

根据执行机构的类型，保位阀有单作用保位阀和双作用保位阀之分，其气路符号如图 8-6 所示，其中图（a）为单作用保位阀，图（b）为双作用保位阀。

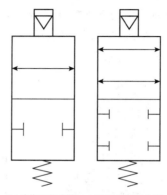

(a)单作用保位阀   (b)双作用保位阀

图 8-6   单作用保位阀和双作用保位阀气路符号

7. 双作用闭锁阀（Double-acting Trip Valve）

Fisher 公司生产的 377 系列多功能气动开关阀，实际上是双联的闭锁阀，即将 2 个闭锁阀合为一体，共用一个信号口，可以同时对 2 路气源的切换，大多数情况下用于对一台双作用的执行机构的控制，因此习惯称为"双作用闭锁阀"，如图 8-7 为其外观、内部结构及气路符号示意图。

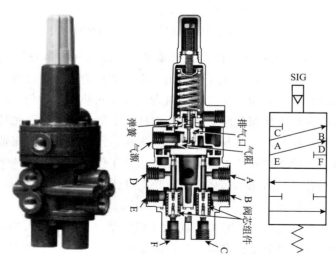

图 8-7   Fisher 377 系列多功能气动开关

图 8-7 为 377 系列启动开关（双作用闭锁）阀外观、内部结构及气路符号图，可以

看出结构原理与前边所述闭锁阀相似，是共用一个SIG口的两个闭锁阀的累加。在SIG口气压高于设定值（气源正常）时，A口与B口、D口与E口分别接通，C口、F口则各自处于阻断状态；当SIG口气压低于设定值（气源故障）时，则B口与C口、E口与F口分别接通，A口、D口则各自处于阻断状态。根据需要，可以选择、使用其中的个别接口，就可演变出不同的型号，比如6个接口全用、C口排大气，即为377U；6个接口全用、F排大气，即为377D；如果将C口、F口堵塞就变为双作用保位阀377L；如果只使用A口、B口、C口三个口，就可当作单作用闭锁阀使用，只使用A口、B口，而将C口堵塞，则变为单作用保位阀，等等，这正是该阀独有的魅力。

8. 气动加速器（Volume Booster）

气动加速器是1:1的气动放大器，即不放大气压，只放大气体流量的放大器，可以将定位器的不同压力、小流量的气压输出，放大到可以匹配较大执行机构的流量，加快执行机构的动作速度的气动元件，因此称为气动加速器，其结构如图8-8所示。

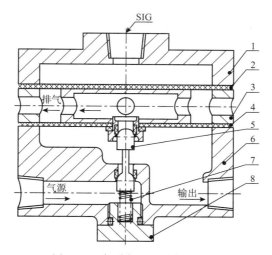

图8-8 气动加速器结构示意图

如图8-8所示为气动加速器，件2、件3两个膜片将整个加速器分为三个部分（气腔），当从定位器输出的SIG信号气压增大并大于下部气腔的输出气压时，件2上膜片带动下膜片及件5阀芯向下移动，阀芯打开、气源输入接口与输出接口接通，气源直接向执行机构供气，直到SIG信号气压与输出接口气压相等；当定位器输出信号SIG信号减小并小于输出口气压时，下气腔中的输出压力气压推动下膜片向上移动，在件7阀芯弹簧的作用下阀芯下型面关闭、气源接口处于阻断状态，阀芯上型面处于打开状态，输出接口与两膜片中间的气腔接通排气，直到SIG信号气压与输出接口气压相等。

从叙述中可以看出，从定位器输出的气压并没有从输出接口进入执行机构，只是用来控制气源压力是否与输出接口接通，只起控制作用，重要的是直到输出气压与SIG信号气压相等为止才停止继续供气或排气，换句话说就是当执行机构不再进气或排气、处于稳定状态时，执行机构的进气压力必然与定位器输出气压相等。

§8.2 常见控制气路工作原理分析

1. 快开慢关

有的工况下要求控制阀在关闭过程中根据定位器的控制速度进行，没有特殊的时间要求，但在打开时，或气源故障时要求快速打开，气路如图 8-9 所示。

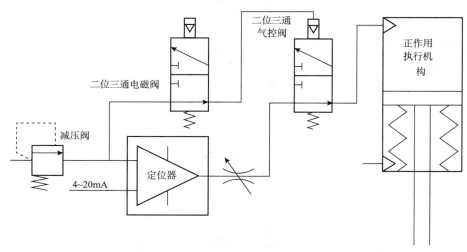

图 8-9 控制阀快开慢关气路

如图 8-9 所示，在气源正常、控制阀关闭过程中，由定位器通过气控阀正常进行控制，还可以通过定位器后边的节流阀进一步降低执行机构的速度；在气源突然故障或电磁阀失电时，气控阀动作、执行机构通过气控阀排气，因气控阀排气速度较快，因此执行机构在弹簧力的作用下可快速打开。

气路变化：

（1）当执行机构变为反作用时，气路即可实现慢开快关功能；

（2）除去定位器和节流阀，直接由气控阀控制，即可实现单作用执行机构的快开、快关功能。

2. 双电磁阀冗余控制

对于一些重要、关键的控制阀，如果特殊情况下电磁阀断电或损坏时，会影响正常生产、甚至造成事故，因此需要提高电磁阀的安全要求，这就是冗余控制，当其中一个电磁阀故障时另一个可以立即接替工作、恢复对控制阀的控制，气路如图 8-10 所示。

如图 8-10 所示，任何一个电磁阀都可以进行控制，只是某一个在控制状态时另一台必须处于失电状态，即进气口处于阻断状态，排气口接后边气路，处于排气状态。当电磁阀 1 进行控制时，电磁阀 2 处于失电状态，即进气口处于阻断状态、排气口处于排气状态，电磁阀 1 得电状态下可以正常向执行机构供气，在失电状态下与电磁阀 2 接通排气；当电磁阀 2 进行控制时，电磁阀 1 处于失电状态，即进气口处于阻断状态、排气口与电磁阀 2 接通，电磁阀 2 得电时可向执行机构正常供气，失电时可通过排气口正常排气。

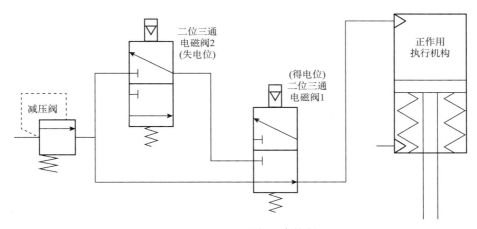

图 8-10　双电磁阀冗余控制

气路变化：执行机构可以替换为反作用执行机构，气路不变。

3. 单作用执行机构快开、快关，气源故障保位

对于规格较大的单作用执行机构，或有时间要求的执行机构，需要执行机构的快速进气、排气，当气源故障时又要求保位，气路如图 8-11 所示。

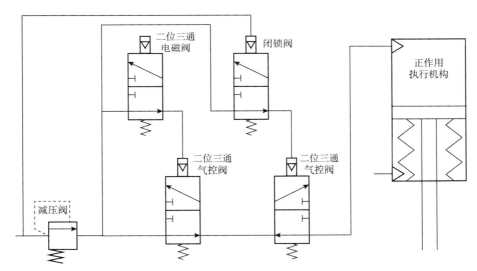

图 8-11　单作用执行机构快开、快关，气源故障时保位

如图 8-11 所示，主控气路中设置两个气控阀，可以提高执行机构的进排气速度；其中一个气控阀由二位三通电磁阀控制，另一个由闭锁阀控制。当气源正常时，闭锁阀及其后二位三通气控阀保持后部气路接通，执行机构开关的进、排气由电磁阀和其后的气控阀正常控制；而当气源故障时闭锁阀动作，快速排出闭锁阀至其后气控阀管段的气体，其后的气控阀动作，使执行机构的排气口处于阻断状态、阻止执行机构排气，执行机构处于保位状态。

气路变化：执行机构替换为反作用执行机构时，可以实现同样的作用。

4. 双作用执行机构快开、快关，气源故障保位

对于较大的双作用执行机构，或有动作时间要求的双作用执行机构，需要执行机构的快速供气和排气，提高执行机构的动作速度；而当气源故障时，要求控制阀处于保位状态，其气路如图 8-12 所示。

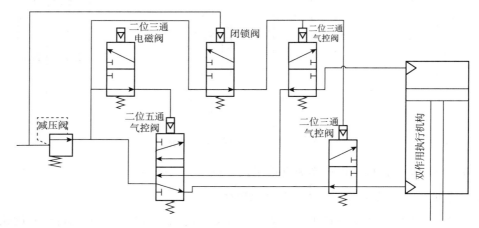

图 8-12　双作用执行机构快开、快关，气源故障时保位

如图 8-12 所示，主气路由一个二位五通气控阀和两个二位三通气控阀组成，前边的二位五通气控阀由二位三通电磁阀控制，后边的两个二位三通气控阀由一个闭锁阀控制。当气源正常时在闭锁阀的控制下两个二位三通气控阀的输入、输出接口均处于接通状态，电磁阀控制二位五通气控阀正常换向控制执行机构进行开、关阀动作；当气源故障时，闭锁阀动作，快速排去闭锁阀与两个二位三通气控阀之间管路的余气，气控阀动作，输出口处于阻断状态，同时阻止执行机构上、下两个气室排气，执行机构即处于保位状态。

气路变化：不需要故障保位时，可不接闭锁阀和其后的两个二位三通气控阀。

5. 双作用执行机构快开、快关，气源故障时开

执行机构为双作用气缸执行机构，要求气源故障时控制阀全开（关）时，气路如图 8-13 或图 8-14 所示，可以进行比较后使用。

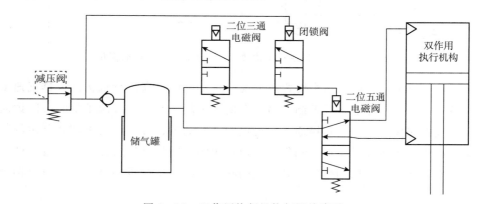

图 8-13　双作用执行机构气源故障开

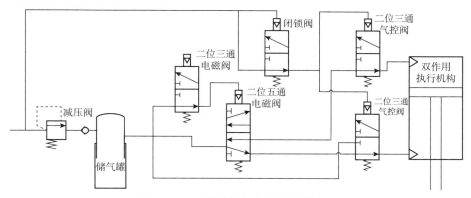

图 8-14　双作用执行机构气源故障开

为可靠实现双作用执行机构气源故障时的动作，必须使用储气罐，在气源故障时由储气罐提供气源，使执行机构可靠打开或关闭，储气罐前设置单向阀，防止储气罐的压缩空气在装置气源故障时倒流出去。

如图 8-13 所示，二位三通电磁阀与闭锁阀共同控制二位五通气控阀，在气源正常时闭锁使气路正常接通，由二位三通电磁阀控制二位五通电磁阀实现执行机构的开、关动作；气源故障时闭锁阀动作排出其后至二位五通气控阀之间管路中的余气，由二位五通气控阀接通下气室、排出上气室的气，实现执行机构的开阀动作。该气路中，电磁阀断电、气源故障的结果相同，都可实现控制阀的故障开功能。

如图 8-14 所示，在二位五通气控阀后边的上、下气室供气气路中各接入一件二位三通气控阀，二位三通电磁阀单独控制二位五通气控阀、闭锁阀单独控制两个二位三通气控阀。气源正常时，闭锁阀使二位五通气控阀后的二位三通气孔阀将气路正常接通，二位三通电磁阀控制二位五通气孔进行正常的开、关阀动作；气源故障时，无论控制阀在开位、关位还是中间位置，闭锁阀都会使二位三通气控阀动作，直接使执行机构下气室与储气罐接通、上气室通过上边的二位三通气孔排气，使控制阀处于打开位置。该气路中，二位三通电磁阀断电可实现气路的切换，气源故障时闭锁阀也可实现气路，但可以是同方向的、也可以是反方向的，比如视所接接口不同电磁阀断电可以使阀全开，也可以使阀全关，气源故障时阀位只能全开。

图 8-13 所示气路较为简单，通过更换执行机构与二位五通气控阀的不同接口就可更改故障时全开或全关，但气源故障和电磁阀断电的阀位必须相同；图 8-14 所示气路较为复杂，但可以通过执行机构与二位五通气控阀的不同接口实现电磁阀故障时阀位全开或全关，电磁阀故障和气源故障时的阀位可以相同也可以不同。

气路变化：

（1）图 8-12 所示气路可以通过更改执行机构与二位五通气孔阀的不同接口实现故障时阀位全关；

（2）图 8-13 所示气路，将储气罐改接上气室二位三通气控阀，可更改为气源故障时阀位全关。

6. 带定位器双作用执行机构故障时阀位全开

大多数情况下双作用执行机构控制阀都需要调节功能、带有定位器，有些需要在气源故障时全开（关），或者保位的功能，气路如图 8-15 所示。

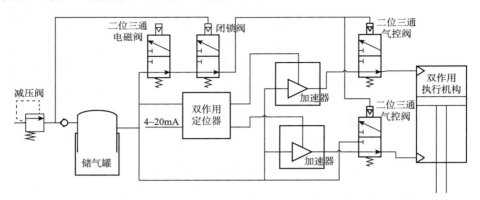

图 8-15 双作用执行机构带定位器气源故障开

如图 8-15 所示，电磁阀、气源正常时，两个二位三通气控阀将气路接通，双作用定位器控制两个气动加速器对执行机构进行正常的调节、控制作用，当电磁阀或气源故障时，两个二位三通气控阀动作，加速器的输出被阻断，储气罐力的气直接供入双作用执行机构的下气室、上气室同时变为排气状态，执行机构带动控制阀内件实现全开功能。

气路变化：

(1) 将储气罐气路改接至上气室二位三通气控阀，即可变为电磁阀、气源故障全关；

(2) 将两个二位三通气控阀反转，即可实现电磁阀、气源故障时保位。

7. 单作用执行机构气源故障开

规格较大的单作用执行机构，很多都需要调节功能，带有定位器和加速器，又要求气源、电磁阀故障控制阀处于全开状态，气路如图 8-16 所示。

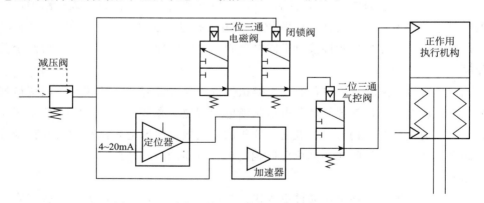

图 8-16 单作用执行机构带定位器，气源故障开

如图 8-16 所示，为加工执行机构的执行速度，定位器后增加了气动加速器，二位三通电磁阀、闭锁阀共同控制二位三通气控阀接入加速器与执行机构之间。在气源、电磁阀供电正常时，二位三通气控阀处于导通状态，定位器、加速器对执行机构进行正常的调

节、控制，气源、电磁阀供电故障时，二位三通气控阀动作，加速器的输出处于阻断状态，二位三通气控阀处于排气状态，执行机构快速到达全开位置。

气路变化：

（1）更换为反作用执行机构，可实现气源、电磁阀故障全开功能。

（2）反接二位三通气控阀，可实现气源故障时控制阀保位。

8. 单作用执行机构故障关

单作用执行机构带定位器、加速器，可以通过电磁阀、闭锁阀控制定位器至加速器之间的气路，实现气源、电磁阀故障时全开的功能，气路如图 8-17 所示。

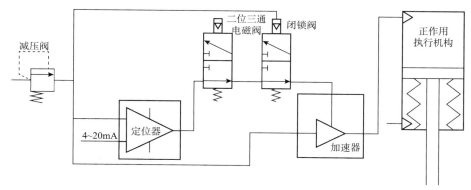

图 8-17　单作用执行机构定位器加速器，故障开

如图 8-17 所示，定位器的输出经过二位三通电磁阀、闭锁阀后进入加速器 SIG 口，在气源、电磁阀供电正常时定位器的输出控制加速器正常对执行机构进行调节、控制，当气源、电磁阀故障时，定位器输出的信号处于阻断状态，加速器 SIG 口信号通过闭锁阀或电磁阀排空，执行机构通过弹簧推力、加速器排气实现全开功能。

气路变化：更换为反作用执行机构，气路可实现气源、电磁阀故障时全关的功能。

9. 双作用执行机构、双作用闭锁阀

Fisher 公司 377 系列气动开关，一般习惯称为双作用闭锁阀，是一款使用很方便的气动元件，可通过调整接口的开通、堵塞更改为保位阀等，其接双作用执行机构、带定位器，实现先气源故障时全关的气路如图 8-18 所示。

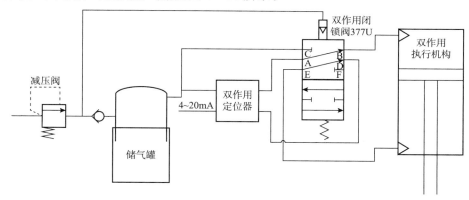

图 8-18　双作用执行机构带双作用定位器，故障关

如图 8-18 所示，377U 的功能是当气源正常时，A 口与 B 口、D 口与 E 口接通，C 口、F 口处于阻断状态；气源故障时 B 口与 C 口、E 口与 F 口接通，A 口、D 口处于阻断状态。因此图中所示气路的动作原理是：当气源正常时，双作用定位器的输出口经 A 口与 B 口接执行机构上气室，经 D 口与 E 口接执行机构下气室，定位器对执行机构进行正常的调节、控制；当气源故障时，储气罐的气路经 C 口与 B 口接入执行机构上气室，下气室经 E 口与 F 口排气，执行机构带动控制阀最终处于全关位置。

气路变化：

（1）改将双作用执行机构上气室接 E 口、下气室接 B 口，气路即为故障开；

（2）如果将 377U 的 C 口、F 口堵塞，377U 即为双作用保位阀，气路即为故障时保位。

10. 双作用执行机构故障时保位

较小规格的双作用执行机构，或没有动作时间时，可以采用双作用定位器对执行机构直接进行控制，为实现故障时保位的要求，在定位器与执行机构之间加装双作用保位阀，气路如图 8-19 所示。

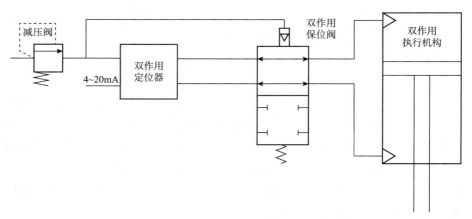

图 8-19　双作用执行机构带定位器，故障保位

如图 8-19 所示，气源正常时保位阀处于导通状态，定位器对执行机构进行正常的调节、控制，当气源故障时，闭锁阀各口分别处于阻断状态，双作用执行机构上、下气室气压都无法排除，处于保位状态。

气路变化：如果是单作用执行机构，则改用单作用定位器、单作用保位阀即可。

§8.3　气路动作时间控制

对于控制阀控制气路，设计完成气路原理图后，还需要解决动作时间的问题，使控制阀从全关到全开、全开到全关的全行程动作时间要复合规定的要求，比如 PDS 高频球阀一般要求开关时间为 3s，程控阀的动作时间要求在 2s 以内，等。

1. 执行机构容量的确定

精确控制动作时间的首要任务是确定执行机构的容积及全行程时的气压,以确定所选压缩空气的量。

对于气缸式执行机构,执行机构的容积就是气缸的直径和全行程活塞所需移动的行程,例如执行机构的缸径 600mm,全行程长度为 100mm,则执行机构的有效容积

$$V = \frac{\pi d^2}{4} \times L = \frac{3.14 \times 0.6^2}{4} \times 0.1 = 0.0283 \text{m}^3$$

2. 将执行机构的容积转换为标准状态下的体积

标准状态下气体的体积,是指一个大气压 0.101MPa、20℃时气体的体积,单位为 NL、Nm³等。将某压力下气体体积换算为标准状态下的体积,依据为理想状态方程:

$$p_1 \cdot V_1 = p_2 \cdot V_2$$

如执行机构工作压力 0.5MPa,缸径 600mm、有效行程 100mm 的执行机构,其执行机构容积,转换为标准状态下的体积 V_2:

$$0.5 \times 10^6 \text{Pa} \times 0.0283 \text{m}^3 = 0.1 \times 10^6 \text{Pa} \cdot V_2 \Rightarrow V_2 = 0.1414 \text{m}^3 = 141 \text{NL}$$

3. 计算所需流量

根据执行机构容积在标准状态下对应的体积,以及控制阀所需的动作时间,计算所需的气体流量(标准状态下)。例如本例要求执行机构 3s 走完全行程,则所需的流量为 141/3NL/s = 47NL/s = 2820NL/min,对应 $C_V = 11.28$。

4. 气动元件选型

根据以上计算,就有了选择气动元件的标准,即气动元件的流通能力选择。

(1)气源管件的选择

已知气源管件的流通能力如表 8-1 所示。

表 8-1 气源管流通能力

气源管规格(内径)/mm	流通面积/mm²	C_V 值	标准状态气体流量/(NL/min)
6	28.3	1.57	392.5
8	50.3	2.8	700
10	78.5	4.36	1091
12	113.1	6.28	1570
14	154	8.55	2137.5
16	201	11.17	2792.5

可见本例至少需要选择内径 18mm 的气源管,其流通能力大于所需的 2820NL/min。

(2)其他气动元件的选型

查阅有关厂商提供的气动元件选型样本中对应的流通能力,选择大于所需流通能力的气动元器件。

(3)元件明细

根据计算及元器件选择结果,列出元器件明细,包括品牌、型号、规格、安装方式

等，即可进行采购、连接调试气路。

§8.4 气路的连接与调试

对于比较简单的气路，如只有空气过滤减压阀和定位器的气路，只要按气路图正确连接后，再对定位器进行调校，即可达到满意的效果；而对于一些比较复杂的气路，如定位器后带有气动加速器，甚至气控阀、闭锁阀等逻辑控制元件时，气路就显得较为复杂，对于气路的连接及连接后的调校要求更高。

1. 管件的选择及连接

（1）对于只有空气过滤减压阀和定位器，或电磁阀的简单气路，一般只需根据执行机构气室容积选择（外径，以下同）$\phi 6$mm 或 $\phi 8$mm 的气源管及对应的管接头即可完成气路的连接。

（2）对于有开关动作时间要求，增加气动加速器、二位三通气控阀等要求输出大流量的气路，需要根据所计算并选型的气动元件选配相应规格的气源管及管接头。

（3）阀门定位器后带有气动加速器时，定位器至加速器间的气源管以 $\phi 6$mm 最好，管径越小管子容量越小，定位器对加速器的控制就越灵敏。

（4）对于有气源故障保护要求及动作时间要求的气路，因有较大输出流量要求的气动元件，又增加了闭锁阀、保位阀等气源压力判断元件时，应在这些气源分配处设置有相应容积的分支管件并增大分支管件前的气源管直径，防止因大流量气体输出时闭锁阀、保位阀等气源分支处（信号）气源压力骤然降低、引起闭锁阀或保位阀误动作。

（5）气路连接完成、检查无误后，应先接通气源进行管件的气密试验，各连接处应无较大泄漏；调试完成后可靠紧固，各连接处不得有泄漏。

2. 气路的调试

（1）对于只有一条控制气路的简单控制气路，如过滤减压阀后接定位器或电磁阀，或者三者都有的气路，较为简单，只要连接后各连接处无较大泄漏，都可顺利调试。

（2）上述气路增加闭锁阀、保位阀等气源压力检测元件组成气源故障气路，调试前应先确保气源压力检测元件的信号口和气源口正常接入气源，然后进行定位器或电磁阀的调校，完成后断开气源压力检测元件信号口的管件接头模拟气源故障，观察此时的动作是否正常。一般情况下气源压力检测元件出厂前都将故障信号设置为 0.2MPa，气路调整时不需要进行调整；如果气路调试中发现动作不正常，又确保排除气路连接错误后，可以对故障信号压力进行调整，直至气源故障时能够可靠动作。

（3）对于有定位器、加速器等大输出流量元件，又有气源故障保护的气路，一般加速器后都有二位三通等气控阀，此时气路分为主控气路和信号气路两条支路，从减压阀到加速器、气控阀、执行机构的气路为主控气路，定位器、闭锁阀、电磁阀等小流量元件所在支路为信号支路，调试时应先确保主控气路连接正确，再调试信号支路使之可正常工作，然后回头调试主控气路，如此反复进行，直至整个气路都可正常工作。

（4）双作用执行机构的气路，可逐个气室进行调试，直至整个气路可正常工作。

第9章 控制阀的性能检测

控制阀的性能检测，包括新出厂控制阀的性能检测和使用、维修后的控制阀性能检测两个方面。新的控制阀在产品研制、定型过程中有型式试验，新产品出厂前有出厂检测项目，不是本文的论述目标，这里主要探讨控制在使用中及损坏、维修后的性能检测。

§9.1 外观检查

1. 阀体强制性标志

国家标准 GB/T 4213—2008《气动调节阀》、GB/T 17213.5—2015《工业过程控制阀第1部分：控制阀术语和总则》等对控制阀的强制性标志、补充标志都做了明文规定，比如铸件、锻件阀体上应有的标志。

因此在新购入控制阀、使用中的控制阀，以及检维修后的控制阀做性能检测时都应进行检查，内容主要有公称通径、压力等级、阀体材质、法兰面型号、流向符号等，其中流向符号必须在阀体上用箭头明确标出，其余项目视阀体空间，小于 DN50（NPS 2）的可在标牌上标出，其余必须在阀体上注明。

2. 铭牌强制性标志

作为正规的产品，必须有铭牌，而且其余如最大允许工作温度、阀内件材质、品牌（生产厂家）、型号、序列号、规格、压力等级、额定流量系数、流量特性、弹簧范围、行程等强制性标志必须在阀体上，或铭牌上明确标出。

3. 标尺

标尺是指直行程或旋转式控制阀上对行程进行标示的刻度，必须齐全。

4. 位号

作为损坏后送修的控制阀，必须有明确的位号标示，检维修后也应齐全。

5. 法兰密封面

控制阀一旦下线进行维修，应在送检前、检修后检查法兰密封面的损坏情况，包括腐蚀、划伤等，只要有损伤，必须进行修复。

6. 连接件

连接件指执行机构推杆与阀杆连接的器件,包括固定螺钉、上下两端的锁紧螺母、指示阀位的指针、定位器反馈销等,必须齐全且已可靠固定。

7. 防雨器

反作用气动执行机构的排气口在上方,因此需要防止雨水进入,防雨器是必不可少的器件。控制阀在送修前、检修后必须进行登记、核对,并做好记录,防雨器损坏的必须更换、缺失的必须加装。

8. 管接头、气源管

控制阀执行机构部分与控制附件连接的管接头必须保持检修前的型号、规格,气源管件必须连接可靠,无松动、泄漏。

9. 手轮机构

控制阀送修前、检修后必须登记、核对是否有手轮机构,或手轮机构是否完好、完整,检修后必须根据登记情况进行检查。原来有手轮机构的,检修后手轮机构必须完好、完整,动作灵活、可靠,调校、检查完成后必须处于"自动"状态。

10. 控制附件

控制阀送修前、检修后必须登记、核对控制附件的情况,如所带控制附件的名称、数量及完好情况。检修后必须根据登记情况进行检查是否与送修前登记情况一致,且必须经过调校,确保控制附件工作正常、稳定。各控制阀器件必须平稳、可靠;有定位器的,控制阀运行中定位器不应有晃动,反馈杆与其他器件不得有干涉、碰撞,50%行程时反馈杆应处于与推杆垂直位置;管接头、密封压紧螺母应可靠拧紧,气路连接的管件应无泄漏。

11. 执行机构

检修后的执行机构,膜盖、缸盖、缸筒等部位不应有碰撞损坏及变形等迹象,推杆应无划伤、变形,连接螺纹应完好,运行中无异响、卡滞。

12. 螺纹连接件

所有螺纹连接件应规格、材质正确,强度符合标准要求,螺纹露出螺母长度不少于规格直径的一半且不小于15mm,不得与其他运动零部件有干涉现象;螺母应可靠拧紧、并符合标准要求,防止在控制阀运行中松动。

§9.2 执行机构检验

使用中及维修后的控制阀执行机构,应按照 GB/T 4213—2008《气动调节阀》、GB/T 17213.4—2015《工业过程控制阀 第4部分:检验和例行试验》等标准内容进行检验。

(1) 行程应符合铭牌及标尺要求,两者不统一时以铭牌为主,并更换标尺。

(2) 气缸执行机构应在 0.7MPa 压力下进行气密试验,试验结果应符合标准要求。

（3）气动薄膜执行机构应按照厂家出厂说明的最大允许压力、铭牌标示供气压力的 1.5 倍两者中的最小值，最大不超过 0.55MPa 的气压进行气密试验，结果应符合标准要求。

（4）带有定位器的控制阀，定位器的安装应符合 GB/T 17213.6—2005《工业过程控制阀　第 6-1 部分：定位器在直行程执行机构上的安装》、GB/T 17213.13—2005《工业过程控制阀　第 6-2 部分：定位器在角行程执行机构上的安装》等标准要求。

（5）带有定位器的控制阀，应按标准检查额定行程偏差、始终点偏差、死区、线性、回差等项目。

（6）有动作时间要求的控制阀，应检验动作时间是否符合使用要求。

（7）有断气、断电、断信号等要求的，控制阀在断气、断电、断信号后的阀位应符合要求。

§9.3　动作检查

检修完成的控制阀，必须进行动作检查。

（1）动作检查时，按照铭牌上的弹簧范围进行检查。在执行机构中通入压缩空气，并从零开始逐渐增大气压，直到观察到控制阀有微动，记下此时的气压；继续增大气压、控制阀动作，直到达到全行程，记下此时的气压，从始动压力到走完全行程的气压，即为弹簧范围。

（2）在弹簧范围内，控制阀动作应无卡滞、爬行、抖动、异响等不良现象，并且多次测试后仍然能复现先前的测试值。

（3）对于关键阀位的高压球阀、蝶阀等旋转类阀，还应该在做泄漏量测试时，在关闭压差下做启闭试验，确认在关闭压差下控制阀是否能可靠打开或关闭。

（4）关键阀位的球阀、蝶阀等旋转类控制阀，应该在不带执行机构时利用扭矩扳手、扭矩测试试验台等测试该类控制阀转动过程中的扭矩，尤其是在工作压差下的启闭扭矩，对照执行机构参数，确认是否执行机构最大扭矩是否有富余量。控制阀启闭过程中，执行机构最大输出扭矩应该是该类控制阀启闭过程中最大扭矩的 1.5~2.5 倍。

§9.4　壳体耐压试验

控制阀在检修前有壳体泄漏并经过补焊、车修等修理的，以及因腐蚀或冲刷损坏相对严重、近期无法做大幅补焊、修复的，必须进行壳体耐压试验。

根据相关标准规定，壳体耐压试验应以 1.5 倍公称压力为试验压力进行，持续时间不少于 3min 以上，无目视可见的渗漏。

§9.5   外漏试验

外漏试验是指针对填料系统、上盖与阀体之间，或球阀的主副阀体之间的处，有可能使介质泄漏到控制阀外部环境的密封环节的试验。

（1）控制阀一旦进行了拆解，所有的垫片、密封环等密封件必须更换新的。

（2）外漏试验的压力为 1.1 倍的公称压力。

（3）外漏试验过程中阀杆必须动作 3 次以上。

（4）外漏试验的持续时间应不少于 3min。

（5）经按以上条件进行试验后，填料、上盖、主副阀体之间等密封环节均不得有目视可见的渗漏。

（6）用水为介质进行外漏试验后，应排空阀腔内的积水，必要时须进行清洗。

§9.6   内漏试验

控制阀进行维修后必须进行内漏试验。

1. 泄漏量等级

控制阀的各类标准中虽然有Ⅰ级、Ⅱ级、Ⅲ级的规定，但随着控制阀生产技术的不断提高，近年内各煤化工、炼化企业所见控制阀的数据表显示，Ⅰ～Ⅲ级的允许泄漏率已经很少见到，一般维修后的泄漏等级要求都在Ⅳ级及以上，软密封结构的一般要求在Ⅴ级以上。

2. 试验介质

试验介质应根据控制阀工作的介质及泄漏等级要求进行选取。一般情况下工作介质为氧气等危险或相对危险的气体，以及工况要求较高的气体介质的，应选取干净的气体，如空气、氮气作试验介质；控制阀工作介质与水有化学反应的，也应选择干净气体作为实验介质。

除以上须选择干净气体作为试验介质的，可以选择干净的水最为试验介质。

3. 试验压力

内漏试验的试验压力有以下几种：

（1）介质为氧气、氮气，以及其他泄漏等级要求较高的控制阀，应选取工作压差作为试验压力；

（2）一般要求的控制阀，可选择 0.35MPa 作为试验压力；

（3）如规格较大的球形单座阀等，设计工作压力低于 0.35MPa 的，应选择允许工作压力作为试验压力。

4. 介质流向

一般应按照阀体流向标记，选择与工作流向相同的流向作为内漏检测的流向。

5．执行机构供气压力

气开型控制阀，执行机构不应提供气压，靠弹簧力作为控制阀关闭力；气关型控制阀，应按照铭牌提示的供气压力向执行机构通入气源，调节型控制阀可上浮 20％。

判断控制阀的作用形式不应只看执行机构，还需要根据阀内件的形式进行判断，例如阀芯倒装、正作用执行机构时则为气开型控制阀，而阀芯倒装、反作用执行机构则为气关型控制阀。

6．允许泄漏量

控制阀内漏检测时，需要先知道对应泄漏量等级下的允许泄漏量，然后根据实测泄漏量与允许泄漏量的对比情况判断所检测控制阀的内漏是否合格。允许泄漏量可以按以下方法得到：

（1）有些控制阀生产厂家提供的选型样本或维护手册中会给出对应型号、规格的控制阀，对应泄漏量等级的允许泄漏量，可以查阅获得。

（2）有些控制阀生产厂家会提供对应的计算软件，可以使用软件进行判断、计算。

（3）根据国家标准 GB/T 4213—2008《气动调节阀》表 2～表 4 给出的计算方法进行计算，其中表 2 中的"阀额定容量"即为表 4 中的 Q_1 或 G_g，计算时需要先根据所需的试验压力（Δp）及表 4 中的应用条件进行计算、判断，然后选取对应的公式进行计算；

这里提供根据 GB/T 4213—2008《气动调节阀》推导出的简易公式如下：

①介质为水时，ANSI Ⅱ～Ⅳ-S1 级允许泄漏量 A 的简易计算公式如下（L/min）：

当 $\Delta p < F_L^2(p_1 - F_F p_v)$ 时，$A = 1.4245 \times$ 对应等级的允许泄漏率 $\times C_V \sqrt{\Delta p}$

当 $\Delta p > F_L^2(p_1 - F_F p_v)$ 时，$A = 1.427 \times$ 对应等级的允许泄漏率 $\times F_L \times C_V$ $\sqrt{p_1 - 2.2464}$

②当介质为气体时，ANSI Ⅱ～Ⅳ-S1 级允许泄漏量 A 的简易计算公式如下（L/min）：

当 $X < F_\gamma \cdot X_T$ 时，$A = 3.989 \times C_V \times$ 对应等级的允许泄漏率 $\times \sqrt{\Delta p \cdot p_1} \times (1 - \dfrac{X}{3X_T})$

当 $X < F_\gamma \cdot X_T$ 时，$A = 2.707 \times C_V \times p_1 \times$ 对应等级的允许泄漏率 $\times \sqrt{X_T} \times (1 - \dfrac{X}{3X_T})$

式中，"对应等级的允许泄漏率"为标准中表 2 中"阀额定容量"前边的系数，其余符号意义同表 3、表 4。

③ANSI Ⅴ、Ⅵ级泄漏量等级对应的允许泄漏率计算较为简单，可直接根据表 2、表 3 给出的公式进行计算。

§9.7　动作寿命试验

维修后的控制阀，应和新出厂控制阀一样做动作寿命试验。

（1）调节型控制阀，在除关位外（即实验中不能将控制阀动作到关位）的80%行程内，以每分钟1次以上的动作频率进行开、关动作，一定次数后重新检测外漏、执行机构气密试验、基本误差、回差，看是否依然合格。

（2）两位式控制阀，在全行程内以每分钟1次以上的动作频率进行开、关动作，一定次数后重新检测外漏及执行机构气密试验，检验是否依然合格。

（3）直动式控制阀的寿命试验的动作次数可从2500、4000、10000中选取。

（4）球阀、蝶阀的动作寿命试验动作次数可从250、400、1000中选取。

第10章　控制阀材料的选用

在控制阀的设计、生产实践中，良好的结构设计可以确保介质流动过程的科学、合理，及整机使用的安全性和方便性，但要达到控制阀安全、可靠、长周期运行的要求，还需要材料及材料热处理、表面硬化工艺等选择的合理性。

随着科技的发展，现有金属材料的牌号成千上万种，如何科学、合理地选择材料及其热处理工艺不是件容易的事，需要工程技术人员良好的基础知识及长期的实践方可很好地掌握，达到一定规模的控制阀生产厂家，应该配备相应数量的材料工程技术人员。

控制阀材料选择需要解决以下几个问题：

1. 材料的耐腐蚀性

控制阀零部件中，如阀体、上阀盖、阀内零部件都与介质直接接触，而介质在常温、高温及相应压力作用下对不同材料的腐蚀性各有不同，为保证控制阀在相应的介质下能安全、可靠、长周期运行，保证介质不会腐蚀破坏材料，或将腐蚀速度控制在一定范围内，是材料选择的首要任务。

2. 材料的机械性能

所选择材料的强度、硬度等机械性能，以及热膨胀系数等物理特性都关系到控制阀的安全、可靠、长周期使用要求，因此选择符合上述要求的材料牌号、热处理工艺及表面硬化处理工艺都是很重要的任务。

3. 材料在不同温度下的机械性能

很多工位的控制阀需要在不同温度下工作，比如液氮、液氧等介质的控制阀可能工作在 $-196℃$，高压蒸汽可能工作在 $540℃$，而不同材料随着工作环境温度的变化，其强度、硬度等机械性能会发生相应的变化，比如碳钢，在 P 含量较高、在低于 $-40℃$ 环境中工作时会表现出低温脆性，强度会急剧下降，一些奥氏体不锈钢在温度超过 $300℃$ 时强度下降也很快。因此选择材料还需要考虑控制阀的使用温度，保证在不同温度下工作的控制阀使用的安全性。

4. 材料的耐汽蚀、耐冲刷性能

因为在高压差（高流速）介质工况，及煤化工等含粉末、颗粒类介质工况下，材料的耐汽蚀、耐冲刷性能显得尤为重要，因此从机械性能中单独列出来作为考察点，需要从材料的成分、热处理工艺、表面硬化工艺等方面单独考虑。

§10.1 控制阀壳体用材料

控制阀的阀体、上盖等壳体，常用铸造工艺或锻造工艺生产。因碳素钢价格相对低廉、铸造机锻造工艺性好，因此在一些腐蚀性不强的介质工位的控制阀常用碳钢作为壳体材料；在高温工况，尤其400℃以上工况工作的控制阀，一般选用高温强度较高的铬、钼类合金钢材料作为壳体材料；在一些腐蚀性较强的介质工位，需要根据介质腐蚀性选择相应的不锈钢材料作为壳体材料等等。

1. 中高温工况用铸造碳钢材料

GB/T 12229—2005《通用阀门-碳素钢铸件技术条件》，及美国材料与试验协会ASTM A216/A216M—2016《Standard Specification for Steel Castings，Carbon，Suitable for Fusion Welding，for High-Temperature Serice》都对中高温工况控制阀用铸造碳钢的成分及力学性能做了规定，其中ASTMA 216/A216M给出的常温、高温用铸钢材料牌号成分及力学性能如表10-1、表10-2所示。

表 10 - 1　中高温用铸件材料化学成分

牌号	主要化学元素/% ≤					残余元素/% ≤					
	C	Mn	P	S	Si	Cu	Ni	Cr	Mo	V	总量
WCA	0.025	0.70	0.035	0.035	0.60	0.30	0.50	0.50	0.2	0.03	1.00
WCB	0.30	1.00	0.035	0.035	0.60	0.30	0.50	0.50	0.2	0.03	1.00
WCC	0.25	1.20	0.035	0.035	0.60	0.30	0.50	0.50	0.2	0.03	1.00

表 10 - 2　中高温用铸件材料机械性能

牌号	抗拉强度 R_m/MPa ≥	屈服强度 R_{eH}/MPa ≥	伸长率 L_e/% ≥	断面收缩率 Z/% ≥
WCA	415	205	24	35
WCB	485	250	22	35
WCC	485	275	22	35

使用说明：

（1）铸钢件使用温度为-29～425℃；

（2）该类材料适用于非腐蚀性介质，及特定的腐蚀性介质；

（3）默认情况下以退火、正火，或正火后回火状态供货；

（4）铸件补焊时应选用低氢类焊材。

2. 中高温工况用锻造碳钢

GB/T 12228—2006《通用阀门-碳素钢锻件技术条件》及美国材料与试验协会 ASTM A105/A105M—2018《Standard Specification for Carbon Steel Forgings for Piping Applications》等都对中高温工况控制阀用锻造碳钢的成分及力学性能做了规定，其中 ASTM A105/A105M 给出的中高温工况用控制阀锻造碳钢的成分及力学性能如表 10-3、表 10-4 所示。

表 10-3　中高温用碳钢锻件材料化学成分

牌号	主要化学元素/% ≤					残余化学元素/% ≤					
	C	Mn	P	S	Si	Cu	Ni	Cr	Mo	V	总量
25	0.22-0.29	0.50-0.80	0.035	0.035	0.17-0.35	0.25	0.30	0.25			
A105	0.35	0.6-1.05	0.035	0.04	0.1-0.35	0.40	0.40	0.30	0.12	0.08	1.0

表 10-4　中高温用碳钢锻件热处理温度及机械性能

牌号	正火温度/℃	回火温度/℃	抗拉强度 R_m/MPa ≥	屈服强度 R_{eH}/MPa ≥	延伸率 L_e/% ≥	断面收缩率 Z/% ≥	硬度/HBW ≤
25	900	600	485	250	22	30	170
A105	843-927	593	450	275	23	50	187

使用要求：

（1）锻件折叠率和缺陷不得超过极限尺寸的 5%，不大于 1.5mm；

（2）应在标牌上以字母注明热处理状态，A：退火；N：正火；NT：正火＋回火；QT：淬火＋回火，如正火状态的 A105，应标注为：A105N；

（3）锻件任意位置的硬度 HBW，137～187；

（4）允许补焊时应采用低氢类焊材。

3. 低温工况用铸造碳钢及低合金钢

钢材在低温工况下使用时，塑性、韧性都会显著降低、脆性显著增加，甚至达到某临界值时会突然断裂，因此在低温工况下使用的控制阀，其阀体选材应慎重。

除 JB/T 7248—2008《阀门用低温钢铸件技术条件》对中对低温工况铸造碳钢成分及力学性能做出规定，美国材料与试验协会 ASTM A352/A352A—2018《Standard Specification for Steel Castings, Ferritic and Martensitic, for Pressure-Containing Parts, Suitable for Low-Temperature Service》给出的常用低温铸件材料牌号、成分、机械性能及使用技术条件如表 10-5、表 10-6 所示。

表 10-5 低温工况用铸造碳钢及低合金钢元素成分 %

牌号	LCA	LCB	LCC	LC1	LC2	LC2-1	LC3	LC4	LC9	CA6NM
C	0.25	0.30	0.25	0.25	0.25	0.22	0.15	0.15	0.13	0.06
Si	0.6	0.6	0.6	0.6	0.6	0.5	0.6	0.6	0.45	1.00
Mn	0.70	1.00	1.20	0.5~0.8	0.5~0.8	0.55~0.75	0.5~0.8	0.5~0.8	0.90	1.00
P	0.04	0.04	0.04	0.04	0.04	0.04	0.04	0.04	0.04	0.04
S	0.45	0.45	0.45	0.45	0.45	0.45	0.45	0.45	0.45	0.03
Ni	0.50	0.50	0.50		2.0~3.0	2.5~3.5	3.0~4.0	4.0~5.0	8.5~10.0	3.5~4.5
Cr	0.50	0.50	0.50			1.35~1.85			0.50	11.5~14.0
Mo	0.20	0.20	0.20	0.45~0.65		0.3~0.6			0.2	0.4~1.0
Cu	0.30	0.30						0.30		
V	0.30	0.30	0.30						0.30	

表 10-6 低温工况用铸造碳钢及低合金钢机械性能

牌号		LCA	LCB	LCC	LC1	LC2	LC2-1	LC3	LC4	LC9	CA6NM
抗拉强度 R_m/MPa ≥		415	450	485	450	485	725	485	485	585	760
屈服强度 R_{eL}/MPa ≥		205	240	275	240	275	550	275	275	515	550
延伸率 A_e（标距 50mm）/% ≥		24	24	24	24	24	18	24	24	20	15
断面收缩率 Z		35	35	35	35	35	35	30	35	30	35
夏比 V 形缺口冲击试验	平均能量值/J ≥	18	18	20	18	20	41	20	20	27	27
	单件能量/J ≥	14	14	16	14	16	34	16	16	20	20
试验温度/℃		-32	-50	-50	-75	-100	-100	-150	-175	-320	-100

技术要求：

(1) 应按标准 ASTM A488/A488M 规定的焊接程序及焊工进行补焊；

(2) LC9 牌号材料应采用 ENiCrFe-2 无磁性的填充材料；

(3) 铸件应按表 10-7 要求进行热处理。

表 10-7 低温工况用铸造碳钢及低合金钢热处理要求及回火温度

牌号	热处理状态	最低回火温度/℃
LCA、LCB、CC、LC1	正火+回火 或 液体淬火+回火	590
LC2、LC2-1、LC3		
LC4		560

牌号	热处理状态	最低回火温度/℃
LC9	液体淬火＋回火	563～635 空冷或液冷
CA6NM	中间回火：空冷至 95℃ 以下后，1010℃；最终回火：空冷至 40℃ 以下后，560～620℃	

4. 低温工况用锻造碳钢及低合金钢

NB/T 47009—2017《低温承压设备用合金钢锻件》给出的锻件材料，在控制阀中应用极少，需要时可以查阅该标准；另外奥氏体不锈钢锻件可在－196℃ 以上使用，但需要做深冷处理，在另外章节叙述。美国材料与试验协会 ASTM A350/350M—2018《Standard Specification for Carbon and Low-Alloy Steel Forgings，Requiring Notch Toughness Testing for Components》给出的 LF1、LF2、LF3 在国内市场不是很多，需要时可查阅该标准。

5. 高温工况用合金钢铸件

ASTM A217/A217M—2014《Standard Specification for Steel Castings，Martensitic Stainless and Alloy，for Pressure-Containing Parts，Suitable for High-Temperature Service》给出了高温工况用合钢铸件化学成分、机械性能及回火温度，如表 10－8、表 10－9 所示。

表 10－8　高温工况用合金钢铸件化学成分　　　　　　　　　　　　%

牌号	WC5	WC6	WC9	WC11	C5	C12	C12A	CA15
C	0.05～0.2	0.05～0.2	0.05～0.18	0.15～0.21	0.20	0.20	0.08～0.12	0.15
Mn	0.4～0.7	0.5～0.8	0.4～0.7	0.5～0.8	0.4～0.7	0.35～0.65	0.3～0.6	1.00
P	0.40	0.04	0.04	0.02	0.04	0.04	0.02	0.04
S	0.45	0.045	0.045	0.015	0.045	0.045	0.01	0.04
Si	0.6	0.6	0.6	0.3～0.6	0.75	1.00	0.2～0.5	1.50
Ni	0.6～1.0						0.40	1.00
Cr	0.5～0.9	10～1.5	2.0～2.75	1.0～1.5	4.0～6.5	8.0～10.0	8.0～9.5	11.5～14.0
Mo	0.9～1.2	0.45～0.65	0.9～1.2	0.45～0.65	0.45～0.65	0.9～1.2	0.85～1.05	0.5
Nb							0.06～0.1	
N							0.03～0.07	

表 10－9　高温工况用合金钢铸件机械性能及回火温度

牌号	抗拉强度 R_m/MPa ≥	屈服强度 R_{eL}/MPa ≥	延伸率 L_e (50mm) ≥	断面收缩率 Z/% ≥	回火温度/℃ ≥
WC1	450	240	24	35	595

牌号	抗拉强度 R_m/MPa ≥	屈服强度 R_{eL}/MPa ≥	延伸率 L_e (50mm) ≥	断面收缩率 Z/% ≥	回火温度/℃ ≥
WC4、WC5 WC6、WC9	485	275	20	35	595
WC11	550	345	18	45	675
C5、C12	620	415	18	35	675
C12A	585	415	20	45	730
CA15	620	450	18	30	595

技术要求：

（1）所有牌号的铸件，均应以正火＋回火的热处理状态供货（WC9 回火温度 675℃，C12A 的正火温度 1040～1080℃）；

（2）CA15、WC11 未列入 ASME B16.34 标准的材质明细中，因此不作为壳体材料使用。

6．高温工况用锻件

NB/T 47008—2010《承压设备用碳素钢和合金钢锻件》给出了一些高温工况控制阀可用材料的牌号、成分及力学性能等，需要时可查阅。ASTM A182/A182M—2018《Standard Specification for Forged or Rolled Alloy and Stainless Steel Pipe Flanges，Forged Fittings，and Valve sand Parts for High-Temperature Service》给出的高温工况控制阀用锻件材料的牌号、成分及力学性能如表 10－10、表 10－11 所示。

表 10－10　高温工况壳体常用锻件化学成分

牌号	C	Mn	P	S	Si	Ni	Cr	Mo	Nb	其他
F1	0.28	0.6～0.9	0.04	0.045	0.15～0.35			0.44～0.65		
F2	0.05～0.21	0.3～0.8	0.04	0.040	0.1～0.6		0.5～0.8	0.44～0.65		
F9	0.15	0.3～0.6	0.03	0.03	0.5～1.0		8.0～10.0	0.9～1.1		
F10	0.1～0.2	0.5～0.8	0.04	0.03	1.0～1.4	19.0～22.0	7.0～9.0			
F11	0.05～0.2	0.3～0.8	0.04	0.04	0.5～1.0		1.0～1.5	0.44～0.65		
F21	0.05～0.15	0.3～0.6	0.04	0.04	≤0.5		2.7～3.3	0.8～1.06		
F22	0.05～0.15	0.3～0.6	0.04	0.04	0.1	0.25	2.0～2.5	0.09～1.1	0.07	
F91	0.08～0.12	0.3～0.6	0.02	0.01	0.2～0.5	0.4	8.0～9.5	0.85～1.05	0.06～0.1	N，Al，Zr，V
F92	0.07～0.13	0.3～0.6	0.02	0.01	0.5	0.4	8.5～9.5	0.3～0.6	0.04～0.09	V，W，B，Zr
F6a	0.15	1.00	0.04	0.03	1.00	0.5	11.5～13.5			
F6b	0.15·	1.00	0.02	0.02	1.00	1.0～2.0	11.5～13.5	0.4～0.6		Cu0.05
F6NM	0.05	0.5～1.0	0.03	0.03	0.6	3.5～5.5	11.5～14.0	0.5～1.0		

表 10 - 11　高温工况壳体常用锻件机械性能及热处理参数

牌号	抗拉强度 R_m/MPa ≥	屈服强度 R_{eL}/MPa ≥	热处理要求	奥氏体化温度/℃	回火温度/℃	焊接预热温度/℃	HBW ≥
F1	485	275	退火或正火＋回火	900	620	95～205	143
F2	485	275	退火或正火＋回火	900	620	150～315	143
F9	585	380	退火或正火＋回火	955	675	205～370	179
F10	550	205	固溶处理＋淬火	1040	—	—	—
F11	415	205	退火或正火＋回火	900	620	150～315	121
F21	515	310	退火或正火＋回火	955	675	150～315	156
F22	415	205	退火或正火＋回火	955	675	150～315	156
F22V	585	415	退火或正火＋回火	955	675	150～315	174
F91	585	415	正火＋回火	1040～1080	730～800	205～370	248
F92	620	440	正火＋回火	1040～1080	730～800	205～370	269
F6a（1～4 级）	485～895	275～760				205～370	143～263
F6b	760	620	退火或正火＋回火	955	620	205～370	235
F6NM	760	620	正火＋回火	1010	560	205～370	295

§10.2　控制阀内件用不锈钢材料

§10.2.1　不锈钢耐腐蚀的理论基础

1. 常见金属的电极电位

从宏观上看，两种不同的金属组成原电池的正、负极时，由于电极电位的差异，阳极金属就要受到腐蚀，这种腐蚀叫作接触腐蚀。从微观上看，金属内部的不同的组成物之间也可以构成微电池，如金属的晶粒与晶粒之间，晶粒内部与晶界之间，基体与第二相或非金属夹杂物之间，混合物（如共晶体、共析体）中的不同组成相之间等均存在不同的电极电位。构成不锈钢常见金属元素的电极电位见表 10 - 12。

表 10 - 12　构成不锈钢常见金属元素的电极电位

金属元素	镁 Mg	铝 Al	锰 Mn	锌 Zn	铬 Cr	铁 Fe
电位/V	-1.5	-1.3	-1.1	-0.8	-0.5	-0.4
金属元素	镍	锡 Sn	铅 Pb	铜 Cu	银 Ag	金 Au
电位/V	-0.2	-0.14	-0.13	-0.3	0.8	1.5

实践及研究表明，金属的电极电位越负，表明该种金属在电解液中越不稳定，即容易转变为离子状态；反之，电极电位越正的金属则越稳定，不易离子化。金属的标准电极电

位的高低，虽然不能说明所有的电化学腐蚀现象，但作为相对地比较各种金属的电化学稳定性，以及设计选择材料时为了避免异种材料接触产生电化学腐蚀还是有一定参考作用的。

从表 10-12 可知，铁的标准电极电位较氢为负，欲使之耐腐蚀必须设法提高它的电极电位。实践证明把铬加入铁基固溶体以后，可使其电极电位提高，并且当含铬量达到一定的浓度时，这种提高是突变的，即当含铬量达到 1/8、2/8、3/8……摩尔比时，铁基固溶体的电极电位呈跳跃式地增高，腐蚀也因此减弱。这个变化规律就叫作 $n/8$ 定律，它同样反映在其他一些贵金属与非贵金属组成的合金中，如铜-金合金，银-金合金，铜-镍合金等。

2. 铬（Cr）是组成不锈钢的基本金属元素

实践表明，铬能显著提高各类钢的强度、硬度和耐磨性（但同时降低塑性和韧性），在不锈钢、耐热钢中，当铬的含量超过 13% 时，能显著提高钢的抗氧化性和耐腐蚀性，因此是此类钢中最主要的金属元素。

3. 薄膜理论

薄膜理论认为，所有金属在各类介质中都会发生氧化反应，并在表面形成氧化膜。普通钢材表面形成的氧化膜会继续氧化，使锈蚀不断扩大，最终形成孔洞。而不锈钢之所以耐腐蚀是由于表面所形成的氧化膜是钝化的、致密的富铬氧化物膜，可阻止进一步氧化。同时，如果铬氧化膜一旦破坏，钢中的铬会与介质继续反应重新生成钝化膜，继续起保护作用。不锈钢的耐腐蚀取决于铬，钢中铬的含量达到 13% 以上时，钢的耐腐蚀性能显著增加，据资料显示，耐腐蚀性是普通钢材的一万倍以上。

4. 氧吸附理论

氧吸附理论认为，不锈钢之所以耐腐蚀，是因为表面金属吸收介质中的氧，从而使金属表面钝化，阻止不锈钢与介质进一步发生化学反应。该理论基本与薄膜理论一致，只是形成氧化膜的基础有差别。

5. 氧电子吸附理论

氧电子吸附理论认为，金属表面吸附氧原子后，在金属的电子作用下形成电极，金属成为正极，从而使金属的电极电位提高，阻碍作为阳极的金属继续离子化，最终使不锈钢的耐腐蚀性明显提高。

6. 电子排列理论

电子排列理论认为，过渡族金属因失去电子而不易被离子化。过渡族金属，其共性是 d 层都没有布满电子。Fe、Cr 原子外层电子排列如表 10-13 所示。

表 10-13　Fe、Cr 原子外层电子排列

电子层	1s	2s	2p	3s	3p	3d	4s
铁 Fe	2	2	6	2	6	6	2
铬 Cr	2	2	6	2	6	5	2

可以看出，Fe 原子和 Cr 原子的 3d 层没有布满电子，Fe 原子的 10 个电子位仅填布了 6 个；Cr 原子 3d 电子层只填布了 5 个。

当 Fe 与 Cr 组成合金时，Cr 原子有吸收电子的能力，这样在 3d 层具有 5 个空位的铬，即可向 Fe 原子吸收 5 个电子；而 Fe 原子失去一个电子即可达到钝化，未钝化的 Fe 溶解时为 Fe^{2+}，钝化的 Fe 在溶解时生成 Fe^{3+}，后者较前者内层少一个电子。根据这一理论，在 Fe-Cr 合金中，一个铬原子可使 5 个铁原子钝化，也就是说当不锈钢中的铬浓度接近 1/6（即 16.7%）摩尔比时，即可达到钝化。这个含铬量与上文中的 n/8 定律的最小含铬量在 12.5% 摩尔比基本上是一致的。

基于以上的分析，就可以知道铬是提高钢的耐腐蚀性的主要元素，并且这种影响是在钢中含铬量在 13% 时才发生第一个突变的。

§10.2.2　不锈钢中各元素的作用

普通碳钢的晶体结构为体心立方结构，属铁素体组织结构；奥氏体不锈钢的晶体为面心立方结构，具有较好的耐腐蚀性及韧性。钢材中按一定比例加入镍（Ni）、碳（C）、氮（N）、锰（Mn）、铜（Cu）等，可促进奥氏体组织的形成，增大钢材中奥氏体组织的比例。

目前，人们已经研究出很多公式来表述奥氏体形成元素的相对重要性，最著名的是下面的公式：

$$奥氏体形成能力 = Ni\% + 30 \times C\% + 30 \times N\% + 0.5 \times Mn\% + 0.25 \times Cu\%$$

$$(10-1)$$

根据式（10-1），碳是一种较强的奥氏体形成元素，其形成奥氏体的能力是镍的 30 倍，但是它不能添加到耐腐蚀的不锈钢中，因为在焊接等高温影响下，会导致不锈钢耐腐蚀性下降；氮元素形成奥氏体的能力也是镍的 30 倍，但会导致冶炼中气孔、裂纹等缺陷的增加，难以大量添加。

根据式（10-1），添加锰（Mn）对于形成奥氏体作用效果并不明显，但是添加锰（Mn）可以使更多的氮（N）溶解到不锈钢中，而氮（N）正是一种非常强的奥氏体形成元素。在 200 系列的不锈钢中，正是用足够的锰（Mn）和氮（N）来代替稀有并昂贵的镍（Ni），以促使形成 100% 的奥氏体组织。

1. 不锈钢中碳元素的两面性

在钢材中，碳是影响钢材性能，尤其是机械性能的最主要元素，如抗拉强度、硬度、耐磨性等，都随着含碳量的增加而增加。

不锈钢中碳元素的作用有两面性。一方面，碳元素是形成并稳定奥氏体组织的重要元素，其作用使铬、镍的近 30 倍；另一方面，因为碳容易和铬形成碳化铬，导致周围组织尤其是晶界贫铬，使得不锈钢容易出现晶界腐蚀，降低不锈钢在一些介质中的耐腐蚀性。

2. 不锈钢中铬（Cr）元素的作用

前文已经说过，Cr 是不锈钢的基本金属元素，也是标志性元素，只有 Cr 含量超过 13% 的合金才能称之为不锈钢。不锈钢中 Cr 的主要作用是通过与介质反应在表面形成氧化膜（薄膜理论），或通过 Fe-Cr 作用使 Fe 钝化（电子排列理论），大幅降低不锈钢的腐蚀速度，或提高其抗高温氧化性。但钢材中的 Cr 会促使不锈钢中形成铁素体组织，因此不宜过多地增加。

3. 不锈钢中镍（Ni）元素的作用

Ni 有耐腐蚀、耐高温的特点。钢材中的 Ni 能提高钢的强度，而又使钢材保持良好的塑性和韧性。在不锈钢中，Ni 的作用是促进形成奥氏体组织，并使奥氏体组织趋于稳定，增加不锈钢的耐腐蚀能力。当 Ni 含量增加到一定比例后，就可在常温下获得奥氏体组织。但由于 Ni 是较稀缺的资源，故应尽可能采用其他合金元素代用。

4. 不锈钢中锰（Mn）和氮（N）元素的作用

不锈钢中的 Mn 的作用是扩大及稳定奥氏体组织，其 Ni 当量为 0.5。通常 Mn 和 N 联合使用成为代替和节约 Ni 的主要材料。Mn 可提高强度，增加 N 在钢中的溶解度，但是 Mn 可促进 δ 相析出，造成钢的脆性，同时不利于钢的低温韧性和可焊性。

在实际生产中，N 的含量应严格控制。当 N 超过一定数量时，在一般冶炼条件下，由于 N 的析出，及 N 能促进 H 的析出，使铸件容易形成气泡和疏松，通常氮的加入量是钢中含 Cr 量的 1%～1.3%，一般以氮化铬铁或氮化锰铁的形式加入。

5. 不锈钢中钼（Mo）元素的作用

普通钢材中，Mo 能细化晶粒、提高淬透性和高温强度。不锈钢中 Mo 可提高钝化膜的强度，显著增强耐局部腐蚀性。特别是抗氯离子点蚀，同时能提高在还原性介质，如硫酸、磷酸及有机酸中的耐蚀性。Mo 还可提高奥氏体钢的高温强度。由于 Mo 是促进铁素体形成元素（Cr 当量为 1），为了平衡组织，加 Mo 的不锈钢中应当相应增加 Ni 等奥氏体形成元素含量。例如 CF3M，加入 2.0%～3.0% Mo 后，Ni 含量也增加到 9.0%～13.0%。

6. 锈钢中铌（Nb）、钛（Ti）元素的作用

Nb 和 Ti 能优先与 C 结合形成稳定的碳化物，并均匀分布在基体中，阻止 Cr 的碳化物生成，有效防止晶间腐蚀的发生。加入 Nb 的抗晶间腐蚀效果比加入 Ti 的抗晶间腐蚀效果更高。为了生成稳定的 Ti 和 Ni 的碳化物，不锈钢中 Ti 的含量一般应大于 C 含量的 5 倍，Ni 的含量一般应为 C 含量的 8 倍以上。

Nb 和 Ti 都是促进铁素体形成元素，铬当量都为 0.5，因此不宜过多增加。

Nb 还可增加奥氏体钢的高温强度。在普通低合金钢中加 Nb，可提高抗大气腐蚀及高温下抗氢、氮、氨腐蚀能力，还可改善焊接性能。Ti 对不锈钢的变形能力和铸造工艺性能危害很大，因此不宜多加。

7. 其他元素的作用

除过上述几种元素外，不锈钢中常常还加入钨（W）、钴（Co）、钒（V）、硅（Si），甚至还含有硫（S）、磷（P）等元素，但这些元素对不锈钢的耐腐蚀性作用不大，只是作为提高强度、硬度、耐磨性等目的添加元素，因此本文不作为重点介绍。

V 是钢的优良脱氧剂，钢中加 0.5% 的 V 可细化组织晶粒，提高强度和韧性。V 与 C

形成的碳化物，在高温高压下可提高抗氢腐蚀能力。

W 熔点高、密度大，与碳形成碳化钨有很高的硬度和耐磨性。Co 多用于特殊钢和合金中，如热强钢和磁性材料。

Si 是形成铁素体的元素，Si 和 Mo、W、Cr 等结合，有提高抗腐蚀性和抗氧化的作用，可制造耐热钢。在一般不锈钢中常作为杂质元素处理。

S 使钢产生热脆性，降低钢的延展性和韧性，在锻造和轧制时造成裂纹。S 对焊接性能不利，降低耐腐蚀性。所以通常要求 S 含量小于 0.055％，优质钢要求小于 0.040％。

P 通常使钢的冷脆性增加、焊接性能变坏，使钢的塑性、冷加工性能降低等等，因此通常要求钢中 P 含量小于 0.045％，优质钢要求更低些。

8. 不锈钢中各元素作用综合比较

不锈钢中各元素对不锈钢性能影响如表 10 - 14 所示。

表 10 - 14　各元素对不锈钢性能影响

	Cr	Ni	Mn	N	Ti	Nb	Si	Mo	Cu	C	S	Se	Al
形成铁素体组织	中	—				强	中	中	中					强
形成奥氏体组织	—	中	弱	强	—	—	—	—	弱	强			
形成碳化物	中		弱		强	强		弱					
改善抗氧化性酸	强	—					中						
改善抗还原性酸	—	强					中	强	强				
防止晶间腐蚀					强	强	中	弱					
防止点蚀							中	强					
改善抗应力腐蚀	—	强											
改善抗氧化性	强	中			中		强						强
改善高温抗蠕变性	—	中	弱	中	中	强		中		中			
改善时效硬化性					中	强			中				中
细化晶粒				弱	强	中							
改善机械加工性	—	—	—	—	—	—	—	—	—	—	强	强	—

§10.2.3　不锈钢的分类及各自特点

按照金相组织的不同，不锈钢可分为铁素体不锈钢、奥氏体不锈钢、马氏体不锈钢、双相不锈钢、沉淀硬化型不锈钢等。

1. 铁素体不锈钢

铁素体不锈钢是指使用状态下以铁素体组织为主的不锈钢。铁素体不锈钢具有体心立方晶体结构。这类钢铬含量一般在 15％～30％，不含镍，有时还含有少量的 Mo、Ti、Nb 等元素，如 Cr17、Cr17Mo2Ti、Cr25、Cr25Mo3Ti 等。这类钢具有导热系数大、膨胀系数小、抗氧化性好、抗应力腐蚀优良等特点，多用于制造耐大气、水蒸气、水及氧化性酸腐蚀的零部件。

2. 奥氏体不锈钢

奥氏体不锈钢，是指钢中含 Cr 约 18％、Ni8％～25％、C 约 0.1％时，在常温下具有稳定奥氏体组织的不锈钢。奥氏体铬镍不锈钢包括著名的 18Cr－8Ni 钢，以及在此基础上增加 Cr、Ni 含量，并加入 Mo、Cu、Si、Nb、Ti 等元素发展起来的高 Cr－Ni 系列钢。奥氏体不锈钢无磁性而且具有高韧性和塑性，但强度较低，除耐氧化性酸介质腐蚀外，如果含有 Mo、Cu 等元素还能耐硫酸、磷酸以及甲酸、醋酸、尿素等工艺介质的腐蚀，含碳量若低于 0.03％或含 Ti、Ni，就可显著提高其耐晶间腐蚀性能。常见的奥氏体不锈钢如 0Cr18Ni9（304）、00Cr18Ni10（304L）、0Cr17Ni12Mo2（316）、00Cr17Ni14Mo2（316L）、0Cr18Ni10Ti（321）、0Cr18Ni11Nb（347）等。

3. 马氏体不锈钢

马氏体不锈钢是通过热处理可以调整其力学性能、可硬化的不锈钢，这种特性决定了这类钢必须具备两个基本条件：一是在平衡相图中必须有奥氏体相区存在，在该区域温度范围内进行长时间加热，使碳化物固溶到钢中之后，进行淬火形成马氏体，也就是化学成分必须控制在 γ 或 γ＋α 相区，二是要使合金形成耐腐蚀和氧化的钝化膜，铬含量必须在10.5％以上。典型的马氏体不锈钢牌号如 Cr13 型，如 2Cr13、3Cr13、4Cr13，标准的马氏体不锈钢如 403、410、414、416、416（Se）、420、430、431、440A、440B、440C 等，有磁性；马氏体不锈钢淬火后硬度较高，不同回火温度具有不同强度、韧性组合，主要用于蒸汽轮机叶片、餐具、外科手术器械。

根据化学成分的差异，马氏体不锈钢可分为马氏体铬钢和马氏体铬镍钢两类；根据组织和强化机理的不同，还可分为马氏体不锈钢、半马氏体沉淀硬化不锈钢、马氏体时效不锈钢等。这些钢材的耐腐蚀性来自 Cr，其含量 11.5％～18％，Cr 含量愈高所需含碳量也越高，以确保在热处理期间马氏体的形成。440 型不锈钢很少用于需要焊接的场合，且440 型成分的熔填金属不易取得。

马氏体不锈钢能在退火和硬化、回火的状态下焊接，无论钢材的原先状态如何，经过焊接后都会在邻近焊道处产生一硬化的马氏体区，热影响区的硬度主要是取决于母材金属的碳含量，硬度增加时韧性减少，且此区域变成较易产生龟裂，预热和控制层间温度是避免龟裂的最有效方法，为得最佳的性质需焊后热处理。

马氏体不锈钢主要为铬含量 12％～18％低碳或高碳钢。各国广泛应用的马氏体不锈钢钢种有如下 3 类：

（1）低碳及中碳 13％Cr 钢；

（2）高碳的 18％Cr 钢；

（3）低碳含镍（约 2％）的 17％Cr 钢。

与铁素体不锈钢相似，马氏体不锈钢中也可以加入其他合金元素来改进其他性能：加入 0.07％S 或 Se 改善切削加工性能，例如 1Cr13S 或 4Cr13Se；加入约 1％Mo 及 0.1％V，可以增加 9Cr18 钢的耐磨性及耐蚀性；加入 1Mo－1W－0.2V，可以提高 1Cr13 及 2Cr13钢的热强性。

马氏体不锈钢的耐蚀性主要取决于铬含量，而钢中的碳由于与铬形成稳定的碳化铬，又间接影响钢的耐蚀性。因此，在 13％Cr 钢中碳含量越低，耐蚀性越高，如 1Cr13、2Cr13、3Cr13 及 4Cr13，其强度逐步提高，耐蚀性则逐步下降。

4. 沉淀硬化型不锈钢

沉淀硬化不锈钢（Precipitation Hardening Stainless Steel）是在不锈钢中添加不同类型和数量的强化元素，通过沉淀硬化（是指金属在过饱和固溶体中溶质原子偏聚区和（或）由之脱溶出微粒弥散分布于基体中而导致硬化的一种热处理工艺）过程析出不同类型和数量的碳化物、氮化物、碳氮化物和金属间化合物，提高钢的强度又保持足够的韧性的一类高强度不锈钢，简称 PH 钢。

根据钢的组织可分为 3 种：马氏体沉淀硬化不锈钢，以 0Cr17Ni7TiAl 和 0Cr17Ni4Cu4Nb 为代表；半奥氏体沉淀硬化不锈钢，以 0Cr17Ni7Al、0Cr15Ni7Mo2Al 为代表；奥氏体沉淀硬化不锈钢，实际上为铁基高温合金，以 0Cr15Ni20Ti2MoVB、1Cr17Ni10P 为代表。

（1）马氏体沉淀硬化不锈钢

钢中碳含量 0.05％～0.1％，目的是既有好的焊接性、耐蚀性，又具有较好的韧性；铬含量一般为 16％～17％，以保证足够的不锈性和耐蚀性；合适的镍、铬当量，以便钢中 δ-铁素体的含量处于最低水平（一般≤5％），以免损害横向性能和降低钢的强度。添加适量沉淀硬化元素如铜和钛等以便形成 ε 富铜相和 NiTi 相等进行强化。

（2）半奥氏体沉淀硬化不锈钢

为改进铸造性能，铸造钢的碳含量大于 0.1％，这类钢在固溶处理后为奥氏体组织，在此状态下进行加工、成形、焊接。在调整处理（碳化物析出过程）后，马氏体点升高，降到室温后为马氏体组织或再通过简单的低温处理（-72℃）后转变成马氏体（即马氏体点在-72℃以上）；铬含量一般在 14％以上，以保证良好的不锈性和耐蚀性；选择合适的铬、镍当量配比以降低钢中 δ-铁素体的含量；钢中含有适量沉淀硬化元素，如钼、钛、铝、铌、铜等。有时钢中含钴，一方面可以促进钼的强化作用，同时又不影响马氏体点。

（3）奥氏体沉淀硬化不锈钢

选择合适的铬、镍当量配比，使其形成非常稳定的奥氏体组织；为了弥补奥氏体强度的不足，通过加入铝、钛以形成 Ni_3Al、Ni_3Ti，或加入磷形成 $M_{23}(C+P)_6$ 而进行强化。

0Cr15Ni25Ti2MoAlVB 是奥氏体沉淀硬化不锈钢、铁镍基高温合金。该钢不仅在固溶态，而且在时效态均为稳定的奥氏体组织。一般由钢中形成金属间化合物来达到提高强度和改善高温性能。

5. 双相不锈钢

双相不锈钢（Duplex Stainless Steel，简称 DSS），指铁素体与奥氏体各约占 50％，一般较少相的含量最少也需要达到 30％的不锈钢。在含 C 较低的情况下，Cr 含量 18％～28％，Ni 含量 3％～10％，有些还含有 Mo、Cu、Nb、Ti、N 等合金元素。该类钢兼有奥氏体和铁素体不锈钢的特点：与铁素体相比，塑性、韧性更高，无室温脆性，耐晶间腐蚀性能和焊接性能均显著提高，同时还保持有铁素体不锈钢的 475℃脆性以及导热系数高，具有超塑性等特点；与奥氏体不锈钢相比，强度高且耐晶间腐蚀和耐氯化物应力腐蚀能力更为明显。双相不锈钢具有优良的耐孔蚀性能，也是一种节镍不锈钢。

（1）双相不锈钢的性能特点

①含钼双相不锈钢在低应力下有良好的耐氯化物应力腐蚀性能。一般 18－8 型奥氏体不锈钢在 60℃ 以上中性氯化物溶液中容易发生应力腐蚀断裂，在微量氯化物及硫化氢工业介质中用这类不锈钢制造的热交换器、蒸发器等设备都存在着产生应力腐蚀断裂的倾向，而双相不锈钢却有良好的抵抗能力。

②含钼双相不锈钢有良好的耐孔蚀性能。在相同抗孔蚀当量下，双相不锈钢与奥氏体不锈钢的临界孔蚀电位相仿。双相不锈钢与奥氏体不锈钢耐孔蚀性能与 AISI 316L 相当。含 25%Cr 的，尤其是含氮的高铬双相不锈钢的耐孔蚀和缝隙腐蚀性能超过了 AISI 316L。

③具有良好的耐腐蚀疲劳和磨损腐蚀性能。

④综合力学性能好。有较高的强度和疲劳强度，屈服强度是 18－8 型奥氏体不锈钢的 2 倍，固溶态的延伸率达到 25%，冲击韧性 100J 以上。

⑤可焊性良好，热裂倾向小，一般焊前不需预热，焊后不需热处理，可与 18－8 型奥氏体不锈钢或碳钢等异种焊接。

⑥含低铬（18%Cr）的双相不锈钢热加工温度范围比 18－8 型奥氏体不锈钢宽，抗力小，可不经过锻造，直接轧制开坯生产钢板。含高铬（25%Cr）的双相不锈钢热加工比奥氏体不锈钢略显困难，可以生产板、管和丝等产品。

⑦冷加工时比 18－8 型奥氏体不锈钢加工硬化效应大，在管、板承受变形初期，需施加较大应力才能变形。

⑧与奥氏体不锈钢相比，导热系数大，线膨胀系数小。

⑨仍有高铬铁素体不锈钢的各种脆性倾向，不宜用在高于 300℃ 的工作条件。双相不锈钢中含铬量愈低，σ 等脆性相的危害性也愈小。

（2）双相不锈钢的分类

①低合金型，代表牌号 S32304（23Cr－4Ni－0.1N），钢中不含钼，耐应力腐蚀方面可代替 AISI304 或 316 使用。

②中合金型，代表牌号 2205/S31803（22Cr－5Ni－3Mo－0.15N），其耐蚀性能介于 AISI316L 和 6%Mo＋N 奥氏体不锈钢之间。

③高合金型，一般含 25%Cr 及钼和氮，有的还含有铜和钨，标准牌号 F55/S32550（25Cr－6Ni－3Mo－2Cu－0.2N），这类钢的耐蚀性能高于 22%Cr 的双相不锈钢。

④超级双相不锈钢型，含高钼和氮，标准牌号 2507/S32750（25Cr－7Ni－3.7Mo－0.3N），有的还含钨和铜，可适用于苛刻的介质条件，具有良好的耐蚀与综合机械性能，可与超级奥氏体不锈钢相媲美。

§10.2.4　控制阀内件常用不锈钢材料

ASTM A276/A276M 中给出了控制阀内件常用材料牌号、分类、对应成分，以及常见的热处理方式、需要的达到的机械性能指标，如表 10－15、表 10－16 所示：

表 10－15　控制阀内件常用不锈钢材料

序号	UNS	牌号	C	Cr	Ni	Mo	Mn	P	S	Si	N	其他
奥氏体不锈钢												
1	N08020	Alloy 20	0.07	19.0～21.0	32.0～38	2.0～3.0	2.00	0.045	0.035	1.00		Cu 3.0～4.0；Nb 0～1.0
3	N08800	800	0.1	19.0～23.0	30.0～35.0		1.5	0.05	0.02	1.00		Cu 0.75；Fe: 39.5 min.
4	N08810	800H	0.05～0.10	19.0～23.0	30.0～35.0		1.5	0.05	0.02	1.00		Cu 0.75；Fe𝐼 39.5 min.
5	N08904	904L	0.02	19.0～23.0	23.0～28.0	4.0～5.0	2	0.05	0.04	1.00	0.1	Cu 1.0～2.0
6	S20100	201	0.15	16.0～18.0	3.5～55		5.5～7.5	0.06	0.03	1.00	0.25	
7	S20200	202	0.15	17.0～19.0	4.0～6.0		7.5～10.0	0.06	0.03	1.00	0.25	
8	S20500	205	0.12～0.25	16.5～18.0	1.0～1.7		14.0～15.5	0.06	0.03	1.00	0.32～0.40	
9	S20910	XM－19	0.06	20.5～23.5	11.5～13.5	1.50～3.0	4.0～6.0	0.05	0.03	1.00	0.20～0.40	Cb 0.10～0.30,
10	S21900	XM－10	0.08	19.0～21.5	5.5～7.5		8.0～10.0	0.05	0.03	1.00	0.15～0.40	
11	S21904	XM－11	0.04	19.0～21.5	5.5～7.5		8.0～10.0	0.05	0.03	1.00	0.15～0.40	
12	S24000	XM－29	0.08	17.0～19.0	2.3～3.7		11.5～14.5	0.05	0.03	1.00	0.20～0.40	
13	S24100	XM－28	0.15	16.5～19.0	0.50～2.50		11.0～14.0	0.05	0.03	1.00	0.20～0.45	
14	S30200	302	0.15	17.0～19.0	8.0～10.0		2	0.05	0.03	1.00	0.1	
15	S30400	304	0.08	18.0～20.0	8.0～11.0		2	0.05	0.03	1.00		
16	S30452	XM－21	0.08	18.0～20.0	8.0～10.0		2	0.05	0.03	1.00	0.16～0.30	
17	S30500	305	0.12	17.0～19.0	11.0～13.0		2	0.05	0.03	1.00		
18	S30800	308	0.08	19.0～21.0	10.0～12.0		2	0.05	0.03	1.00		
19	S30900	309	0.2	22.0～24.0	12.0～15.0		2	0.05	0.03	1.00		
20	S31000	310	0.25	24.0～26.0	19.0～22.0		2	0.05	0.03	1.5		
21	S31400	314	0.25	23.0～26.0	19.0～22.0		2	0.05	0.03	1.50～3.0		
22	S31600	316	0.08	16.0～18.0	10.0～14.0	2.0～3.0	2	0.05	0.03	1.00		
23	S31603	316L	0.03	16.0～18.0	10.0～14.0	2.0～3.0	2	0.05	0.03	1.00		
24	S31635	316Ti	0.08	16.0～18.0	10.0～14.0	2.0～3.0	2	0.05	0.03	1.00	0.1	Ti 5×(C+N)－0.70
25	S31700	317	0.08	18.0～20.0	11.0～15.0	3.0～4.0	2	0.05	0.03	1	0.1	
26	S32100	321	0.08	17.0～19.0	9.0～12.0		2	0.05	0.03	1		Ti 5×(C+N)－0.70D
27	S34700	347	0.08	17.0～19.0	9.0～12.0		2	0.05	0.03	1		Cb 10×C－1.10
28	S34800	348	0.08	17.0～19.0	9.0～12.0		2	0.05	0.03	1		Cb 10×C－1.10,
奥氏体-铁素体不锈钢												
29	S31100	XM－26	0.06	25.0～27.0	6.0～7.0		1	0.05	0.03	1		Ti 0.25

序号	UNS	牌号	C	Cr	Ni	Mo	Mn	P	S	Si	N	其他
						铁素体不锈钢						
30	S40500	405	0.08	11.5~14.5	0.5		1	0.04	0.03	1		Al 0.10~0.30
31	S42900	429	0.12	14.0~16.0			1	0.04	0.03	1		
32	S43000	430	0.12	16.0~18.0			1	0.04	0.03	1		
33	S44400	444	0.025	17.5~19.5	1	1.75~2.5	1	0.04	0.03	1	0.035	Ti+Cb 0.20+4×
34	S44600	446	0.2	23.0~27.0	0.75		1.5	0.04	0.03	1	0.25	
35	S44627	XM-27F	0.010G	25.0~27.5	0.5	0.75~1.5	0.4	0.02	0.02	0.4	0.015G	Cu 0.20
						马氏体不锈钢						
36	S40300	403	0.15	11.5~13.0			1	0.04	0.03	0.5		
37	S41000	410	0.08~0.15	11.5~13.5			1	0.04	0.03	1		
38	S41040	XM-30	0.18	11.0~13.0			1	0.04	0.03	1		Cb 0.05~0.30
39	S41400	414	0.15	11.5~13.5	1.25~2.50		1	0.04	0.03	1		
40	S42000	420	0.15min	12.0~14.0			1	0.04	0.03	1		
41	S43100	431	0.2	15.0~17.0	1.25~2.50		1	0.04	0.03	1		
42	S44002	440A	0.60~0.75	16.0~18.0		0.75	1	0.04	0.03	1		
43	S44003	440B	0.75 0.95	16.0~18.0		0.75	1	0.04	0.03	1		
44	S44004	440C	0.95~1.20	16.0~18.0		0.75	1	0.04	0.03	1		

表 10-16　控制阀内件常用不锈钢材料机械性能

序号	UNS	牌号	热处理	轧制工艺	直径或厚度	抗拉强度/MPa	屈服强度/MPa	50mm 或 4D 延展率/% ≥	断面 收缩率/% ≥	硬度 HBW
					奥氏体不锈钢					
1	N08020	Alloy 20	变形硬化后退火	热轧或冷轧	任何尺寸	[550]	[240]	30	50	
2	N088000	800	退火	热轧或冷轧	任何尺寸	515	205	30		192
3	N08810	800H	退火	热轧或冷轧	任何尺寸	450	170	30		192
4	N08904	904L	退火	热轧或冷轧	任何尺寸	490	220	35		
5		201，202	退火	热轧或冷轧	任何尺寸	515	275	40	45	
6	S20500	205	退火	热轧或冷轧	任何尺寸	690	414	40	50	
7	S20910	XM-19	退火	热轧或冷轧	任何尺寸	690	380	35	55	
8	S20910	XM-19	热轧		≤50.8mm	930	725	20	50	
9	S21900	XM-10	退火	热轧或冷轧	任何尺寸	620	345	45	60	
10	S21904	XM-11	退火	热轧或冷轧	任何尺寸	620	345	45	60	
11	S24000	XM-29	退火	热轧或冷轧	任何尺寸	690	380	30	50	

续表

序号	UNS	牌号	热处理	轧制工艺	直径或厚度	抗拉强度/MPa	屈服强度/MPa	50mm 或 4D 延展率/% ≥	断面 收缩率/% ≥	硬度 HBW
					奥氏体不锈钢					
12	S24100	XM - 28	退火	热轧或冷轧	任何尺寸	690	380	30	50	
13	302, 304, 305, 308, 309, 310, 314, 316, 316Ti, 317, 321, 347, 348		退火	热轧或冷轧	任何尺寸	515	205	40G	50	
14	S30403	304L	退火	热轧或冷轧	任何尺寸	485	170	40G	50	
15	S31603	316L	退火	热轧或冷轧	任何尺寸	485	170	40G	50	
16	S30452	M - 21	退火	热轧或冷轧	任何尺寸	620	345	30	50	
					奥氏体-铁素体不锈钢					
17	S31100	XM - 26	退火	热轧或冷轧	任何尺寸	620	450	20	55	
					铁素体不锈钢					
18	S40500	405	退火	热轧或冷轧	任何尺寸					207
19	S42900	429	退火	热轧或冷轧	任何尺寸	480	275	20	45	
20	S43000	430	退火	热轧或冷轧	任何尺寸	415	207	20	45	
21	S44400	444	退火	热轧或冷轧	任何尺寸	415	310	20	45	217
22	S44600	446	退火	热轧或冷轧	任何尺寸	450	275	20	45	219
23	S44627	XM - 27	退火	热轧或冷轧	任何尺寸	450	275	20	45	219
24	S44700	447	退火	热轧或冷轧	任何尺寸	480	380	20	40	
25	S44800	448	退火	热轧或冷轧	任何尺寸	480	380	20	40	
					马氏体不锈钢					
26	403, 410	403, 410	退火	热轧或冷轧	任何尺寸	480	275	20	45	
27	403, 410	403, 410	调质	热轧或冷轧	任何尺寸	690	550	15	45	
28	XM - 30	XM - 30	调质	热轧或冷轧	任何尺寸	860	690	13	45	302
29	403, 410	403, 410	硬化后低温回火	热轧或冷轧	任何尺寸	830	620	12	40	
30	XM - 30	XM - 30	退火	热轧或冷轧	任何尺寸	480	275	13	45	235
31	S41400	414	退火	热轧或冷轧	任何尺寸					298
32	S41400	414	调质	热轧或冷轧		790	620	15	45	
33	S41500	415	调质	热轧或冷轧	任何尺寸	795	620	15	45	295
31	S4200	420	退火	热轧或冷轧	任何尺寸					241
35	S43100	431	退火	热轧或冷轧	任何尺寸					285
36	440A, 440B, 440C		退火	热轧或冷轧	任何尺寸					269

§10.3 哈氏合金（Hastelloy alloy）

哈氏合金是镍基合金的一种，目前主要分为 B、C、G 三个系列，它主要用于铁基 Cr - Ni 或 Cr - Ni - Mo 不锈钢、非金属材料等无法使用的强腐蚀性介质工况，已广泛应用于石油、化工、环保等诸多领域。其牌号和典型使用场合如表 10 - 17 所示。

表 10 - 17　典型哈氏合金牌号及适用工况

典型哈氏合金牌号	N10001（B）	N10276（C - 276）	N06007（G）
	N10665（B - 2）	N06022（C - 22）	N06985（G - 3）
	N10675（B - 3）	N06455（C - 4）	N06030（G - 30）
主要合金元素	Ni - Mo	Ni - Cr - Mo	Ni - Cr - Fe - Mo
典型使用场合	盐酸等还原性介质	氧化、还原性兼有的混合介质	磷酸、硫酸、硫酸盐等

为改善哈氏合金的耐蚀性能和冷、热加工性能，哈氏合金先后进行了三次重大改进，其发展过程如下：

B 系列：B→B - 2（00Ni70Mo28）→B - 3

C 系列：C → C - 276（00Cr16Mo16W4）→ C - 4（00Cr16Mo16）→ C - 22（00Cr22Mo13W3）→C - 2000（00Cr20Mo16）

G 系列：G→G - 3（00Cr22Ni48Mo7Cu）→G - 30（00Cr30Ni48Mo7Cu）

目前使用最广泛的是第二代材料 N10665（B - 2）、N10276（C - 276）、N06022（C - 22）、N06455（C - 4）和 N06985（G - 3）。第三代材料 N10675（B - 3）、N10629（B - 4）、N06059（C - 59）已在小范围内普及使用。由于冶金技术的进步，近年来出现了多个牌号的含 6％ Mo 的所谓"超级不锈钢"，替代了 G 系列合金，使得 G 系列合金的生产和使用迅速下降。

常见哈氏合金牌号及化学成分、力学性能见表 10 - 18、表 10 - 19。

表 10 - 18　常见哈氏合金牌号及化学成分

	C	Fe	Cr	Ni	Mo	Co	Mn	Si	P	S	W	V	Cu	Nb+Ta
N10665 (B - 2)	≤0.02	1.6～2.0	0.4～1	余量	26.0～30.0	≤1.0	≤1.0	≤0.08	≤0.04	≤0.03			≤0.5	
N10276 (C - 276)	≤0.01	4.0～7.0	14.5～16.5	余量	15.0～17.0	≤2.5	≤1.0	≤0.08	≤0.04	≤0.03	3.0～4.5	≤0.035		
C - 22	≤0.015	2.0～6.0	20.0～22.5	余量	12.5～14.5	≤2.5		≤0.08		≤0.02	2.5～3.5	0.35		
C - 59	≤0.01	≤1.5	22.0～24.0	余量	15～16.5	≤0.3	≤0.5	≤0.01	≤0.015	≤0.005				
N06007 (G - 3)	≤0.015	18.2～21	21.0～23.5	余量	6.0～8.0	≤5.0	≤1.0	≤1.0	≤0.04	≤0.03	≤1.5		1.5～2.5	≤0.5

哈氏合金的力学性能非常突出，具有高强度、高韧性的特点，所以在机械加工方面有一定的难度，而且其硬板硬化倾向极强，当变形率达到 15％ 时，约为 18 - 8 不锈钢的 2

倍。哈氏合金还存在中温敏化区，其敏化倾向随变形率的增加而增大。当温度较高时，哈氏合金易吸收有害元素使其力学性能和耐腐蚀性能下降。

表 10 - 19　常见哈氏合金力学性能

合金牌号	板材标准	厚度/mm	σ_b/MPa	$\sigma_{0.2}$/MPa	δ_5/%	硬度/HRB
N10665（B - 2）	ASTM B333 - 1998	≤4.76	760	350	≥40%	≤100
		4.76~63.5	760	350	≥40%	≤100
N10276（C - 276）	ASTM B575 - 1999	≤63.5	690	283	≥40%	≤100
N06007（G - 3）	ASTM B582 - 1997	0.51~63.5	621	241	≥40%	≤100

§10.3.1　哈氏合金 B - 2（Hastelloy B - 2）

1. 耐蚀性能

哈氏合金 B-2 是一种有极低含碳量和含硅量的 Ni - Mo 合金，减少了在焊缝及热影响区碳化物和其他相的析出，从而确保即使在焊接状态下也有良好的耐蚀性能。

众所周知，哈氏合金 B-2 在各种还原性介质中具有优良的耐腐蚀性能，能耐常压下任何温度，任何浓度盐酸的腐蚀。在不充气的中等浓度的非氧化性硫酸、各种浓度磷酸、高温醋酸、甲酸等有机酸、溴酸以及氯化氢气体中均有优良的耐腐蚀性能，同时，它也耐卤族催化剂的腐蚀。因此，哈氏合金 B-2 通常应用于多种苛刻的石油、化工过程，如盐酸的蒸馏、浓缩、乙苯的烷基化和低压羰基合成醋酸等生产工艺过程中。

但在哈氏合金 B-2 多年的工业应用中发现：

（1）哈氏合金 B-2 存在对抗晶间腐蚀性能有相当大影响的两个敏化区，1200～1300℃的高温区和 550～900℃的中温区；

（2）哈氏合金 B-2 的焊缝金属及热影响区由于枝晶偏析，金属间相和碳化物沿晶界析出，使其对晶间腐蚀敏感性较大；

（3）哈氏合金 B-2 的中温热稳定性较差。当哈氏合金 B-2 中的铁元素含量降至 2%以下时，该合金对 β 相（即 Ni4Mo 相，一种有序的金属间化合物）的转变敏感。当合金在 650～750℃温度范围内停留时间稍长，β 相瞬间生成。β 相的存在降低了哈氏合金 B-2 的韧性，使其对应力腐蚀变得敏感，甚至会造成哈氏合金 B-2 在原材料生产（如热轧过程中）、设备制造过程中（如哈氏合金 B-2 设备焊后整体热处理）及哈氏合金 B-2 设备在服役环境中开裂。现今，我国和世界各国指定的有关哈氏合金 B-2 抗晶间腐蚀性能的标准试验方法均为常压沸腾盐酸法，评定方法为失重法。由于哈氏合金 B-2 是抗盐酸腐蚀的合金，因此，常压沸腾盐酸法检验哈氏合金 B-2 的晶间腐蚀倾向相当不敏感。国内科研机构用高温盐酸法对哈氏合金 B-2 进行研究发现：哈氏合金 B-2 的耐蚀性能不仅取决于其化学成分，还取决于其热加工的控制过程。当热加工工艺控制不当时，哈氏合金 B-2 不仅晶粒长大，而且晶间会析出现高 Mo 的 σ 相，此时，哈氏合金 B-2 的抗晶间腐蚀的性能明显下降，在高温盐酸试验中，粗晶粒板与正常板的晶界侵蚀深度相差约 1 倍左右。

2. 机械性能（表 10 - 20、表 10 - 21）

表 10 - 20　室温下的最小力学性能（ASTM）

产品形式	尺寸/mm	0.2%屈服强度/MPa	1.0%屈服强度/MPa	抗拉强度/MPa	延伸率 δ_5/%	布氏硬度/HB	晶粒尺寸/μm
冷轧板带	≤5	340	380	755		250	127
热轧板	5～65						214
棒		325	370	745	40	—	—
管		340	360	755			
ASTM 标准		350	—	760		241	同上

表 10 - 21　力学性能随温度变化情况

产品形式	0.2%屈服强度（MPa）/℃				1.0%屈服强度（MPa）/℃			
	100	200	300	400	100	200	300	400
板	315	285	270	255	355	325	310	295
管								
棒	300	275	255	240	340	315	300	285

3. 焊接

哈氏合金 B-2 焊缝金属及热影响区由于易析出 β 相而导致贫 Mo，从而易于产生晶间腐蚀，因此，哈氏合金 B-2 的焊接工艺应谨慎制定，严格控制。一般焊接工艺如下：焊材选用 ERNi-Mo7；焊接方法 GTAW；控制层间温度不大于 120℃；焊丝直径 ϕ2.4、ϕ3.2；焊接电流 90～150A。同时，施焊前，焊丝、被焊接件坡口及相邻部位应进行去污脱脂处理。

哈氏合金 B-2 热传导系数比钢小得多，如选用单 V 形坡口，则坡口角度要在 70°左右，采用较低的热输入量。

通过焊后热处理可以消除残余应力并改善抗应力腐蚀断裂性能。

§10.3.2　哈氏合金 C-276（Hastelloy C-276）

1. 耐蚀性能

哈氏合金 C-276 属于镍-钼-铬-铁-钨系镍基合金，是现代金属材料中最耐蚀的一种。主要耐湿氯、各种氧化性氯化物、氯化盐溶液、硫酸与氧化性盐，在低温与中温盐酸中均有很好的耐蚀性能。因此，近三十年以来，在苛刻的腐蚀环境中如化工、石油化工、烟气脱硫、纸浆和造纸、环保等工业领域有着相当广泛的应用。

哈氏合金 C-276 的各种腐蚀数据是有其典型性的，但是不能用作规范，尤其是在不明环境中，必须要经过试验才可以选材。哈氏合金 C-276 中没有足够的 Cr 来耐强氧化性环境的腐蚀，如热的浓硝酸。这种合金的产生主要是针对化工过程环境，尤其是存在混酸的情况下，如烟气脱硫系统的出料管等。表 10 - 22 是四种合金在不同环境下的腐蚀对比试验情况（所有焊接试样采用自熔钨极氩弧焊）。

表 10 - 22　四种金属在不同环境下的腐蚀对比实验

试验环境 (沸腾)	腐蚀率/(mm/a)						
	典型 316		AL-6XN		Inconel 625	C-276	
	基本金属试样	焊接试样	基本金属试样	焊接试样	基本金属试样	基本金属试样	焊接试样
20%醋酸	0.003	0.003	0.0036	0.0018	0.0076	0.013	0.006
45%蚁酸	0.277	0.262	0.116	0.142	0.13	0.07	0.049
10%草酸	1.02	0.991	0.277	0.274	0.15	0.29	0.259
20%磷酸	0.177	0.155	0.007	0.006	0.001	0.001	0.0006
10%氨基磺酸	1.62	1.58	0.751	0.381	0.12	0.07	0.061
10%硫酸	9.44	9.44	2.14	2.34	0.64	0.35	0.503
10%碳酸氢钠	1.06	1.06	0.609	0.344	0.10	0.07	0.055

2. 机械性能

1150℃退火并水冷后 C-276 合金的机械性能见表 10-23。

表 10 - 23　1150℃退火并水冷后 C-276 合金的拉力试验结果

温度/℃	屈服强度 $\sigma_{0.2}$/MPa	抗拉强度 σ_b/MPa	延伸率 δ_5/%
-196	565	965	45
-101	480	895	50
21	415	790	50
93	380	725	50
204	345	710	50
316	315	675	55
427	290	655	60
538	270	640	60

3. 焊接及热处理

C-276 合金的焊接性能和普通奥氏体不锈钢相似，焊接前必须要采取措施使焊缝及热影响区的抗腐蚀性能下降最小，如钨极气体保护焊（GTAW）、金属极气体保护焊（GMAW）、埋弧焊或其他一些可以使焊缝及热影响区抗腐蚀性能下降最小的焊接方法，对于诸如氧炔焊等有可能增加材料焊缝及热影响区含碳量或含硅量的焊接方法不适合采用。

哈氏 C-276 合金材料固溶热处理包括两个过程：

（1）在 1040～1150℃加热；

（2）在 2min 之内快速冷却至黑色状态（400℃左右），这样处理后的材料有很好的耐蚀性能；仅对哈氏合金 C-276 进行消应力热处理是无效的；在热处理之前要清理合金表面的油污等可能在热处理过程中产生碳元素的一切污垢。

C-276 合金表面在焊接或热处理时会产生氧化物，使合金中的 Cr 含量降低，影响耐蚀性能，所以要对其进行表面清理。

§10.3.3　哈氏合金 C‑22（Hastelloy C‑22）

1. 耐蚀性能和产品形式

哈氏合金 C‑22 是一种 Ni‑Cr‑Mo 合金，对点蚀、缝隙腐蚀、晶间腐蚀和应力腐蚀断裂均有极强的抵抗力。Ni、Cr、Mo 和 W 的共同作用，使哈氏合金 C‑22 在较大的氧化和还原性环境范围内具有优异的耐蚀性能。

如表 10‑24 所示，哈氏合金 C‑22 在大多数苛刻的环境中有突出的耐蚀性能，对焊接操作或锻造操作中晶间碳化物的析出和多元相的产生有抵抗性能。表 10‑25 给出了哈氏合金 C‑22 ASTM 标准腐蚀实验数据。

表 10‑24　哈氏合金在沸腾溶液中的腐蚀试验数据

试验溶液	试样状态	材料牌号	腐蚀速率/(mm/a)
HCl (1%)	普通板	C‑22	0.36
		C‑276	0.33
		625	0.92
HCl (1%)	焊接态（GTAW）	C‑22	0.329
		C‑276	0.293
		625	—
H_3PO_4 (20%)	普通板	C‑22	0.003
		C‑276	0.01
		625	0.01
H_3PO_4 (20%)	焊接态（GTAW）	C‑22	0.003
		C‑276	0.005
		625	—
H_2SO_4 (10%)	普通板	C‑22	0.351
		C‑276	0.353
		625	0.642
H_2SO_4 (10%)	焊接态（GTAW）	C‑22	0.351
		C‑276	0.503
		625	—
$FeCl$ (6%)	普通板	C‑22	0.015
		C‑276	—
		625	—
$FeCl$ (6%)	焊接态（GTAW）	C‑22	0.015
		C‑276	—
		625	—

表 10 - 25　哈氏合金 C - 22 ASTM 标准腐蚀实验数据

试验溶液	试样状态	材料牌号	腐蚀速率/(mm/a)
G28/Practice A	普通板	C - 22	1.63
		C - 276	5.59
		625	0.58
G28/Practice A	焊接态（GTAW）	C - 22	1.63
		C - 276	—
		625	—
G28/Practice B	普通板	C - 22	0.42
		C - 276	1.14
		625	＞89
G28/Practice B	焊接态（GTAW）	C - 22	0.36
		C - 276	—
		625	—
G28/Practice C	普通板	C - 22	1.72
		C - 276	23.1
		625	—
G28/Practice C	焊接态（GTAW）	C - 22	1.77
		C - 276	23.4
		625	—
G28/Practice D	普通板	C - 22	3.47
		C - 276	—
		625	—
G28/Practice D	焊接态（GTAW）	C - 22	2.85
		C - 276	—
		625	—

G28/Practice A＝沸腾 $Fe_2(SO_4)_3$＋50％H_2SO_4/24h

G28/Practice B＝沸腾 23％H_2SO_4＋1.2％HCl＋1％$FeCl_3$＋1％$CuCl_2$/24h

G28/Practice C＝沸腾 65％HNO_3/5～48h 暴露在空气中

G28/Practice D＝沸腾 10％HNO_3-3％HF/2-24h 暴露在空气中

　　哈氏合金 C - 22 被广泛地应用于烟气脱硫系统、纸浆和造纸工业中的漂白系统、垃圾焚化炉、化工厂、制药厂和放射性垃圾储存等工业领域。

　　哈氏合金 C - 22 强度高，并且有良好的延展性、焊接性和成形性能，因此在 ASME和 ASTM 标准中都有一致的详细叙述。其材料产品形式有板材、带材、管材、棒材和锻件等。

　　2. 机械性能

　　哈氏合金 C - 22 具有良好的热加工性能、退火状态、室温下的机械性能如表 10 - 26

所示，测试板材厚度范围 4.76mm 到 50.8mm。

表 10-26　C-22 合金的机械性能

项　目	典型板材	ASTM B575
屈服强度（0.2%变形）	345MPa	310MPa
抗拉强度	724MPa	690MPa
延伸率（51mm）	67%	45%
硬度	87HRB	100HRB

3. 焊接性能

哈氏合金 C-22 的焊接性能非常好，可以很容易用钨极气体保护焊、金属极气体保护焊、埋弧焊等方法焊接，填料金属要求有与之相匹配的化学成分。

§10.4　Inconel 系列合金

§10.4.1　Inconel 600 合金

Inconel 600 合金是 Ni-Cr 固溶强化合金，具有良好的耐高温腐蚀性（耐酸碱）和抗氧化性能，对氯离子应力腐蚀断裂有优异的耐蚀性能；有优良的冷、热加工性能和良好的焊接工艺性，可以使用在从低温到 1093℃ 的温度范围内，高温下仍然能保持良好的机械性能。

1. 化学成分及执行标准

Inconel 600 合金的化学成分如表 10-27 所示。

表 10-27　Inconel 600 合金的化学成分

元素	C	Fe	Ni	Cr	Co	Mo	Mn	Cu	Ti	Si	P	S
含量	≤0.15	6.0~10.0	≤72	14.0~17.0			≤1.0	≤0.5	≤0.3	≤0.5	≤0.015	≤0.015

Inconel 600 合金主要有板材、带材、棒材形式出现；供货主要是退火状态，薄板和带材也可以以正火状态供货。

相似牌号：GH3600、GH600、UNS No6600；Nicrofer7020、NIN/EN2.4816 等。

Inconel 600 合金相关的标准如表 10-28 所示。

表 10-28　Inconel 600 合金相关的标准

产品形式	相关标准		
	ASTM	ASME	AMS
板、带材	B168	SB168	5540

产品形式	相关标准		
	ASTM	ASME	AMS
管材及管件	B167	SB167	5580
	B516	SB516	
	B517	SB517	
冷凝器用管	B163	SB163	
棒料及锻件	B166	SB166	5665
	B564	SB564	
丝	B166	SB166	5687

2. 耐蚀性能和应用

Inconel 600 合金的高镍含量让它对中等强度的还原性环境有良好的耐蚀性能，同时对氯离子应力腐蚀断裂有也良好的耐蚀性能，因此可以使用在 $MgCl_2$ 溶液中。

相似地，铬使 Inconel 600 合金在弱氧化性环境中有一定的耐蚀性能，从某种意义上讲，Inconel 600 合金已经是商业纯镍的替代品。但在像热的浓硝酸的强氧化性溶液中，Inconel 600 合金的耐蚀性能比较差。

Inconel 600 合金在中性和碱性的盐溶液中不会有腐蚀情况发生，可以使用在苛刻的腐蚀环境中。

Inconel 600 合金对蒸汽和蒸汽、空气、碳的氧化物的混合气体有抵抗力，但在含有硫的高温气体环境中则会腐蚀。

Inconel 600 合金在高温时对碳化有极佳的抵抗力，且对氧化有良好的抵抗，所以长期以来此合金被用于热处理工业上。在中等高温时对脱水 Cl_2 和 HCl 气体有良好的抵抗性。Inconel 600 合金在碱液浓缩过程中耐热应力腐蚀。

总结起来 Inconel 600 合金主要有如下几点特性：

（1）直到 1093℃时仍然具有抗氧化性；

（2）耐碳化性；

（3）到大约 538℃时对脱水 Cl_2 仍然有抵抗性；

（4）对氯离子应力腐蚀断裂有免疫力；

（5）对碱的腐蚀有良好的抵抗力。

其应用场合如下：

（1）热处理相关元件及设备；

（2）温度达到 538℃的氯化设备；

（3）纸浆厂的碱溶解池；

（4）碱液浓缩相关设备。

3. 机械性能

退火状态、室温下，Inconel 600 合金的 0.2 屈服强度 $R_{eL}=255MPa$，抗拉强度 $R_m=$

640MPa，延伸率 $\delta = 45\%$，高温下的机械性能、冲击性能如表 10-29、表 10-30 所示。

表 10-29 Inconel 600 高温下的机械性能

测试温度/℃	0.2%屈服强度/MPa	抗拉强度/MPa	延伸率 δ_5/%
-79	292	734	64
316	213	624	46
427	203	610	49
538	197	579	47
649	183	448	39
760	117	190	46
871	62	103	80
982	28	53	118

表 10-30 Inconel 600 的冲击性能

测试温度/℃	冲击强度/J		
	退火	热轧	冷轧
-73	244	244	—
21	244	244	156
538	217	217	—

4. 热处理

Inconel 600 合金不会由于热处理产生硬化，只会产生冷加工强化。

冷加工后退火可以软化材料。软化温度可以在 871～1149℃ 进行。在 982℃ 或更高的温度情况下，晶粒长大非常迅速，但在 1038℃ 作短时间的停留可以软化材料，又不会产生不适当的晶粒长大。

热处理后的冷却可以慢速冷却，也可以快速淬火冷却，都会得到相当的硬度。

§10.4.2　Inconel 718 合金

Inconel 718 是以体心立方 Ni_3Nb（γ''）和面心立方 Ni_3（Al、Ti、Nb，γ''）强化的沉淀硬化型镍铬铁基合金，在低温和 700℃ 以下具有高的持久的屈服强度、拉伸强度，及良好的塑性。合金组织稳定，元素的扩散速度较低，时效硬化反应很慢，无论在固溶状态或时效状态都具有良好的成型性能和焊接性能。在低温、超低温状态下也可作为结构件使用。

1. 化学成分

Inconel 718 合金化学成分见表 10-31，与 Inconel 718 合金相关的标准有 GB/T 14992、GB/T 14993，ASTM B637、ASTM B607、ASTM B906 等。

表 10 - 31　Inconel 718 合金化学成分

C	Fe	Cr	Ni	Mo	Mn	Si	Cu	Nb+Ta	Ti	Al
≤0.1	余量	17.0~21.0	55.0~55.0	2.8~3.3	≤0.5	≤0.75	≤0.75	4.5~5.75	0.3~1.3	0.2~1.0

2. 机械性能（固溶态）

抗拉强度 R_m＝1280MPa，屈服强度 R_{eL}＝1030MPa，硬度≥346HBS

3. 热处理

工件在加热之前和加热过程中都必须进行表面清理、保持表面清洁，否则做记号的油漆、粉笔，及润滑油、水、燃料等含有的 S、P、Pb 或其他低熔点金属，会导致 Inconel 718 变脆。

950~980℃，油冷、空冷或水冷，后 720℃/8h，以 50℃/h 炉冷至 620℃ 保温 8h，空冷。

4. 焊接

Inconel 718 焊接性能很好。

GTAW/GMAWSG - NiGr19NbMoTiAWSA5.14.ERNiFeCr - 2

§ 10.4.3　Incoloy 800 合金

Incoloy 800 合金是一种用来抵抗氧化和碳化的 Ni - Fe - Cr 合金，其镍的含量达到 32％，使 Incoloy 800 合金对氯致应力腐蚀断裂和 σ 相的析出使合金变脆有良好的抵抗力。Incoloy 800 合金耐均匀腐蚀的性能也很出色，在固溶处理状态下 Incoloy 800H 和 Incoloy 800AT 有出众的抗蠕变和应力断裂性能；

Incoloy 800 合金一般可以使用到 593℃。Incoloy 800H 和 Incoloy 800AT 一般应用在对蠕变和应力腐蚀断裂要求很高的 593℃ 以上的温度。

1. 化学成分

Incoloy 800 系列合金化学成分见表 10 - 32。

表 10 - 32　Incoloy 800 系列合金化学成分　　　　%

元素	Incoloy800	Incoloy800H	Incoloy800AT
C	0.02	0.08	0.08
Cr	21.0	21.0	21.0
Ni	32.0	32.0	32.0
Mn	1.00	1.00	1.00
Ti	0.40	0.40	
Al	0.40	0.40	
Cu	0.30	0.30	

元素	Incoloy800	Incoloy800H	Incoloy800AT
P	0.020	0.020	0.020
S	0.010	0.010	0.010
Si	0.35	0.35	0.35

2. 耐腐蚀性

Incoloy 800 系列合金的镍含量比 304 系列不锈钢高很多，但适用介质的腐蚀性却很相似，例如在很多工业气体和化工介质如硝酸和有机酸中，在除低温、低浓度以外的硫酸环境下，都有相当的性能；Incoloy 800 系列合金虽然对氯离子应力腐蚀开裂没有免疫力，但是对其耐蚀性能还是很好的；在石油、化工、食品、纸浆和造纸等工业领域有良好的耐蚀性能，可以在使普通奥氏体不锈钢应力腐蚀断裂的中等腐蚀环境下使用。

Incoloy 800 合金最典型的应用是高温下的应用，如焚烧炉元件、石化重整装置、加氢裂化管件、常规电厂和核电站的过热蒸汽处理设备。高含量的铬和镍使 Incoloy 800 系列合金对氧化和碳化有良好的抵抗力。

3. 机械性能

Incoloy 800 系列合金的在不同温度下力学性能如表 10-33 所示。其中 Incoloy 800 合金在 982℃ 退火，Incoloy 800H 和 Incoloy 800AT 合金在 1149℃ 退火，退火温度不同主要因为材料的强度不同的缘故。

表 10-33　Incoloy 800 系列合金在不同温度下的机械性能

测试温度/℃	抗拉强度/MPa	0.2%屈服强度/MPa	延伸率 δ_5/%
21	600	295	44
93	563	274	43
260	525	234	39
427	514	230	40
538	496	219	39
649	372	200	56
760	221	156	85
816	171	98	91

4. 热处理

Incoloy 800 合金的退火处理温度一般为 982～1038℃，目的主要是细化晶粒；Incoloy 800H 和 Incoloy 800AT 的热处理温度一般为 1121～1177℃，除软化材料目的之外，还有就是使材料的晶粒长大，改善抗蠕变和应力断裂性能。

5. 焊接

Incoloy 800 系列合金可以使用 GTAW 或 MIG 等焊接方法焊接。现在有大量的焊条和焊丝可以用来焊接 Incoloy 800 合金。Incoloy 800 合金的焊缝附近会产生紧密的氧化物，只能打磨去除。另外焊接时最好采用惰性气体保护焊。

§10.5 蒙乃尔（Monel）合金

在 20 世纪早期，人们试图以高含铜的镍矿石来冶炼合金，因此发现了蒙乃尔合金，如今的蒙乃尔 400 中镍铜含量的比例还和当初的矿石相似。

Monel400 是单相固溶体 Ni-Cu 合金，在很多介质环境下都具有良好的耐蚀性能，作为耐蚀材料使用有很长的历史。

和商业纯镍一样，蒙乃尔 400 在退火状态下的强度很低，因为这个原因，此材料常常要求回火处理，以提高其强度。

其特性可以归纳为如下几点：

（1）在海洋和化工环境下有良好的耐蚀性能；

（2）对氯离子应力腐蚀开裂很不敏感；

（3）从 0℃以下到 550℃ 都有良好的机械性能，被 ASME 认可可以用作在-10～425℃ 下的压力容器；

（4）良好的加工和焊接性能。

1. 化学成分

Monel 400 合金化学成分如表 10-34 所示。

表 10-34 Monel 400 合金化学成分

元素	Ni	Cu	Fe	C	Mn	Si	Al	S
含量/%	63.0	28.0～34.0	1.0～2.5	≤0.15	1.25≤	≤0.5	≤0.5	≤0.02

2. 机械性能

Monel 400 合金的机械性能如表 10-35 所示。

表 10-35 Monel 400 合金的机械性能

状态	抗拉强度 R_m/MPa	0.2%屈服强度 R_{eL}/MPa	延伸率 L_e/%	布氏硬度/HB
退火	480	195	35	150
消应力	≥550	275	20	170
硬化	≥690	620	2	210

3. 热处理与焊接

Monel400 材料在加热之前必须严格清洁材料的表面。退火温度一般为 700～900℃，在 825℃时效果最好。处理后快速空冷可以获得很好的耐蚀性能。

退火温度和退火时间直接关系到材料的最终晶粒尺寸，因此要仔细考虑退火参数。而且退火炉中气体含硫量必须要低，以免使材料脆化。消除应力热处理一般在 300℃ 的低温下保温 1～3h 即可。

对于管材，应力消除热处理温度一般控制在 550～650℃。

蒙乃尔 400 焊接前不需要预热，一般也不需要焊后热处理，因为加工后的材料强度有所提高，对以后的使用有一定的益处。

§10.6 控制阀内件材料的综合选用

介质及工况复杂多变，材料的牌号又纷繁复杂，如何精准选择控制阀各零部件所需的材料，是摆在工程技术人员一个难题，需要循序渐进、逐步积累经验方可做到游刃有余。

1. 根据材料理论选材

介质类型繁多，相应浓度、工况下对材料的腐蚀方式也各不相同，因此根据介质的腐蚀性决定材料的选用是个很复杂的过程。总体上来说，铁素体不锈钢、奥氏体不锈钢、双相不锈钢耐酸性介质腐蚀性较好，耐孔蚀、间隙腐蚀、应力腐蚀性良好；马氏体不锈钢耐酸性介质腐蚀性能一般，耐孔蚀、间隙腐蚀、应力腐蚀性能一般；Mo2Ti、Mo3Ti 类奥氏体不锈钢耐硫酸、磷酸甲酸、乙酸等介质腐蚀性能较好，耐晶间腐蚀性较好，尤其对应的低碳型牌号更佳。

大概确定材质的类型后，依据各材料中化学成分及热处理状态等变化所带来材料性质的不同，以及相关腐蚀理论，可以精确地选定所需材料。

2. 查表法确定材质

很多书籍中给出了各类介质所适合的材质列表，未指出适合的温度和压力等关系，但可以根据该表进行大概的选择，如表 10 - 36 所示。

表 10 - 36 控制阀材料选择参考

材料名称 / 流体名称	碳钢	铸钢	304 或 302	316	铜	Monel	哈氏 B	哈氏 C	Duri-met 20	钛材	Alloy 6	416	440C	17-4 PH
乙醛 CH₃CHO	A	A	A	A	A	A	I、L	A	A	I、L	I、L	A	A	A
醋酸（气）	C	C	B	B	B	B	A	A	A	A	A	C	C	B
醋酸（汽化）	C	C	A	A	A	A	A	A	A	A	A	A	C	B
醋酸（蒸汽）	C	C	A	A	B	B	I、L	A	B	A	A	C	C	B
丙酮 CH₃COOH₃	A	A	A	A	A	A	A	A	A	A	A	A	A	A
乙炔	A	A	A	A	I、L	A	A	A	A	I、L	A	A	A	A
醇	A	A	A	A	A	A	A	A	A	A	A	A	A	A
硫酸铅	C	C	C	B	B	C	A	A	A	A	I、L	C	C	I、L
氨	A	A	A	A	C	A	A	A	A	A	A	A	A	I、L
氯化铵	C	C	B	B	B	B	A	B	A	A	A	A	A	I、L
硝（酸）铵	A	C	A	A	C	C	A	A	A	A	A	C	B	I、L
磷酸铵（单基）	C	C	A	B	B	B	A	A	B	A	A	B	B	I、L

续表

流体名称 ＼ 材料名称	碳钢	铸钢	304 或 302	316	铜	Monel	哈氏 B	哈氏 C	Duri-met 20	钛材	Alloy 6	416	440C	17-4 PH
硫酸铵	C	C	B	A	B	A	A	A	A	A	A	C	C	I、L
亚硫酸铵	C	C	A	A	C	C	I、L	A	A	A	A	B	B	I、L
苯胺 $C_6H_5NH_2$	C	C	A	A	C	B	A	A	A	A	A	C	C	I、L
苯	A	A	A	A	A	A	A	A	A	A	A	A	A	A
苯（甲）酸 C_6H_5COOH	C	C	A		A	A	I、L	A	A	A	I、L	A	A	A
硼酸	C	C	A	A	A	A	A	A	A	A	A	B	A	I、L
丁烷	A	A	A	A	A	A	A	A	A	A	I、L	A	A	A
氯化钙	B	B	C	B	C	A	A	A	A	A	I、L	C	C	I、L
次氯酸钙	C	C	B	B	B	B	C	A	A	A	I、L	C	C	I、L
苯酚 C_8H_5OH	B	B	A	A	A	A	A	A	A	A	A	I、L	I、L	I、L
干二氧化碳	A	A	A	A	A	A	A	A	A	A	A	A	A	A
湿二氧化碳	C	C	A	A	B	A	A	A	A	A	A	A	A	A
二氧化碳	A	A	A	A	C	R	A	A	A	A	A	B	B	I、L
四氯化碳	B	B	B	B	A	A	B	A	A	A	I、L	C	A	I、L
碳酸 H_2CO_3	C	C	B	B	B	A	A	A	I、L	I、L	A	A	A	A
氯气（干）	A	A	B	B	B	A	A	A	C	C	B	C	C	C
氯气（湿）	C	C	C	C	C	C	C	B	C	A	B	C	C	C
氯气（液态）	C	C	C	C	B	C	C	A	B	C	C	C	C	C
铬酸 H_2CrO_4	C	C	C	B	C	A	C	A	C	A	B	C	C	C
焦炉气	A	A	A	A	B	B	A	A	A	A	A	A	A	A
硫酸铜	C	C	B	B	B	C	I、L	A	A	A	I、L	A	A	A
乙烷	A	A	A	A	A	A	A	A	A	A	A	A	A	A
醚	B	B	A	A	A	A	A	A	A	A	A	A	A	A
氯乙烷 C_2H_5Cl	C	C	A	A	A	A	A	A	A	A	A	B	B	I、L
乙烯	A	A	A	A	A	A	A	A	A	A	A	A	A	A
乙二醇	A	A	A	A	A	A	I、L	I、L	A	I、L	A	A	A	A
氯化铁	C	C	C	C	C	C	C	B	C	A	B	C	C	I、L
甲醛	B	B	A	A	A	A	A	A	A	A	A	A	A	A
HCHO														
甲酸 HCO_2H	I、L	C	B	B	A	A	A	A	A	C	B	C	C	B
氟利昂（湿）	B	B	B	A	A	A	A	A	A	A	A	I、L	I、L	I、L
氟利昂（干）	B	B	A	A	A	A	A	A	A	A	A	I、L	I、L	I、L

材料名称 / 流体名称	碳钢	铸钢	304 或 302	316	铜	Monel	哈氏 B	哈氏 C	Duri-met 20	钛材	Alloy 6	416	440C	17-4 PH
糖醛	A	A	A	A	A	A	A	A	A	A	A	B	B	I、L
汽汕（精制）	A	A	A	A	A	A	A	A	A	A	A	A	A	A
盐酸（汽化）	C	C	C	C	C	C	A	B	C	C	B	C	C	C
盐酸（游离）	C	C	C	C	C	C	A	B	C	C	B	C	C	C
氢氟酸（汽化）	B	C	C	B	C	C	A	A	B	C	B	C	C	C
游氢氟酸（离）	A	C	C	B	C	A	A	B	B	C	I、L	C	C	I、L
氢气	A	A	A	A	A	A	A	A	A	A	A	A	A	A
过氧化氢 $H_2[O_2]$	I、L	A	A	A	C	A	B	R	A	A	I、L	B	B	I、L
硫化氢（液体）	C	C	A	A	C	A	B	A	B	A	A	C	C	I、L
氢氧化镁	A	A	A	A	B	A	A	A	A	A	A	A	A	I、L
甲基-乙基 甲酮：丁酮	A	A	A	A	A	A	A	A	A	I、L	A	A	A	A
天然气	A	A	A	A	A	A	A	A	A	A	A	A	A	A
硝酸	C	C	A	B	C	C	C	B	A	A	C	C	C	B
草酸	C	C	B	B	B	B	A	A	A	B	B	B	B	I、L
氧气	A	A	A	A	A	A	A	A	A	A	A	A	A	A
甲醇	A	A	A	A	A	A	A	A	A	A	A	A	B	A
石油润滑油（精制）	A	A	A	A	A	A	A	A	A	A	A	A	A	A
磷酸（汽化）	C	C	A	A	C	A	A	A	B	A	C	C	I、L	
磷酸（游离）	C	C	A	A	C	B	A	A	B	A	C	C	I、L	
磷酸蒸汽	C	C	B	B	C	C	A	I、L	A	B	C	C	I、L	
苦味酸 $(NO_3)_3C_6H_2OH$	C	C	A	A	C	C	A	A	A	I、L	I、L	B	B	I、L
亚氯酸钾 $KClO_2$	B	B	A	A	B	B	A	A	A	A	I、L	C	C	I、L
氢氧化钾	B	B	A	A	B	A	A	A	A	A	I、L	B		I、L
丙烷	A	A	A	A	A	A	A	A	A	A	A	A	A	A
松香、松脂	B	B	A	A	A	A	A	A	A	I、L	A	A	A	A
醋酸钠	A	A	B	A	A	A	A	A	A	A	A	A	A	A
碳酸钠	A	A	A	A	A	A	A	A	A	A	B	B	A	
氯化钠	C	C	B	B	A	A	A	A	A	A	B	B	B	
铬酸钠	A	A	A	A	A	A	A	A	A	A	A	A	A	
氢氧化钠	A	A	A	A	C	A	A	A	A	A	A	B	B	A
次氯酸钠	C	C	C	C	B-C	B-C	C	A	B	A	I、L	C	C	I、L

续表

材料名称 / 流体名称	碳钢	铸钢	304或302	316	铜	Monel	哈氏 B	哈氏 C	Duri-met 20	钛材	Alloy 6	416	440C	17-4 PH
硫代硫酸钠	C	C	A	A	C	C	A	A	A	A	I、L	B	B	I、L
二氯化锡 SnCl₂	B	B	C	A	C	B	A	A	A	A	I、L	C	C	I、L
硬质酸 CH₃（CH₂）16CO₂H	A	C	A	A	B	A	A	A	A	A	B	B	B	I、L
硫酸盐溶液（blaclk）	A	A	A	A	C	A	A	A	A	A	A	I、L	I、L	I、L
硫	A	A	A	A	C	A	A	A	A	A	A	A	A	A
二硫化氧（干）	A	A	A	A	A	A	A	B	A	A	B	B	B	I、L
二氧化硫（干）	A	A	A	A	A	A	A	B	A	A	B	B	B	I、L
硫酸（汽化）	C	C	C	C	C	C	A	A	A	B	B	C	C	C
硫酸（游离）	C	C	C	C	B	B	A	A	A	B	B	C	C	I、L
亚硫酸	C	C	B	B	B	C	A	A	A	A	B	C	C	I、L
焦油	A	A	A	A	A	A	A	A	A	A	A	A	A	A
三氟乙烯	B	B	B	A	A	A	A	A	A	A	A	B	A	I、L
松节油	B	B	A	A	A	A	A	A	A	A	A	A	A	A
醋	C	C	A	A	B	A	A	A	A	I、L	A	C	C	A
水（锅炉供水）	B	C	A	A	C	A	A	A	A	A	B	A	A	A
水（蒸馏水）	A	A	A	A	A	A	A	A	A	A	B	B	B	I、L
海水	B	B	B	B	A	A	A	A	A	A	C	C	C	A
氯化锌	C	C	C	C	C	C	A	A	A	A	B	B	C	I、L
硫酸锌	C	C	A	A	B	A	A	A	A	A	B	B	B	I、L

说明：A—推荐；B—慎重；C—不能；I、L—缺乏资料　摘自《ISA Handbook of Control Valve》

3. 经验法确定材质

在长期的控制阀设计、加工、选型、使用、维护等生产实践中，以及各个化工厂、各工位控制阀的工况参数、所选用的材质，控制阀内件所使用情况的反馈，可以积累很丰富的经验，比表 10-36 所得更具有实际意义。

§10.7　控制阀常用材料各国牌号对照

控制阀常用金属材料各国牌号对照见表 10-37。

表10-37 控制阀常用材料各国牌号对照表

序号	中国 GB			美国				日本	欧盟
	统一号	新牌号	旧牌号	UNS	ASTM	美标铸件	美标锻件	JIS	BSEN
1	S35350	12Cr17Mn6Ni5N	1Cr17Mn6Ni5N	S20100	201			SUS201	1.4372
2	S35450	12Cr18Mn9Ni5N	1Cr18Mn8Ni5N	S20200	202			SUS202	1.4373
3	S30110	12Cr17Ni7	1Cr17Ni7	S30100	301			SUS301	1.4319
4			1Cr18Ni9		302	A351 - CF20		SUS302	—
5	S30408	06Cr19Ni10	0Cr18Ni9	S30400	304	A351 - CF8		SUS304	1.4301
6	S30403	022Cr19Ni10	00Cr19Ni10	S30403	304L	A351 - CF3	A182 - F304L	SUS304L	1.4306
7	S30458	06Cr19Ni10N	0Cr19Ni9N	S30451	304N			SUS304N1	1.4315
8	S30478	06Cr19Ni9NbN	0Cr19Ni10NbN	S30452	XM21			SUS304N2	—
9	S30453	022Cr19Ni10N	00Cr19Ni10N	S30453	304LN			SUS304LN	—
10	S30510	10Cr18Ni12	1Cr18Ni12	S30500	305			SUS305	1.4303
11	S30908	06Cr23Ni13	0Cr23Ni13	S30908	309S			SUS309S	1.4833
12	S31008	06Cr25Ni20	0Cr25Ni20	S31008	310S			SUS310S	1.4845
13	S31608	06Cr17Ni12Mo2	0Cr17Ni12Mo2	S31600	A276 - 316	A351 - CF8M	A182 - F316	SUS316	1.4401
14	S31668	06Cr17Ni12Mo2Ti	0Cr18Ni12Mo3Ti	S31635	A276 - 316Ti			SUS316Ti	1.4571
15	S31603	022Cr17Ni12Mo2	00Cr17Ni14Mo2	S31603	A276 - 316L	A351 - CF3M	A182 - F316L	SUS316L	1.4404
16	S31658	06Cr17Ni12Mo2N	0Cr17Ni12Mo2N	S31651	A276 - 316N			SUS316N	—
17	S31653	022Cr17Ni13Mo2N	00Cr17Ni13Mo2N	S31653	A276 - 316LN			SUS316LN	1.4429
18	S31688	06Cr18Ni12Mo2Cu2	0Cr18Ni12Mo2Cu2	—	—			SUS316J1	—
19	S31683	022Cr18Ni14Mo2Cu2	00Cr18Ni14Mo2Cu2	—	—			SUS316J1L	—
20	S31708	06Cr19Ni13Mo3	0Cr19Ni13Mo3	S31700	A276 - 317	A351 - CG8M	A182 - F317	SUS317	—

续表

序号	统一号	中国 GB		UNS	美国			日本 JIS	欧盟 BSEN
		新牌号	旧牌号		ASTM	美标铸件	美标锻件		
21	S31703	022Cr19Ni13Mo3	00Cr19Ni13Mo3	S31703	A276 - 317L		A182 - F317L	SUS317L	1.4438
22	S32168	06Cr18Ni11Ti	0Cr18Ni10Ti	S32100	A276 - 321	A351 - CF8C	A182 - F321	SUS321	1.4541
23	S34778	06Cr18Ni11Nb	0Cr18Ni11Nb	S34700	A276 - 347		A182 - F347	SUS347	1.455
24		022Cr22Ni13Mn5Mo2N	00Cr22Ni13Mn5Mo2N	S20910	A479 - XM - 19				
25		—	0Cr26Ni5Mo2	S32900	329			SUS329J1	1.4477
26	S21953	022Cr19Ni5Mo3Si2N	00Cr18Ni5Mo3Si2	S31803	—			SUS329J3L	1.4462
27		00Cr17Ni14Mo2(尿素级)			A276 - 316L UG	A351 - CF3M UG			
28		00Cr17Ni14Mo3(尿素级)			A276 - 316L MOD	A351 - CF3M MOD			
29	S31803	00Cr22Ni5Mo3N	00Cr22Ni5Mo3N		A276 - 2205	A995 - 2205(4A)	A182 - F51		
30		022Cr25Ni7Mo4N	00Cr25Ni7Mo4N		A276 - 2507	A995 - CE3MN	A182 - F53		
31		022Cr25Ni7Mo4WCuN	00Cr25Ni7Mo4WCuN				A182 - F55		
32		00Cr20Ni25Mo4.5Cu 1.5N			A240 - 904L		A182 - F904L		
33	S11348	06Cr13Al	0Cr13Al	S40500	405			SUS405	1.4002
34	S11163	022Cr11Ti	—	S40900	409			SUH409	1.4512
35	S11203	022Cr12	00Cr12	—	—			SUS410L	—
36		17 - 4PH	5Cr17Ni4Cu4Nb		A564 - 630	A747 - CB7Cu - 1	A750 - 630		
37	S11710	10Cr17	1Cr17	S43000	430			SUS430	1.4016
38	S11790	10Cr17Mo	1Cr17Mo	S43400	434			SUS434	1.4113
39	S11873	022Cr18NbTi	—	S43940	—			—	1.4509
40	S11972	019Cr19Mo2NbTi	00Cr18Mo2	S44400	444			SUS444	1.4521

续表

序号	中国 GB			美国				日本	欧盟
	统一号	新牌号	旧牌号	UNS	ASTM	美标铸件	美标锻件	JIS	BSEN
41	S40310	12Cr12	1Cr12	S40300	403			SUS403	—
42	S41008	12Cr13	1Cr13	S41000	A479-410	A743-CA15M		SUS410	1.4006
43	S42020	20Cr13	2Cr13	S42000	A276-420	A743-CA40	F420	SUS420J1	1.4021
44	S42030	30Cr13	3Cr13	—	A479-420S45			SUS420J2	1.4028
45	S44070	68Cr17	7Cr17	S44002	440A			SUS440A	—
46			35CrMoA		A29M-4135		SFCM3		
47			9Cr18Mov		A276-440B				
48			9Cr18		A276-440C				
49			0Cr20Ni65Mo10Nb4		B446-Inconel 625		B446		
50		WC6	20CrMoV			WC6			
51		WC9	15CrMoV			WC9			
52		ZG25			A29M-1025	A216-WCB			

第 11 章 控制阀流量及流量系数的计算

经过前边章节内容的叙述，对控制阀的类型、结构等有了较深的认识，本章对控制阀选型、设计中所必需的、表征控制阀流通能力的参数——流量系数的计算进行详细的叙述。

§11.1 基本概念

1. 层流、紊流

实际流体由于存在黏滞性而具有的两种流动状态，即层流和紊流。

层流（laminar flow）是指流体的质点沿着与管轴平行的方向作平滑直线运动，流体呈"层状"，质点轨迹没有明显的不规则脉动；层流通过分子间力相互作用，相邻流体层间只有分子热运动造成的动量交换。

紊流，也称湍流，是指流体的质点作不规则运动，轨迹曲折、混乱；紊流通过质点或分子相互碰撞相互作用，能量传递速率远大于层流。

流体的流动状态与其密度 ρ、黏度 μ、平均流速 u、管道直径 D 有关。表征流体流动状态的参数为雷诺数 Re：

$$Re = \rho u \frac{D}{\mu}$$

《工程流体力学》（黄卫星、伍勇，化学工业出版社）认为：对于光滑圆管，当 $Re <$ 2300 时为层流，$2300 < Re < 4000$ 为过渡流，$Re > 4000$ 时为紊流；控制阀流量系数计算时，$Re < 100$ 判断为层流，$100 < Re < 33000$ 时为过渡流，$Re > 33000$ 为紊流；GB/T 17213.2—2017/IEC 60534 - 2 - 1：2011 规定，$Re \geqslant 10000$ 时方可采用紊流计算公式，$Re \leqslant 10$ 时采用层流计算公式，$10 < Re < 10000$ 时采用过渡流计算公式。

2. 牛顿流体与非牛顿流体

牛顿流体：是指流体的切应力 τ 与速度梯度 du/dy 间的关系满足牛顿切应力公式：

$$\tau = \eta \frac{du}{dy}$$

实践表明，气体和低分子量液体及其溶液，包括常见的水和空气等，都属于牛顿流体。

非牛顿流体：与牛顿流体相反，流体切应力 τ 与速度梯度 du/dy 间的关系为非线性关系，不满足牛顿切应力公式的流体为非牛顿流体，如聚合物溶液、熔融液、料浆液、悬浮液，以及血液、微生物发酵液等均为非牛顿流体。

本文下述进行控制阀流通能力计算时，其介质均必须为牛顿流体。

3. 可压缩流体、不可压缩流体

理论上，所有的流体都是可压缩的。进行理论研究的分析计算时是否考虑其压缩性，其主要依据是可压缩性对流体流动过程影响的大小。进行一般的控制阀工程计算时，认为气体是可压缩流体，其密度 ρ 不为常数；液体为不可压缩流体，符合一维等熵的定常流条件。

4. 阻塞流

对于不可压缩和可压缩流体，当控制阀前后的压差达到一定值，继续增大压差时，控制阀内介质的流量达到最大值 Q_{max}，不再随着压差的增大而增大，这种现象就称为阻塞流，该压差称为阻塞压差（Δp_{cr}），该最大流量 Q_{max} 称为阻塞流量。

5. 极性分子与非极性分子

极性分子：是指正负电荷中心不重合，电荷分布不均匀、不对称的分子，如以极性键结合的双原子分子及构型不对称的分子。

非极性分子：除极性分子外，分子构型对称、电荷分布均匀对称的分子，如 CH_4。

区分极性分子与非极性分子的方法：

（1）化合价法：组成为 AB_n 型的化合物，若中心原子 A 的化合价等于族的序数，则该化合物为非极性分子，如 CO_2、C_2H_4、BF_3 等，为非极性分子。

（2）受力分析法：该方法需要较为专业的能力，比如需要知道键角或空间结构，可进行受力分析，合力为零者为非极性分子。

（3）同种原子组成的双原子分子都是非极性分子。

（4）中学化学知识：

极性分子：HX、H_2O、CO、NO、H_2S、NO_2、SO_2、SCl_2、NH_3、H_2O_2、NH_2Cl、CH_2Cl_2、$CHCl_3$、CH_3CH_2OH、$COCl_2$ 等。

非极性分子：Cl_2、H_2、O_2、N_2、CO_2、CS_2、BF_2、P_2、C_2H_2、SO_3、CH_4、CCl_4、SiF_4、C_2H_4、C_6H_6、PCl_5、$BeCl_2$、BBr_3 等。

§11.2　控制阀流量计算的理论基础

1. 连续性方程

（1）不可压缩流体的连续性方程

不可压缩流体符合一维等熵定常流条件，其连续性方程为

$$u_1 A_1 = u_2 A_2 = Q_V$$

式中，u_1、A_1 为控制阀前某处不可压缩流体的平均流速和管道的截面积，u_2、A_2 为控制阀后某处的介质平均流速和管道截面积，流速的单位为 m/s，截面积的单位为 m^2；Q_V 为介质的体积流量，m^3/s。

（2）可压缩流体的连续性方程

可压缩流体的密度 ρ 不是常数，但质量不变，其连续性方程需要考虑密度的影响：

$$u_1 A_1 \rho_1 = u_2 A_2 \rho_2 = Q_m$$

式中，ρ_1、ρ_2 分别为控制阀前、后某处可压缩流体的密度，kg/m^3，Q_m 为质量流量，kg/s。

2. 伯努利方程

（1）根据流体动力学原理，流体流动时，其位置、静压力、速度等所带的能量会发生变化，传统流体力学中用压头描述，分为几何压头、静压头和速度压头，总和称为总压头。

①几何压头 h：指流体所处位置距离标准平面的高度 h；

②静压头 h_s：指液体柱高度引起的压头；

③速度压头 h_v：指由流体速度引起的压头。

总压头 h_{tot}：以上各种压头的总和，$h_{tot} = h + h_s + h_v$

（2）根据能量守恒定律，流体在光滑管道中流动时，其总能量保持不变，即总压头不变，只是在不同检测点组成总压头的各部分压头会发生变化。

伯努利方程就是根据能量守恒定律描述流体流动中能量转换关系的数学方程：

①定常流不可压缩流体的伯努利方程：

$$Z_1 + \frac{p_1}{\rho_1} + K_1 \frac{u_1^2}{2} = Z_2 + \frac{p_2}{\rho_2} + K_2 \frac{u_2^2}{2} + \xi \frac{u_2^2}{2}$$

②定常流可压缩流体的伯努利方程：

$$Z_1 + \frac{k}{k+1} \cdot \frac{p_1}{\rho_1} + \frac{u_1^2}{2} = Z_2 + \frac{k}{k+1} \cdot \frac{p_2}{\rho_2} + \frac{u_2^2}{2}$$

式中，Z_1 为流体流过截面 i 处的位能的平均值，p_i/ρ_i 为流体流过截面 i 处的压力能的平均值，$u_2^2/2$ 为流体流过截面 i 处的动能的平均值；k 为等熵指数，对可逆的绝热过程，等熵指数 k 等于比热容比 γ。

3. 流量和流量系数的关系

根据以上连续性方程及伯努利方程，可得不可压缩流体流量方程（形式）如下：

$$Q = A \sqrt{\frac{2}{\zeta}} \cdot \sqrt{\frac{\Delta p}{\rho}}, A \sqrt{\frac{2}{\zeta}} \text{ 是与控制阀相关的参数，令} C_i = A \sqrt{\frac{2}{\zeta}}$$

即可得到流量 Q 与流量系数 C_i 的关系：

$$Q = C_i \sqrt{\frac{\Delta p}{\rho}}, C_i = Q \sqrt{\frac{\rho}{\Delta p}}$$

式中，Q 为流量，C_i 为控制阀的流量系数，A 为控制阀有效流体面积，ζ 为控制阀阻尼系数，Δp 为压差，ρ 为流体密度。

§11.3　控制阀流量系数计算所需参数

1. 阀前压力 p_1、阀后压力 p_2、工作压差 Δp

（1）阀前压力 p_1：指控制阀前两倍公称通径处测得的绝对压力，kPa 或 bar；

（2）阀后压力 p_2：指控制阀后六倍公称通径处测得的绝对压力，kPa 或 bar；

（3）工作压差 Δp：在流体力学中，Δp 指由于流体内部的黏性耗散、内摩擦力、湍流涡旋、节流件等造成的机械能损失。在控制阀流体系数计算中，Δp 指控制阀前后的静压损失。在未发生阻塞流时，Δp 取阀前压力和阀后压力的差值；在发生阻塞流时，Δp 取发生阻塞流的临界压差 Δp_{cr}。工作压差 Δp 的单位为 kPa 或 bar。

$$\Delta p = \min\left(\Delta p, \Delta p_{cr}\right)$$

上式中函数 min (a, b) 表示取 a、b 中的最小值。

2. 饱和蒸气压 p_v

将液体在密闭容器中以某种速度进行升温，当达到某个温度 T 时，其蒸发的速度和经分子撞击回到液体的速度相等，气体和液体的量达到一个平衡状态，此时的蒸气压力就称为温度 T 时的饱和蒸气压。

温度在液体的沸点 T_b 时的饱和蒸气压称为沸点饱和蒸气压 p_{vb}。

某种流体其饱和蒸气压的获得，可根据设计院提供的数据表，或查阅相关手册获得，在数据表、手册无法获得时，可根据一些经验、半经验的回归公式进行估算，误差可在 6% 以内。

在众多的估算公式中，Antoine 公式较为便利、准确，适合于电算：

$$\log_{10}^{p_v} = A + \frac{B}{T + C}$$

其中 A、B、C 为饱和蒸气压回归参数，可根据已知的试验参数回归得到或查阅有关手册得到。

例如水从 $-20 \sim 370\,^{\circ}\!\mathrm{C}$ 范围内的试验数据根据 Antoine 公式进行回归，所得公式为：

$$\log_{10}^{p_v} = 7.0741 - \frac{1657.46}{T + 227.02}, \text{即：} p_v = 10^{\left(7.0741 - \frac{1657.46}{T + 227.02}\right)}$$

即水的饱和蒸气压 Antoine 公式回归参数为 $A = 7.0741$，$B = -1657.46$，$C = 227.02$，如图 11-1 所示。

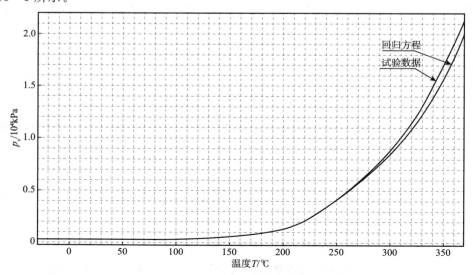

图 11-1　水的饱和蒸气压示意图

从图中可以看出，300℃以下温度范围内，回归方程与实验数据非常接近，到370℃误差也只有约 $0.1×10^4$ kPa，误差率 3.6%。

3. 临界参数与对比参数

（1）临界温度 T_c、临界压力 p_c、临界体积 V_c

虽然临界参数 T_c、p_c、V_c 不直接用于流体流量、流量系数的计算，但在通过估算获得一些直接参数时必须用到。

在一个密闭的容器中对液体进行升温，直到其刚好完全汽化（蒸发），此时的温度称为临界温度，T_c；临界温度 T_c 时的（饱和）蒸气压称为临界压力，p_c；在临界温度、临界压力时蒸汽的体积称为临界体积，V_c。

（2）对比温度 T_r、对比压力 p_r、对比体积 V_r

对比温度 T_r 为工况温度与临界温度 T_c 的比值，对比压力 p_r 为工况压力与临界压力 p_c 的比值，对比体积为工况温度 T、工况压力 p 条件下的体积 V 与临界体积 V_c 的比值，即：

$$T_r = \frac{T}{T_c}, p_r = \frac{p}{p_c}, V_r = \frac{V}{V_c}$$

4. 黏度

黏度是流体分子微观作用的宏观表现，一般随着温度的升高而降低，在中高压时液体和气体的黏度都随压力变化有所变化，并需要校正。

黏度分为动力黏度和运动黏度。

（1）动力黏度 μ

$$\mu = \tau \cdot \left(\frac{du}{dy}\right)^{-1}$$

式中，τ 为切应力，N/m^2，du/dy 为速度梯度，单位为 1/s；μ 为动力黏度，单位为 Pa·s，即 $N \cdot s/m^2$，工程中习惯用泊（P），1P = 100 厘泊（cP），1cP = 0.001 $N \cdot s/m^2$，则 1P = 0.1Pa·s = 0.1 $N \cdot s/m^2$。

（2）运动黏度 υ

运动黏度为动力黏度与密度之比：$\upsilon = \dfrac{\mu}{\rho}$，单位为 m^2/s，工程上习惯用 St（斯托克斯）、cSt（厘斯），换算关系为：1St = 100cSt，$1m^2/s = 10^4$ St。

（3）黏度数据的来源

在计算控制阀流量系数时，介质的黏度数据主要依据设计院提供的工艺参数，没提供时需要根据温度、压力在有关手册中的表格、图像中查找，实在无法查找时可根据各种回归公式进行估算。

20 世纪中期，各国科学家对常见的几百、几千种物质进行了试验测量，得出了很多数据，但至今没有找到理论上十分可靠的计算公式，现在所使用的公式都是科学家们根据这些实验数据进行回归后得出的经验、半经验公式，有的误差高达 15% 以上，有的可在 3% 以内，各自所需的参数类型、数量又不尽相同，对数据的电算造成了不小的难度。

（4）液体黏度的估算

在众多的经验、半经验公式中，笔者根据参数易得性、估算的准确性等进行了综合筛选，认为以下计算方式既便于计算，也可满足控制阀流量、流量系数计算的需要。

①$T_r < 0.75$ 时

Antoine 公式：$\log_{10}^{u} = A + \dfrac{B}{T+C}$，利用回归的 A、B、C 三个参数即可计算；

只有两个数据时，可用 Goletz 提出的沸点 T_b（℃）式：$C = 239 - 0.19T_b$ 计算；

如果该物质有 3 个以上试验数据，则可利用下式进行估算：

$$\mu = \frac{V_0}{E(V-V_0)} e^{\frac{C}{VRT}}$$，需回归 V_0、E、C 三个参数，计算误差 1.3%。

②$T_r > 0.75$ 时，Letsou-Stiel 法最为常用：

$$\mu\xi = (\mu\xi)^{(0)} + \omega(\mu\xi)^{(1)}$$

其中：

$$\xi = 0.176\left(\frac{T_c}{M^3 p_c^4}\right)^{1/6}$$

$$(\mu\xi)^{(0)} = 10^{-3}(2.648 - 3.725 T_r + 1.309 T_r^2)$$

$$(\mu\xi)^{(1)} = 10^{-3}(7.425 - 13.39 T_r + 5.933 T_r^2)$$

T_c 单位 K，p_c 单位 bar，所得黏度单位为 cP。

（5）气体黏度的估算

①低压气体黏度计算——气体动力学理论：

$$\mu = 26.69 \frac{\sqrt{MT}}{\sigma^2 \cdot \Omega_V}$$，单位：μP

对于非极性分子：

$$\Omega_V = \frac{A}{T^{*B}} + \frac{C}{e^{D \cdot T^*}} + \frac{E}{e^{F \cdot T^*}}, T^* = T \cdot \left(\frac{\varepsilon}{K}\right)^{-1}$$

$$\sigma\left(\frac{p_c}{T_c}\right)^{\frac{1}{3}} = 2.3551 - 0.087\omega, \frac{\varepsilon}{K T_c} = 0.7915 + 0.1693\omega$$

式中，$A = 1.16145$；$B = 0.14874$；$C = 0.52487$；$D = 0.77320$；$E = 2.16178$；$F = 2.43787$；$K = 1.3806 \times 10^{-23}$ J/K，波尔兹曼（Boltzmann）常数；σ 为碰撞分子直径 Å；ε 为势能。

对于极性分子：

对于极性分子，可用非极性气体计算出 Ω_V 后再进行校正：

$$\Omega_{VJ} = \Omega_{VF} + \frac{0.2\delta^2}{T^*}, \delta = \frac{\mu_p^2}{2\varepsilon\sigma^3}$$

式中，Ω_{VJ} 为极性分子计算所需的 Ω_V 值；Ω_{VF} 为非极性分子对应的 Ω_V 值；μ_p 为偶极矩，D（德拜）。

参数估算公式：

$$\delta = \frac{1.94 \times 10^3 \mu_p^2}{V_b T_b}, \sigma = \left(\frac{1.585 V_b}{1+1.3\delta^2}\right)^{\frac{1}{3}}(\text{Å}), \frac{\varepsilon}{K} = 1.18(1+1.3\delta^2)T_b(K)$$

②低压气体黏度计算——对比态（Golubev）法

$$\mu = \mu_C^* \cdot T_r^{0.965} \quad (T_r < 1)$$

$$\mu = \mu_C^* \cdot T_r^{0.71+0.29/T_r} \ (T_r > 1)$$

$$\mu_C^* = \frac{3.5 \, M^{1/2} \, P_C^{2/3}}{T_C^{1/6}}$$

式中，μ_C^* 为低压、临界温度时的黏度；黏度单位 μp。

③低压气体黏度计算——对比态（Thodos）法

对与非极性分子

$$\mu\zeta = 4.61 \, T_r^{0.618} - 2.04 \, e^{-0.449T_r} + 1.94 \, e^{-4.058T_r} + 0.1$$

对氢键型分子（$T_r < 2.0$）：

$$\mu\zeta = (0.755 \, T_r - 0.055) Z_c^{-5/4}$$

对于非氢键型分子（$T_r < 2.5$）：

$$\mu\zeta = (1.9 \, T_r - 0.29)^{4/5} Z_c^{-2/3}$$

$$\zeta = T_c^{1/6} \cdot M^{-1/2} \cdot p_r^{-2/3}$$

黏度单位：μp。

④高压气体黏度

高压气体黏度与低压气体黏度差为对比密度 ρ_r 的函数。

对于非极性气体（$0.1 \leqslant \rho_r < 3$ 时）：

$$[(\mu - \mu_0)\zeta + 1]^{0.25} = 1.023 + 0.23364 \, \rho_r + 0.58533 \, \rho_r^2 - 0.40758 \, \rho_r^3 + 0.093324 \, \rho_r^4$$

对于极性气体：

$$(\mu - \mu_0)\zeta = 1.656 \, \rho_r^{1.111} (\rho_r < 0.1)$$

$$(\mu - \mu_0)\zeta = 0.0607(9.045 \, \rho_r + 0.63)^{1.739}(0.1 < \rho_r \leqslant 0.9)$$

$$\log_{10}^{[4-\log^{(\mu-\mu_0)\zeta}]} = 0.6439 - 0.1005 \, \rho_r (0.9 < \rho_r \leqslant 2.2)$$

$$\log_{10}^{[4-\log^{(\mu-\mu_0)\zeta}]} = 0.6439 - 0.1005 \, \rho_r - 4.07 \times 10^{-4} (\rho_r^3 - 10.65)^2 (2.2 < \rho_r \leqslant 2.6)$$

$$(\mu - \mu_0)\zeta = 90.0(\rho_r = 2.8)$$

$$(\mu - \mu_0)\zeta = 250.0(\rho_r = 3.0)$$

$$\zeta = T_c^{1/6} \cdot M^{-1/2} \cdot P_r^{-2/3}$$

式中，μ 为高压气体黏度，μp；μ_0 为低压气体黏度，μp；$\rho_r = \rho/\rho_c = V_c/V$ 为对比密度。

"高压气体"、"低压气体"定义如图 11-2 所示。

5. 临界压力比系数 F_F

临界压力比系数 F_F 是阻塞流条件下缩流处压力 p_{Vc} 与入口温度下饱和蒸气压 p_V 之比，可由 GB/T 17213.2 图 D.3 曲线，或相关手册中查得，或用下式近似估算：

$$F_F = \frac{p_{Vc}}{p_V} = 0.96 - 0.28 \sqrt{\frac{p_V}{p_c}}$$

6. 管道几何形状系数 F_p

如果控制阀实际安装条件下阀前或阀后需

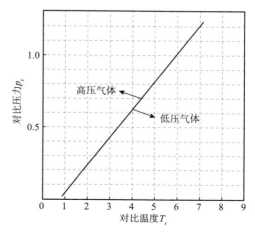

图 11-2　高压气体与低压气体

要变径等附接管件时，需要用该系数进行修正，一般条件下应根据 GB/T 17213.9 的规定进行测定。允许进行估算时，可用下式：

$$F_p = \frac{1}{\sqrt{1 + \dfrac{\sum \zeta}{N_2}\left(\dfrac{C_i}{d^2}\right)}}$$

其中：$\sum \zeta = \zeta_1 + \zeta_2 + \zeta_{B1} - \zeta_{B2}$

入口缩颈管件阻尼系数：

$$\zeta_1 = 0.5 \left[1 - \left(\frac{d}{D_1}\right)^2\right]^2$$

出口缩颈管件阻尼系数：

$$\zeta_2 = \left[1 - \left(\frac{d}{D_2}\right)^2\right]^2$$

入口端伯努利系数：

$$\zeta_{B1} = 1 - \left(\frac{d}{D_1}\right)^4$$

出口端伯努利系数：

$$\zeta_{B2} = 1 - \left(\frac{d}{D_2}\right)^4$$

式中，d 为控制阀的公称直径，mm；D_1 为控制阀前管道内径，mm；D_2 为控制阀后管道内径，mm；C_i 为迭代计算的流量系数，如 K_v 或 C_v，经多次迭代后方能确定最终流量系数；N_2 为与采用单位有关的常数，采用国际单位制计算 K_v 时 $N_2 = 0.0016$。

7. 无附接管件时的压力恢复系数 F_L

压力恢复系数是标志控制阀内部流体经节流后动能转换为静压力的恢复能力，该参数由控制阀生产厂家在产品研发、定型过程中根据下式试验确定并提供的：

$$F_L = \sqrt{\frac{p_1 - p_2}{p_1 - p_{vc}}}$$

在控制阀厂家没有提供准确数据、估算时可查阅表 11-1（GB/T 17213.2 表 D.2），应注意标准中球形阀与套筒式控制阀的概念区分。

表 11-1　控制阀压力恢复系数 F_L、压差比系数 X_T 及类型修正系数 F_d（GB/T 17213.2　表 D.2）

序号	控制阀类型	阀内件类型	流向	F_L	X_T	F_d	备注
1	球形单座阀	3V 口阀芯	流开或流关	0.90	0.70	0.48	异形球形单座阀
2		4V 口阀芯	流开或流关	0.90	0.70	0.41	
3		6V 口阀芯	流开或流关	0.90	0.70	0.30	
4		柱塞型阀芯（线性及等百分比）	流开	0.90	0.72	0.46	球形单座阀
5			流关	0.80	0.55	1.00	

序号	控制阀类型	阀内件类型		流向	F_L	X_T	F_d	备注
6	套筒阀	60 个等径孔套筒		向外或向内	0.90	0.68	0.13	低噪音套筒阀
7		12 个等径孔套筒		向外或向内	0.90	0.68	0.09	
8		4 窗口套筒		向外	0.90	0.75	0.41	线性、等百分比、快开窗口
9				向内	0.85	0.70	0.41	
10	球形双座阀	开口阀芯		阀座间流入	0.90	0.75	0.28	异形球形双座阀
11		柱塞性阀芯		任意	0.85	0.70	0.32	球形双座阀
12	角阀	柱塞型阀芯（线性及等百分比）		流开	0.90	0.72	0.46	球形阀芯
13				流关	0.80	0.65	1.00	
14		4 窗口套筒		向外	0.90	0.65	0.41	套筒内件
15				向内	0.85	0.60	0.41	
16		文丘里阀		流关	0.50	0.20	1.00	
17	微小流量阀	V 形切口		流开	0.98	0.84	0.70	
18		平面阀座（快开阀）		流关	0.85	0.70	0.30	
19		针阀		流开	0.95	0.84	$\dfrac{N_{19}\sqrt{C \cdot F_L}}{D_o}$	
20	偏心旋转阀	偏心球形阀芯		流开	0.85	0.60	0.42	
21				流关	0.68	0.40	0.42	
22		偏心锥形阀芯		流开	0.77	0.54	0.44	
23				流关	0.79	0.55	0.44	
24	中线蝶阀	70°转角		任意	0.62	0.35	0.57	
25		60°转角		任意	0.70	0.42	0.50	
26		带凹槽蝶板（70°）		任意	0.67	0.38	0.30	
27	偏心蝶阀	偏心阀座（70°）		任意	0.67	0.35	0.57	
28	球阀	全球体		任意	0.74	0.42	0.99	
29		截球体		任意	0.60	0.30	0.98	
30	直通阀、角阀	多级多流路	2	任意	0.97	0.812		
31			3		0.99	0.888		
32			4		0.99	0.925		
33			5		0.99	0.950		
34		多级单通	2	任意	0.97	0.896		球形多级降压阀
35			3		0.99	0.935		
36			4		0.99	0.960		

说明：1. 数据仅为典型值，实际值应由制造商给定；

2. "向外"指由套筒内部流向外部，"向内"指由套筒外部流向内部。

8. 带附接管件时的液体压力恢复系数 F_{LP}

规范条件下，该数据应由控制阀供应方将控制阀与附接管件组装后采用与 F_L 同样的程序进行试验测定，在无法获取该数据时可采用下式估算：

$$F_{LP} = \cfrac{F_L}{\sqrt{1 + \cfrac{F_L^2}{N_2}\left(\sum \zeta_1\right)\left(\cfrac{C}{d^2}\right)^2}}$$

式中，$\sum \zeta_1 = \zeta_1 + \zeta_{B1}$

9. 控制阀类型修正系数 F_d

控制阀类型修正系数是计算流量系数时根据控制阀类型进行修正的系数，可查阅表 11-1。

10. 雷诺数 Re_v

雷诺数是表征控制阀内流体流动状态的参数，在计算流量系数时需要先判断控制阀内流体的流动状态，根据不同的流动状态采用不同的公式。

$$Re_v = \cfrac{N_4 \, F_d \, Q}{v \, \sqrt{C_i \, F_L}}\left[1 + \cfrac{F_L^2 \, C_i^2}{N_2 \, d^4}\right]^{\frac{1}{4}}$$

式中，v 为运动黏度，m^2/s；C_i：需要迭代计算的流量系数；Q 为体积流量，m^3/h；带附接管件时应用 F_{LP} 代替 F_L；d 为控制阀公称通径，mm；国际单位制时，$N_2 = 0.0016$，$N_4 = 7.07 \times 10^{-2}$，$N_{18} = 0.865$。

控制阀流量系数计算时，$Re > 10000$ 判断为紊流，$Re < 10000$ 时为非紊流。

11. 雷诺数系数 F_R

雷诺数系数 F_R 是非紊流状态下的流量，与同样安装条件下紊流状态下的流量之比。当控制阀内流过的介质具有高黏度、低压差、小流量系数三种中的一种或多种组合时，需要使用雷诺数系数进行修正。

（1）$Re_v \leqslant 10$ 时：

$$F_R = \min\left[\cfrac{0.026}{F_L}\sqrt{nRe_v}, 1\right]$$

（2）$Re_v > 10$ 时：

$$F_R = \min\left[1 + \cfrac{0.33\sqrt{F_L}}{n^{\frac{1}{4}}}\log\frac{Re_v}{10000}, \cfrac{0.026}{F_L}\sqrt{nRe_v}, 1\right]$$

（3）常数 n 的值取决于阀内件类型，对于非缩颈控制阀（$C_i/d^2 \geqslant 0.016N_{18}$）：

$$n = \cfrac{N_2}{\left(\cfrac{C_i}{d^2}\right)^2}$$

缩颈型控制阀（$C_i/d^2 < 0.016N_{18}$）：

$$n = 1 + N_{32}\left(\cfrac{C_i}{d^2}\right)^{2/3}$$

采用国际单位制时，$N_2 = 0.0016$，$N_{32} = 140$。

12. 压差比 X

压差比系数 X 为控制阀前后压差 Δp 与阀前压力 p_1 之比，即：$X = \Delta p / p_1$

13. 无附接管件控制阀压差比系数 X_T

该数据与实际控制阀有关，应由控制阀生产厂家试验确定，估算时可查阅表 11 - 1。应注意球形阀与套筒式控制阀的概念区分。

14. 带附接管件控制阀压差比系数 X_{TP}

应由控制阀生产厂家将附接管件与控制阀一起进行试验确定，估算时可按下式：

$$X_{TP} = (\frac{X_T}{F_P^2}) / [1 + \frac{X_T \sum \zeta_1}{N_5} (\frac{C_i}{d^2})^2]$$

式中，$\sum \zeta_1 = \zeta_1 + \zeta_{B1}$；采用国际单位制计算时，$N_5 = 0.0018$。

15. 比热比 γ

比热比 γ 为可压缩流体的固有特性，可从控制阀数据表中得到，也可从物性数据手册中查到。

16. 比热比系数 F_γ

比热比系数 F_γ 是表征控制阀中可压缩流体与空气比热容的差别，而空气的比热比 γ 为 1.4，因此被控可压缩流体的比热比系数 $F_\gamma = \gamma / 1.4$。

17. 膨胀系数 Y

膨胀系数 Y 是用来对可压缩流体流经控制阀时密度变化进行修正的系数，可用下式计算：

（1）$Re_v > 10000$ 时：

$$Y = 1 - \frac{X_{sizing}}{3 \, X_{choked}}$$

（2）$Re_v < 1000$ 时

$$Y = \sqrt{1 - \frac{X}{2}}$$

（3）$1000 < Re_v < 10000$ 时：

$$Y = \frac{Re_v - 1000}{9000} \cdot (1 - \frac{X_{sizing}}{3 \cdot X_{choked}} - \sqrt{1 - \frac{X}{2}}) + \sqrt{1 - \frac{X}{2}}$$

式中，$X_{choked} = F_\gamma X_T$，阻塞流时的压差比；$X < F_\gamma X_T$ 时，$X_{sizing} = X = \Delta p / p_1$；$X \geqslant F_\gamma X_T$ 时，取 $X_{sizing} = F_\gamma X_T$。

18. 相对分子量 M

相对分子量 M 为流体的分子量，单位为 kg/kmol，可从控制阀数据表查的，也可从物性数据手册中查到。

19. 压缩系数 Z

压缩系数 Z 也称压缩因子，是相应温度下实际气体与理想气体性质偏差的修正值，定义为实际气体比容与理想气体比容的比值，是对比压力 p_r 和对比温度 T_r 的函数。

对应温度下的压缩系数可从控制阀数据表中得到，或根据对比压力 p_r、对比温度 T_r 从华生和史密斯绘制的普遍化压缩因子图（图 11 - 3）中查到；在无从查到相应数据或进行电算时，可根据一些回归得到的经验、半经验公式计算得到。

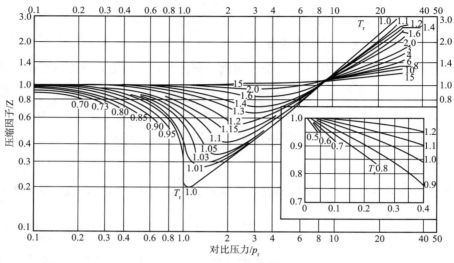

图 11 - 3　普遍化压缩因子图

（1）可获得对比压力 p_r、对比温度 T_r、对比体积 V_r 及临界压缩比系数 Z_c 时：

$$Z = \frac{p V_m}{RT} = Z_c \frac{p_r V_r}{T_r}$$

式中，V_m 为气体在计算状态下的摩尔体积；Z_c 为气体在临界状态下的压缩系数；对比压力 p_r、对比温度 T_r、对比体积 V_r 可以通过物性手册查到或计算。

这一计算方法的误差可在 5% 以内，可满足工程需要。

（2）根据压缩因子对比态方程计算。

$$Z = \frac{1}{1-h} - \frac{4.934}{T_r^{1.5}}\left(\frac{h}{1+h}\right)$$

$$h = \frac{0.08664\,P_r}{Z T_r}$$

2001 年高等教育出版社出版的沈维道等人编著的《工程热力学》提供了该方程，该方法适合于利用程序进行迭代电算，开始计算时先令 $Z=1$ 带入下式得出 h，然后带入上式求得新的 Z 值，重新带入下式求出 h、带入上式求得 Z 值……迭代直到 Z、h 的值满足误差要求为止。

（3）三参数法求气体压缩系数。

根据对比态三参数法，气体压缩系数 Z 的关系式：

$$Z = Z^{(0)} + \frac{\omega}{\omega^R}[Z^{(R)} - Z^{(0)}]$$

$$Z^{(0)} = \frac{p_r V_r^{(0)}}{T_r},\quad Z^{(R)} = \frac{p_r V_r^{(R)}}{T_r}$$

式中，$Z^{(0)}$ 为简单流体的压缩系数；$Z^{(R)}$ 为参考流体的压缩系数；ω^R 为参考流体（如正辛烷）的偏心因子，$\omega^R = 0.3978$；ω 为所求流体的偏心因子；Z 为所求流体的压缩系数。

（4）RKS 状态方程法求气体压缩系数法

Soave 对 Redlich-Kwong 方程加以修正后提出的方程称为 RKS 状态方程，所需物质参数较少、计算方便，可以满足一定的计算精度，可用于非极性、轻微极性的气体。

$$Z^3 - Z^2 + Z(A - B - B^2) - A \cdot B = 0$$

$$A = \frac{a(T_r)p}{R^2 T^2} = 0.42748 \frac{\alpha(T_r)p_r}{T_r^2}, a(T_r) = \left[1 + m(1 - \sqrt{T_r})\right]^2$$

$$m = f(\omega) = 0.48 + 1.574\omega - 0.176\omega^2$$

$$B = 0.08664 \frac{p_r}{T_r}$$

20. 偏心因子 ω

偏心因子表示分子的偏心度，其定义如下：

$$\omega = -\log p_{vpr} - 1.0$$

式中，p_{vpr} 为比对温度 $T_r = 0.7$ 时的对比蒸气压。

ω 物性有关的参数，可经过手册查到，查不到时也可估算。ω 不直接参与控制阀计算，但是估算其他参数时会用到。

§11.4　控制阀流量系数的计算

1. 控制阀流量系数的定义

控制阀流量系数是表征控制阀流通能力的量，流量系数越大，说明单位时间内可通过控制阀的流体的量（体积流量或质量流量）越大。

在国际、国内，控制阀流量的定义基本相同，区别在于所采用的单位不同。采用国际单位制（公制）的其所用流量系数多为 K_v，采用英制单位时，流量系数多采用 C_v。另外，随着近年来国内化工、煤化工行业的大力发展，有很多国外生产的控制阀在国内大量使用，为便于与这些进口控制阀的数据交流及互换替代，国内化工行也已习惯使用英制单位，比如控制阀的规格、压力等级、流量系数等，都是公制、英制单位同时使用，因此国内控制阀生产企业也适应了公英制单位的同时使用，尤其流量系数更习惯于采用 C_v 值作为交流数据。

K_v：在数值上等于 5～40℃、0.1MPa 压差下，每小时流过控制阀的立方米数；

C_v：在数值上等于 5～40℃、1psi 压差下，每小时流过控制阀的加仑数；

A_v、C：现阶段工程上用的极少，这里不做介绍，只给出转换关系。

可以推出：$C_v = 1.156K_v$；$K_v = 0.865C_v$；$K_v = 2.7778 \times 10^5 A_v$；$K_v = 0.9903C$。

2. 控制阀流量系数的计算方法

1944 年，Masoneilan 公司首先提出了控制阀流量系数的定义及测定方法，同一时期苏联推出了压缩系数法，美国推出了阀前重度法、阀后重度法及平均重度法，改革开放前国内控制阀流量系数计算普遍采用平均重度法。1962 年，Masoneilan 公司又推出了临界流量（C_f 或 F_L）系数计算法、可压缩流体的多项式计算法，同一时期 Fisher 公司推出了正弦法。1998 年国际电工委员会颁发了 IEC 60534—1998《Industrial Process Control Valves》标准，推荐了可压缩流体的膨胀系数计算法，20 世纪末，Masoneilan 和 Fisher 公司都改用了膨胀系数法。

国内控制阀的发展略晚于国外，控制阀的流量计算方法有上海工业自动化研究所推荐的及各控制阀生产企业自行推出的计算方法，我国国家标准 GB/T 17213.2—2017《工业过程控制阀第 2-1 部分：流通能力—安装条件下流体流量的计算公式》就是参考了 IEC60534 - 2 - 1：2011 标准推荐的计算方法。

3. 平均重度法计算控制阀流量系数

平均重度法虽然计算误差相对较大，但计算公式较为简单、所需参数少，因此可作为估算的依据，尤其在没有计算机、计算软件时，作为手工计算时较为方便。平均重度法计算控制阀流量系数的公式见表 11-2。

表 11-2　平均重度法计算控制阀流量系数的公式

流体类型	压差条件	计算公式	参数及单位
液体	无	$K_V = Q \sqrt{\dfrac{\rho}{\Delta p}}$	Q：液体流量，m^3/h；ρ：重度，gf/cm^3；Δp：控制阀前后压差，kgf/cm^2。
气体	$p_2 > 0.5 p_1$	$K_V = \dfrac{Q_N}{380} \sqrt{\dfrac{\rho_n (273 + T)}{\Delta p (p_1 + p_2)}}$	Q_N：气体标准流量，Nm^3/h；ρ_n：气体重度，kgf/Nm^3；p_1、p_2：控制阀前后绝对压力，kgf/h。
	$p_2 \leqslant 0.5 p_1$	$K_V = \dfrac{Q_N}{330 p_1} \sqrt{\rho_n (273 + T)}$	
饱和蒸汽	$p_2 > 0.5 p_1$	$K_V = \dfrac{W}{16 \sqrt{\Delta p (p_1 + p_2)}}$	W：质量流量，kgf/h；
	$p_2 \leqslant 0.5 p_1$	$K_V = \dfrac{W}{13.8 p_1}$	
过热蒸汽	$p_2 > 0.5 p_1$	$K_V = \dfrac{W(1 + 0.0013 \Delta T)}{16 \sqrt{\Delta p (p_1 + p_2)}}$	ΔT：相同压力下过热蒸汽温度与饱和蒸汽温度的差值，℃；饱和蒸汽时 $\Delta T = 0$。
	$p_2 \leqslant 0.5 p_1$	$K_V = \dfrac{W(1 + 0.0013 \Delta T)}{13.8 p_1}$	

4. IEC 流量系数计算法

（1）不可压缩流体流量系数的计算

①紊流（$Re_v \geqslant 10000$）条件下：

$$K_V = 10 \frac{Q}{F_p} \sqrt{\frac{\rho_1 / \rho_0}{\Delta p}}$$

式中，Q 为体积流量，m^3/h；F_p 为附接管件系数，附接管件与控制阀尺寸一致时 $F_p = 1$；F_L 为液体压力恢复系数，发生阻塞流时取 F_{LP}；Δp：当 $p_1 - p_2 < F_L{}^2$（$p_1 - F_F * p_v$）时，

$\Delta p = p_1 - p_2$；当 $p_1 - p_2 \geqslant F_L{}^2$（$p_1 - F_F * p_v$）时，$\Delta p = F_L{}^2$（$p_1 - F_F * p_v$），kPa；$\rho_1 / \rho_0$ 为流体与 15℃ 时水的相对密度。

②非紊流（$Re_v < 10000$）条件下：

$$K_V = 10 \frac{Q}{F_R \cdot F_P} \sqrt{\frac{\rho_1 / \rho_0}{\Delta p}}$$

式中，F_R 为雷诺数系数，其余参数同上。

计算不可压缩流体流量系数时，Re_v、F_R、K_V 需要进行迭代计算，直到其收敛至一定范围时方可。

（2）可压缩流体流量系数的计算

①紊流（$Re_v > 10000$）条件下：

紊流条件下的可压缩流体流量系数计算，根据已知条件从以下公式中任选其一：

$$K_V = \frac{W}{N_6 \cdot F_p \cdot Y \sqrt{X \cdot p_1 \cdot \rho_1}}$$

$$K_V = \frac{W}{N_8 \cdot p_1 \cdot F_p \cdot Y} \sqrt{\frac{T_1 \cdot Z}{X \cdot M}}$$

$$K_V = \frac{Q_s}{N_9 \cdot p_1 \cdot F_p \cdot Y} \sqrt{\frac{M \cdot T_1 \cdot Z}{X}}$$

式中，W 为质量流量，kg/h；Q_s 为标准体积流量，Nm³/h；F_p 为附接管件系数，附接管件与控制阀尺寸一致时 $F_p = 1$；Y 为膨胀系数；X 为压差比，当 $X < F_\gamma X_T$ 时，$X = \Delta p / p_1$，$X > F_\gamma X_T$ 时，取 $X = F_\gamma X_T$，其中有附接管件时 $X_T = X_{TP}$；p_1：控制阀前压力，kPa；ρ_1 为在 p_1、T_1 时的流体密度，kg/m³；Z 为压缩系数；M 为分子量，kg/kmol；采用国际单位制时，$N_6 = 3.16$，$N_8 = 1.10$，$N_9 = 24.6$；

②非紊流（$Re_v < 10000$）条件下：

$$K_V = \frac{W}{N_{27} \cdot F_p \cdot F_R \cdot Y} \sqrt{\frac{T_1}{\Delta p (p_1 + p_2) \cdot M}}$$

$$K_V = \frac{Q_s}{N_{22} \cdot F_p \cdot F_R \cdot Y} \sqrt{\frac{M \cdot T_1}{\Delta p (p_1 + p_2)}}$$

式中，采用国际单位制时，$N_{22} = 18.4$，$N_{27} = 0.775$。

计算可压缩流体流量系数时，Re_v、Y、F_R、K_V 都需要进行迭代计算，直到 K_V、Re_v 收敛至一定范围时方可。

§11.5　计算示例

本部分计算示例题目参考 GB/T 17213.2—2017 附录 E。

例 1：

流体：水（液态）　　　入口温度 $T_1 = 363\text{K} = 89.85℃$　　密度 $\rho_1 = 965.4\text{kg/m}^3$

饱和蒸气压 $p_v = 70.1\text{kPa}$　　临界压力 $p_c = 22.12 \times 10^3\text{kPa}$　　运动黏度 $\upsilon = 3.26 \times 10^{-7}\text{m}^2/\text{s}$

入口绝对压力 $p_1 = 680\text{kPa}$　　出口绝对压力 $p_2 = 220\text{kPa}$　　$Q = 360\text{m}^3/\text{h}$

管道直径 $D_1 = D_2 = 150\text{mm}$ 　　控制阀通径 $d = 150\text{mm}$

控制阀类型：球形阀、柱塞型阀芯、流开，经查 GB/T 17213.2—2017 D.2 得：

$F_L = 0.9$　　$F_d = 0.46$

计算如下：

（1）计算临界压力比系数 F_F

$$F_F = 0.96 - 0.28\sqrt{\frac{p_v}{p_c}} = 0.96 - 0.28\sqrt{\frac{70.1}{22120}} = 0.944$$

（2）判断是否阻塞流

$$F_L^2(p_1 - F_F \cdot p_v) = 0.9^2(680 - 0.944 \times 70.1) = 497.2 > \Delta p = p_1 - p_2 = 460\text{kPa}$$

$$\text{即：}\Delta p < F_L^2(p_1 - F_F \cdot p_v)$$

可以判断为非阻塞流

（3）初算流量系数

$D_1 = D_2 = d = 150$，因此 $F_p = 1$

$$K_V = 10Q\sqrt{\frac{\rho_1/\rho_0}{\Delta p}} = 10 \times 360\sqrt{\frac{0.9654}{460}} = 164.92\text{m}^3/\text{h}$$

（4）计算雷诺数 Re_v

$$Re_v = \frac{N_4 F_d Q}{v\sqrt{C_i F_L}}\left[1 + \frac{F_L^2 C_i^2}{N_2 d^4}\right]^{\frac{1}{4}}$$

$$= \frac{7.07 \times 10^{-2} \times 0.46 \times 360}{3.26 \times 10^{-7}\sqrt{164.92 \times 0.9}}\sqrt[4]{1 + \frac{0.81 \times 164.92^2}{0.0016 \times 150^4}} = 2.968 \times 10^6$$

可见 $Re_v = 2.968 \times 10^6 \gg 10000$，为紊流，计算流量系数公式选用正确。

（5）验证

$$\frac{K_V}{N_{18} \cdot d^2} = \frac{164.92}{0.865 \times 150^2} = 0.00847 < 0.047$$

（当且仅当 $\dfrac{K_V}{N_{18} \cdot d^2} < 0.047$ 时控制阀可以保持合理的精确度，下同）在标准可接受范围之内。

例 2：

流体：水（液态）　　　　　$T_1 = 363\text{K} = 89.85℃$　　　　密度 $\rho_1 = 965.4\text{kg/m}^3$

饱和蒸气压 $p_v = 70.1\text{kPa}$　　临界压力 $p_c = 22.12 \times 10^3\text{kPa}$　运动黏度 $v = 3.26 \times 10^{-7}\text{m}^2/\text{s}$

入口绝对压力 $p_1 = 680\text{kPa}$　　出口绝对压力 $p_2 = 220\text{kPa}$　　$Q = 360\text{m}^3/\text{h}$

管道直径 $D_1 = D_2 = 100\text{mm}$　　控制阀通径 $d = 100\text{mm}$

控制阀类型：球阀、截球体、流开，经查 GB/T 17213.2—2017 表 D.2 得：

$F_L = 0.6$　　$F_d = 0.98$

计算：

（1）计算临界压力比系数 F_F

$$F_F = 0.96 - 0.28\sqrt{\frac{p_v}{p_c}} = 0.96 - 0.28\sqrt{\frac{70.1}{22120}} = 0.944$$

（2）判断是否阻塞流

$$F_L^2(p_1 - F_F \cdot p_v) = 0.6^2(680 - 0.944 \times 70.1) = 220.98 < \Delta p = p_1 - p_2 = 460\text{kPa}$$

$$\text{即：} \Delta p > F_L^2(p_1 - F_F \cdot p_v)$$

可以判断为阻塞流

（3）初算流量系数

$D_1 = D_2 = d = 100$，因此 $F_p = 1$

$$K_V = 10Q\sqrt{\frac{\rho_1 / \rho_0}{F_L^2(p_1 - F_F \cdot p_v)}} = 10 \times 360\sqrt{\frac{0.9654}{220.98}} = 237.95\text{m}^3/\text{h}$$

（4）计算雷诺数 Re_v

$$Re_v = \frac{N_4 \, F_d \, Q}{v \, \sqrt{C_i \, F_L}}\left[1 + \frac{F_L^2 \, C_i^2}{N_2 \, d^4}\right]^{\frac{1}{4}}$$

$$= \frac{7.07 \times 10^{-2} \times 0.98 \times 360}{3.26 \times 10^{-7} \sqrt{237.95 \times 0.6}}\sqrt[4]{1 + \frac{0.36 \times 237.95^2}{0.0016 \times 100^4}} = 6.5983 \times 10^6$$

可见 $Re_v = 6.5983 \times 10^6 \gg 10000$，为紊流，计算流量系数公式选用正确。

（5）验证

$$\frac{K_V}{N_{18} \cdot d^2} = \frac{237.95}{0.865 \times 100^2} = 0.0275 < 0.047$$

在标准可接受范围之内。

例 3：

流体：二氧化碳（气态）　　　　$T_1 = 433\text{K} = 159.85$　　　　$\rho_1 = 8.389\text{kg/m}^3$

运动黏度 $v = 2.526 \times 10^{-6}\text{m}^2/\text{s}$　　入口绝压 $p_1 = 680\text{kPa}$　　出口绝压 $p_2 = 450\text{kPa}$

流量 $Q_s = 3800\text{Nm}^3/\text{h}$　　　　压缩系数 $Z_1 = 0.991$　　　标准压缩系数 $Z_s = 0.994$

摩尔质量 $M = 44.01\text{kg/mol}$　　　比热比 $\gamma = 1.3$　　　　　$D_1 = D_2 = 100\text{mm}$

控制阀类型：角行程阀、偏心球形阀芯、流开，经查 GB/T 17213.2—2017 表 D.2 得：

$X_T = 0.6$　　　$F_L = 0.85$　　　$F_d = 0.42$

计算：

（1）计算比热比系数 F_γ

$$F_\gamma = \frac{\gamma}{1.4} = \frac{1.3}{1.4} = 0.9286$$

（2）判断是否阻塞流

$F_\gamma X_T = 0.9286 \times 0.6 = 0.5571$

压差比系数：$X = \Delta p / p_1 = 0.3382 < F_\gamma X_T = 0.5571$

为非阻塞流。

（3）计算膨胀系数 Y

$$Y = 1 - \frac{X}{3F_\gamma \cdot X_T} = 1 - \frac{0.3382}{3 \times 0.5571} = 0.7975$$

（4）初算流量系数

$$K_V = \frac{Q_s}{N_9 \cdot p_1 \cdot F_p \cdot Y} \sqrt{\frac{M \cdot T_1 \cdot Z}{X}}$$

$$= \frac{3800}{24.6 \times 680 \times 1 \times 0.7975} \sqrt{\frac{44.01 \times 433 \times 0.991}{0.3382}} = 67.31 \text{m}^3/\text{h}$$

（5）计算实际流量

$$Q = Q_s \frac{p_s}{Z_s T_s} \cdot \frac{Z_1 T_1}{p_1} = \frac{3800 \times 101.325}{0.994 \times 273.15} \cdot \frac{0.991 \times 433}{680} = 894.88 \text{m}^3/\text{h}$$

（6）计算雷诺数 Re_v

$$Re_v = \frac{N_4 F_d Q}{v \sqrt{C_i F_L}} \left[1 + \frac{F_L^2 C_i^2}{N_2 d^4}\right]^{\frac{1}{4}}$$

$$= \frac{7.07 \times 10^{-2} \times 0.42 \times 894.88}{2.526 \times 10^{-6} \sqrt{67.31 \times 0.85}} \sqrt[4]{1 + \frac{0.85 \times 67.31^2}{0.0016 \times 100^4}} = 1.399 \times 10^6$$

可见 $Re_v = 1.399 \times 10^6 \gg 10000$，为紊流，计算流量系数公式选用正确。

（7）验证

$$\frac{K_V}{N_{18} \cdot d^2} = \frac{67.31}{0.865 \times 100^2} = 0.0078 < 0.047$$

在标准可接受范围之内。

例 4：

流体：二氧化碳（气态）	$T_1 = 433 \text{K} = 159.85$	$\rho_1 = 8.389 \text{kg/m}^3$
运动黏度 $v = 2.526 \times 10^{-6} \text{m}^2/\text{s}$	入口绝压 $p_1 = 680 \text{kPa}$	出口绝压 $p_2 = 250 \text{kPa}$
流量 $Q_s = 3800 \text{Nm}^3/\text{h}$	压缩系数 $Z_1 = 0.991$	标准压缩系数 $Z_s = 0.994$
摩尔质量 $M = 44.01 \text{kg/mol}$	比热比 $\gamma = 1.3$	$D_1 = D_2 = 100$

控制阀类型：角行程阀、偏心球形阀芯、流开，经查 GB/T 17213.2—2017 表 D.2 得：

$$X_T = 0.6 \qquad F_L = 0.85 \qquad F_d = 0.42$$

计算：

（1）计算比热比系数 F_γ

$$F_\gamma = \frac{\gamma}{1.4} = \frac{1.3}{1.4} = 0.9286$$

（2）判断是否阻塞流

$F_\gamma X_T = 0.9286 \times 0.6 = 0.5571$

压差比系数：$X = \Delta p / p_1 = 0.6324 > F_\gamma X_T = 0.5571$

可判断为阻塞流。

（3）计算膨胀系数 Y

$$Y = 1 - \frac{X}{3 F_\gamma \cdot X_T} = 1 - \frac{0.5571}{3 \times 0.5571} = 0.667$$

（4）初算流量系数

$$K_V = \frac{Q_s}{N_9 \cdot p_1 \cdot F_p \cdot Y} \sqrt{\frac{M \cdot T_1 \cdot Z}{F_\gamma \cdot X_T}}$$

$$= \frac{3800}{24.6 \times 680 \times 1 \times 0.667} \sqrt{\frac{44.01 \times 433 \times 0.991}{0.5571}} = 62.71 \text{m}^3/\text{h}$$

（5）计算工况流量

$$Q = Q_s \frac{p_s}{Z_s T_s} \cdot \frac{Z_1 T_1}{p_1} = \frac{3800 \times 101.325}{0.994 \times 273.15} \cdot \frac{0.991 \times 433}{680} = 894.88 \text{m}^3/\text{h}$$

（6）计算雷诺数 Re_v

$$Re_v = \frac{N_4 F_d Q}{v \sqrt{C_i F_L}} \left[1 + \frac{F_L^2 C_i^2}{N_2 d^4}\right]^{\frac{1}{4}} = \frac{7.07 \times 10^{-2} \times 0.42 \times 894.88}{2.526 \times 10^{-6} \sqrt{62.71 \times 0.85}} \sqrt[4]{1 + \frac{0.85 \times 62.71^2}{0.0016 \times 100^4}}$$

$$= 1.4409 \times 10^6$$

可见 $Re_v = 1.4409 \times 10^6 \gg 10000$，为紊流，计算流量系数公式选用正确。

（7）验证

$$\frac{K_V}{N_{18} \cdot d^2} = \frac{62.71}{0.865 \times 100^2} = 0.0073 < 0.047$$

在标准可接受范围之内。

例 5：

流体：二氧化碳（气态）　　$T_1 = 433\text{K} = 159.85℃$　　$\rho_1 = 8.389\text{kg/m}^3$

运动黏度 $v = 2.526 \times 10^{-6} \text{m}^2/\text{s}$　入口绝压 $p_1 = 680\text{kPa}$　出口绝压 $p_2 = 310\text{kPa}$

流量 $Q_s = 3800\text{Nm}^3/\text{h}$　压缩系数 $Z_1 = 0.991$　标准压缩系数 $Z_s = 0.994$

摩尔质量 $M = 44.01\text{kg/mol}$　比热比 $\gamma = 1.3$　　$D_1 = 80, D_2 = 100$

控制阀类型：偏心旋转球形阀芯、流开，$d = 50$，经查 GB/T 17213.2—2017 表 D.2 得：

$X_T = 0.6$　　$F_L = 0.85$　　$F_d = 0.42$

计算：

（1）计算比热比系数 F_γ

$$F_\gamma = \frac{\gamma}{1.4} = \frac{1.3}{1.4} = 0.9286$$

（2）判断是否阻塞流

$$F_\gamma X_T = 0.9286 \times 0.6 = 0.5571$$

压差比系数：$X = \Delta p/p_1 = 0.5441 < F_\gamma X_T = 0.5571$

为非阻塞流。

（3）计算膨胀系数 Y

$$Y = 1 - \frac{X}{3 F_\gamma \cdot X_T} = 1 - \frac{0.5441}{3 \times 0.5571} = 0.6744$$

（4）初算流量系数

$$K_V = \frac{Q_s}{N_9 \cdot p_1 \cdot F_p \cdot Y} \sqrt{\frac{M \cdot T_1 \cdot Z}{X}}$$

$$= \frac{3800}{24.6 \times 680 \times 1 \times 0.6744} \sqrt{\frac{44.01 \times 433 \times 0.991}{0.5441}} = 62.75 \text{m}^3/\text{h}$$

（5）计算工况流量

$$Q = Q_s \frac{p_s}{Z_s T_s} \cdot \frac{Z_1 T_1}{p_1} = \frac{3800 \times 101.325}{0.994 \times 273.15} \cdot \frac{0.991 \times 433}{680} = 894.88 \text{m}^3/\text{h}$$

（6）计算雷诺数 Re_v

$$Re_v = \frac{N_4 F_d Q}{v \sqrt{C_i F_L}} \left[1 + \frac{F_L^2 C_i^2}{N_2 d^4}\right]^{\frac{1}{4}} = \frac{7.07 \times 10^{-2} \times 0.42 \times 894.88}{2.526 \times 10^{-6} \sqrt{62.75 \times 0.85}} \sqrt[4]{1 + \frac{0.85 \times 62.75^2}{0.0016 \times 50^4}}$$

$$= 1.4404 \times 10^6$$

可见 $Re_v = 1.4404 \times 10^6 \gg 10000$，为紊流，计算流量系数公式选用正确

（7）计算管道系数 F_p

$$\zeta_1 = 0.5 \left[1 - \left(\frac{d}{D_1}\right)^2\right]^2 = 0.5 \left[1 - \left(\frac{50}{80}\right)^2\right]^2 = 0.1857$$

$$\zeta_2 = \left[1 - \left(\frac{d}{D_2}\right)^2\right]^2 = \left[1 - \left(\frac{50}{100}\right)^2\right]^2 = 0.5625$$

$$\zeta_{B1} = 1 - \left(\frac{d}{D_1}\right)^4 = 1 - \left(\frac{50}{80}\right)^4 = 0.8474$$

$$\zeta_{B2} = 1 - \left(\frac{d}{D_2}\right)^4 = 1 - \left(\frac{50}{100}\right)^4 = 0.9375$$

$$\sum \zeta_1 = \zeta_1 + \zeta_{B1} = 1.0331$$

$$\sum \zeta = \zeta_1 + \zeta_2 + \zeta_{B1} - \zeta_{B2} = 0.1857 + 0.5625 + 0.8474 - 0.9375 = 0.6581$$

$$F_{p2} = \frac{1}{\sqrt{1 + \frac{\sum \zeta}{N_2} \cdot \left(\frac{C}{d^2}\right)^2}} = \frac{1}{\sqrt{1 + \frac{0.6581}{0.0016} \times \left(\frac{62.75}{50^2}\right)^2}} = 0.8912$$

$$K_{V2} = \frac{K_V}{F_{p2}} = \frac{62.75}{0.8912} = 70.4107$$

$$F_{p3} = \frac{1}{\sqrt{1 + \frac{\sum \zeta}{N_2} \cdot \left(\frac{C}{d^2}\right)^2}} = \frac{1}{\sqrt{1 + \frac{0.6581}{0.0016} \times \left(\frac{70.41}{50^2}\right)^2}} = 0.8683$$

$$\frac{F_{p3}}{F_{p2}} = \frac{0.8683}{0.8912} = 0.9743 < 0.99, \text{继续迭代}$$

$$K_{V3} = \frac{K_V}{F_{p3}} = \frac{62.75}{0.8683} = 72.2676$$

$$F_{p4} = \frac{1}{\sqrt{1 + \frac{\sum \zeta}{N_2} \cdot \left(\frac{C}{d^2}\right)^2}} = \frac{1}{\sqrt{1 + \frac{0.6581}{0.0016} \times \left(\frac{72.27}{50^2}\right)^2}} = 0.8627$$

$$\frac{F_{p4}}{F_{p3}} = \frac{0.8627}{0.8683} = 0.9936 > 0.99, \text{迭代终止,}$$

$$\text{取} F_p = F_{p4} = 0.8627, K_V = K_{V3} = 72.27$$

（8）计算带附接管件的压差比系数 X_{TP}

$$X_{TP} = \cfrac{\dfrac{X_T}{F_p^2}}{1 + \dfrac{X_T \cdot \sum \zeta_1}{N_5} \cdot \left(\dfrac{C}{d^2}\right)^2} = \cfrac{0.6/0.8627^2}{1 + \dfrac{0.6 \times 1.0331}{0.0018} \times \left(\dfrac{72.27}{50^2}\right)^2} = 0.626$$

（9）计算带附接管件的压力恢复系数 F_{LP}

$$F_{LP} = \cfrac{F_L}{\sqrt{1 + \dfrac{F_L^2}{N_2}\left(\sum \zeta_1\right)\left(\dfrac{C}{d^2}\right)^2}} = \cfrac{0.85}{\sqrt{1 + \dfrac{0.85^2}{0.0016} \times 1.0331 \times \left(\dfrac{72.27}{50^2}\right)^2}} = 0.721$$

（10）判断是否阻塞流

$$F_\gamma X_{TP} = 0.9286 \times 0.63 = 0.585$$

压差比系数：$X = \Delta p/p_1 = 0.5441 < F_\gamma X_{TP} = 0.585$

为非阻塞流

（11）重新计算流量系数

$$K_V = \cfrac{Q_s}{N_9 \cdot p_1 \cdot F_p \cdot Y}\sqrt{\cfrac{M \cdot T_1 \cdot Z}{X}} = \cfrac{3800}{24.6 \times 680 \times 0.8627 \times 0.6744}\sqrt{\cfrac{44.01 \times 433 \times 0.991}{0.5441}}$$

$$= 72.74 \text{ m}^3/\text{h}$$

（12）重新计算雷诺数 Re_v

$$Re_v = \cfrac{N_4 F_d Q}{v \sqrt{C_i F_{LP}}}\left[1 + \cfrac{F_{LP}^2 C_i^2}{N_2 d^4}\right]^{\frac{1}{4}} = \cfrac{7.07 \times 10^{-2} \times 0.42 \times 894.88}{2.526 \times 10^{-6}\sqrt{72.74 \times 0.721}}\sqrt[4]{1 + \cfrac{0.721^2 \times 72.74^2}{0.0016 \times 50^4}}$$

$$= 1.5435 \times 10^6$$

即 $Re_v = 1.5435 \times 10^6 \gg 10000$，为紊流

（13）验证

$$\cfrac{K_V}{N_{18} d^2} = \cfrac{72.74}{0.865 \times 50^2} = 0.0336 < 0.047$$

在标准可接受范围之内。

以上从例 1～例 5 的计算结果，利用 $C_V = 1.156\,K_V$ 转换后，与 Fisher 公司计算程序结果极为相近。

§11.6　控制阀流量的计算

本部分的流量计算指单位时间内流过控制阀的流体的量的计算，是在流体的工艺参数及控制阀的参数基础上的计算；控制阀的流量计算过程和控制阀的流量系数计算过程所需的参数完全相同，区别在于流量计算过程需知道控制阀的流量系数，而流量系数计算需要提供流量，两者使用同一计算公式的不同变形形式。

1. 控制阀选型时的说明

为保证工艺流程的安全性，控制阀的实际最大流量一般要大于工艺参数提供的最大流量一定比例，比如一般情况下达到工艺参数提供的最大流量时控制阀开度不大于 80%。

小流量控制阀达到工艺参数给定的最大流量时开度可略大于 80%，尤其微小流量控制阀达到工艺参数给定的最大流量时的开度甚至可大于 90%、接近全开，便于实现精确控制。

2. 流量和流量系数的计算使用同一公式的不同变化形式

如紊流条件下不可压缩流体的流量和流量系数的计算公式分别为：

$$Q = C N_1 F_p \sqrt{\frac{\Delta p}{\rho_1 / \rho_0}} , C = \frac{Q}{N_1 F_p} \sqrt{\frac{\rho_1 / \rho_0}{\Delta p}}$$

式中，Q 为所需的流量，C 为控制阀的流量系数，其余所需参数与过程完全相同。

3. 控制阀各个开度的实际流量

控制阀选定后，可以根据控制阀的可调比及流量特性，计算各个开度的实际流量。本书第二章《控制阀基础知识》部分已提供了相对行程下相对流量的计算方法，可根据相对行程（%）、相对流量（%）的定义，分别计算出实际行程值对应的实际流量，或者某个流量值所对应的实际行程。

附录1　装置停车时控制阀大检修规程

"大检修"是指装置停车，从反应塔、管线、压缩机等，到控制阀、土方等大规模的检修，现已成标准用语，不同于临时停车检修。

1　范围

本规程是传统炼化及现代煤化工企业装置停车时控制阀检维修的通用规定，适用于油田、输送、炼油、化工、煤化工、电厂及其它造纸、制药等企业，全厂或部分装置停车控制阀检维修。

2　规范性引用文件

GB/T 4213—2008　气动调节阀

API 6D - 2017　Specification for Pipeline and Piping Valves

ISO 14313：2007　石油和天然气工业—管线输送系统—管线阀门

API 607 - 2016　Fire Test for Quarter-turn Valves and Valves Equipped With Non-metallic Seats

API Spec 608 - 2012　Metal Ball Valves-Flanged，Threaded，and Welding Ends

GB/T 24919—2010　工业阀门安装使用维护一般要求

GB/T 26147—2010　球阀球体 技术条件

GB/T 12223—2005　部分回转阀门驱动装置的连接

ISO 5211 - 2017　Industrial Valves—Part-turn Actuator attachments

GB/T 12228—2006　球阀锻钢阀体

GB/T 12237—2007　石油、石化及相关工业用钢制球阀

GB/T 13927—2008　工业阀门压力试验

GB/T 17213.1—2015　工业过程控制阀 第1部分：控制阀术语和总则

GB/T 17213.4—2015　工业过程控制阀 第4部分：检验和例行试验

GB/T 26480—2011　阀门的检验和试验

ANSI FCI 70 - 2 - 2013　Control Valve Seat Leakage（ASME B16.104）

API 598 - 2016　Valve Inspection and Testing

所检修控制阀生产厂家相关样本、维护手册等

JB/T 6438—2011　阀门密封面等离子堆焊技术要求

JB/T 7744—2011　阀门密封面等离子弧堆焊用合金粉末

JB/T 5300—2008　工业用阀门材料选用导则

JB/T 7928—2014　工业阀门 供货要求

SH/T 3520—2015　石油化工铬钼耐热钢焊接规范

GB/T 90.3—2010　紧固件 质量保证体系

GB/T 24919—2010　工业阀门 安装使用维护 一般要求

GB/T 3098.1—2010　紧固件机械性能 螺栓、螺钉和螺柱

JGJ 130—2017　扣件式钢管脚手架安全技术规范

GB/T 19000—2016　质量管理体系 基础和术语

ISO 5208—2015　工业用阀门 金属阀门的压力试验

GB/T 13927—2008　工业阀门 压力试验

JB/T 6440—2008　阀门受压铸钢件射线照相检测

JB/T 6903—2008　阀门锻钢件超声波检查方法

SY/T 4102—2013　阀门检验与安装规范

JXQHSEM/WY—2013　吴忠仪表 QHSE 管理手册

吴忠仪表 QHSE 程序文件

JX004—2011　石油化工检维修技术规范—石油化工检维修单位质量、安全、环境与健康（QHSE）管理体系基本要求

3　概述

各类传统炼化企业及现代煤化工企业中装置、塔、罐、釜、管道、仪表等化工、机械、电子等设备多如繁星，高温高压、依然易爆、有毒有害，甚至放射源等到处都有、错综复杂，控制阀大检修中，尤其是外来施工队伍和施工人员不熟悉地形分布及装置、设备的分布，对所检维修的控制阀的结构、工作介质、工艺参数等都不熟悉，因此需要按照既定规程进行操作，以使检维修工作顺利进行。

随着社会物质及文化的不断发展，施工人员的健康和人身安全得到越来越高的重视，尤其进入 21 世纪以来，国家、各部委、各省纷纷出台了许多相关法律、法规、规章等，对生产企业、施工单位及从业人员的行为作出了更为详尽的规定和限制，因此，安全成为不可逾越的红线，全社会都应该遵守各类法律、法规、规章，重视安全文明生产，确保员工健康和安全。

控制阀停车大检修需要大检修前的准备，及大检修后的现场服务，确保控制阀检维修后装置的顺利开车、投运，并保证装置的平稳运行。

鉴于以上，本规程的制定及实施是必要的，其宗旨就是指导装置停车控制阀大检修的顺利进行，并确保控制阀大检修后的装置能正常、安全、平稳运行。

4　装置停车控制阀大检修程序

4.1　检修前的准备

（1）为确保控制阀维修过程中的安全、环保等事项，确保控制维修质量及控制阀维修后装置的长期、稳定运行，参与各类炼化企业控制阀维修的施工方需取得一定资质。

a）参与控制阀维修的施工队伍，须有一定的控制阀设计、制造能力，并取得《特种设备制造许可证（压力管道元件）》证书；

b）参与控制阀维修的施工方，应有一定比例的高级、中级职称的工程技术人员；

c）参与控制阀维修的施工方，应有一定比例的机械加工、电气焊、维修工、电工等类型的技师、高级工等人员；

d）参与控制阀维修的施工方，主要管理人员、负责技术人员、维修班组长、机械加工人员、电气焊人员，必须有 5 年以上的维修施工经历；

e）参与控制阀维修的施工方，必须取得《建筑业企业资质证书—石油化工工程施工总承包》三级及以上承包商资质；

f）参与控制阀维修的施工方，须取得住建部考核、颁发的《安全生产许可证》；

g）参与控制阀维修的施工方，须取得环境管理体系认证、职业健康安全管理认证、质量管理体系认证等资格；

h）参与控制阀维修的施工方，须取得《石油化工检维修资质证书—控制阀检维修专项资质》相关级别的证书。

（2）根据所需检修的控制阀批量，施工单位应提前半月甚至几个月入住甲方现场，逐台了解所需检修的控制阀，了解其品牌、型号、规格、工况、使用状态，及甲方所准备的备件、维修包等情况。

（3）提前入住甲方现场进行施工前准备的人员，应包括项目经理、安全文明生产负责人、施工队长、技术人员、装置（Area）负责人等。

（4）提交、验收施工单位适合工程情况的工程总承包资质、安全生产许可、检维修资质及环境认证等资质资料。

（5）施工前的准备，应详细了解装置（区）控制阀维修明细，见图 1。

20＿＿年＿＿＿＿＿＿＿公司＿＿＿＿＿装置(区)控制阀维修明细

序号	位号	控制阀参数									维修		物料						备注
		装置名称	生产厂家	产品型号	产品名称	用途	规格	压力等级	温度等级	泄漏等级	方式	执行机构维修包	阀内密封件	阀芯	阀座	套筒	平衡环	其他	
1	270FV-1234	锅炉	FISHER	ED	套筒单座阀		8″	ANSI 600	常温		下线	√	√	√	√	√	√		
					结构分类	甲方名称					在线								

图 1

（6）施工前的准备工作，应包括详细了解甲方各生产装置详细、准确的停车时间、检维修工期、开车试运行及投料生产时间等，完成施工进度网络图，见图2。

20＿年＿＿＿＿＿公司控制阀大检修施工进度统筹

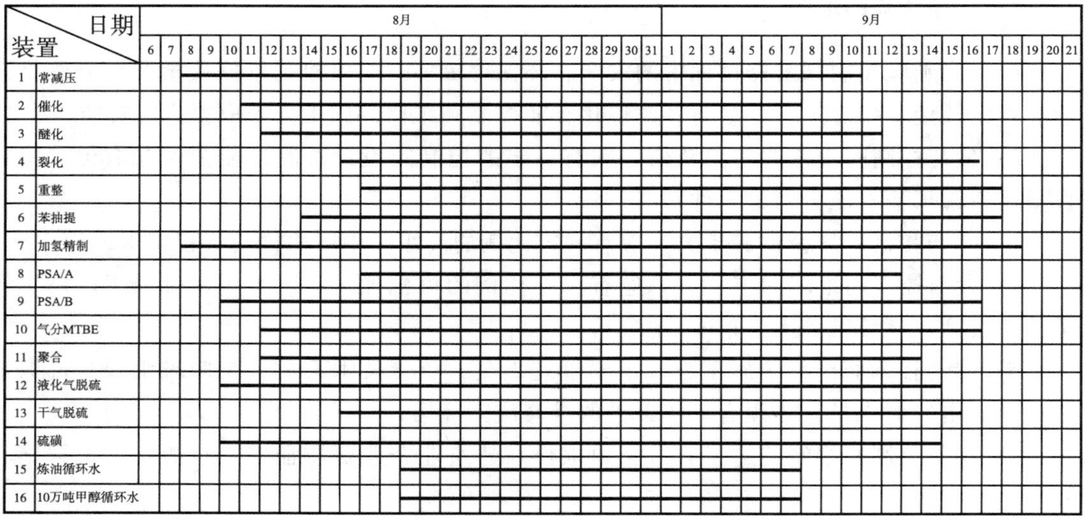

装置 \ 日期	8月																											9月																				
	6	7	8	9	10	11	12	13	14	15	16	17	18	19	20	21	22	23	24	25	26	27	28	29	30	31	1	2	3	4	5	6	7	8	9	10	11	12	13	14	15	16	17	18	19	20	21
1 常减压																																															
2 催化																																															
3 醚化																																															
4 裂化																																															
5 重整																																															
6 苯抽提																																															
7 加氢精制																																															
8 PSA/A																																															
9 PSA/B																																															
10 气分MTBE																																															
11 聚合																																															
12 液化气脱硫																																															
13 干气脱硫																																															
14 硫磺																																															
15 炼油循环水																																															
16 10万吨甲醇循环水																																															

图2

（7）施工前的准备工作，应完成所需人员，包括管理人员、技术人员、检维修人员、机具操作人员、车辆运输人员等的详细计划，及检维修时到达施工现场的梯次、时间、名单，以及届时因其他事项不能到达现场的候补替代人员名单。

（8）施工前的准备工作，应完成所需的机械加工、检维修设备、性能检测设备及运输等设备、车辆的计划，提供每设备台班生产、运输能力，及设备、车辆等总数量的计算书及明细表。

（9）施工前的准备工作，应完成安全生产、人员疾病等的事件应急预案，及生产急需、临时更改检维修进度、数量等其他突发状况的应急预案。

（10）施工前的准备工作，应完成检维修所需场地的规划及检修前的工棚租赁、搭建工作，临时租赁厂房的，应提供租赁合同，临时搭建的应提交搭建所需物资计划明细及搭建进度计划。

（11）管理、技术人员所需办公场地、设备、桌椅等物资到场计划等明细资料。

（12）甲方装置停车时间有变动的，应至少提前20天通知施工方；临近检修，应至少提前10天将各装置准确的停车时间点通知施工方，以后每隔3天通知一次，以免对施工方因设备、人员调动造成损失。

（13）甲方要求的其他事项，包括完成进度计划、物资计划等明细及文件资料。

4.2 临检修进场准备

（1）项目经理、安全管理人员、技术人员、带队队长、各装置（Area）检修负责人等应至少提前1周到达检修现场，与甲方进行检修前的最后交流、沟通，提交最终、实际、不可更改的人员、设备、车辆等的到达计划及明细。

（2）施工方管理、技术人员至少提前 1 周到达、交流完成后，应立即修改、完成、提交最终的施工方案，经甲方机动部、电仪车间审核通过后实施。

（3）提交、验收实际应到达人员的名单、半年内的健康体检证明、截至检修完成后 1 个月内有效的商业保险证明、技能等级证明等文件。

（4）验收检维修所需场地、工棚、库房、货架、办公场所与设备等的进度、准备情况。

（5）检维修所需的主要设备、车辆等，应至少提前 1 周到达施工现场，其余设备及工器具等应至少提前 3 天到达施工现场。

（6）应提交到达现场的设备故障、损坏时的应急预案，确保控制阀大检修的正常、顺利进行。

（7）施工方应提交施工人员食宿安排计划及证明，确保施工人员食宿安全、舒适，以免因食宿问题影响正常、顺利施工。

（8）撰写、提交《施工作业风险评价调查》《QHSE 作业计划书》《QHSE 作业指导书》等质量、安全相关资料，经甲方安全管理部门、机械动力部门、机电仪管理部门审批合格。

4.3　人员、设备进场

（1）施工方应至少在施工开始前半个月内预定好施工人员的住宿场所及餐饮安排，签订食宿安排合同，并应在施工正式开始前 1 周落实住宿场所，提前 2 天内落实每个施工人员的房间、床位安排，保证施工人员施工期间食宿可靠、安全、舒适。

（2）施工人员从常住地到施工所在地，600km 以上的应使用火车卧铺或飞机，到达的第二天甲方应安排三级安全教育；如施工人员坐大巴或火车硬座连续超过 18h 的，到达施工地后应休息一天，甲方应于第三天安排三级安全教育。

（3）因甲方停车、施工进度安排，施工方需要按阶段分梯次安排人员到达现场的，要求同上一条，但应严格按照计划及现场施工需要进行。

（4）甲方应提供饮水等便利条件，以及卫生间等必须设施，商议好使用细则并安排好值日表等，确保各便利条件、设施的正常提供。

（5）所有设备、工器具应于施工开始前一天全部到场，并保证所有设备无隐患、可连续正常运转，填写《设备完好评审表》并经甲方审查合格、签字认可后方可使用。

4.4　施工许可

甲方装置完全停车，管道置换、吹扫完成，施工方人员、设备按照既定方案到场后，就具备了开工条件，此时甲方应撰写《工程说明》《工程开工报告》，连同《施工方案审批表》《施工作业风险评价调查表》《QHSE 作业计划》《QHSE 作业指导书》等，报甲方安环管理部门、机械动力管理部门、机电仪管理部门审批合格、签字盖章后，即可开始施工。

4.4.1　《施工方案审批表》

是甲方相关部门对甲方对施工方根据前期摸底及准备情况所撰写的《施工方案》的审

阅、批准页，由施工方提交，甲方安全、机械动力、机电仪相关管理部门共同签署后有效，也是开工许可的必要条件。

4.4.2 《施工作业风险评价调查表》《QHSE 作业计划》《QHSE 作业指导书》

是施工方检修前现场摸底、勘察后，根据所了解的情况，对施工所存在的风险的调查、评价情况，并根据了解、调查情况撰写的作业计划、作业指导资料，需要报甲方安全、机械动力、机电仪等管理部门审查，如果了解、调查不彻底，还存在没认识到的盲区，需要重新了解、调查，直至完全合格方可签字、盖章。

4.4.3 《工程说明》《工程开工报告》

《工程说明》是开工前需要对甲方整体认识，所承担检维修控制阀规模、种类、维修特点等情况，做详细说明；《工程开工报告》是说明施工方人员、设备、材料等的准备及到达现场情况，并书面向甲方申请开工，如果甲方认为具备开工条件，即可签字、盖章，准予开工。

4.4.4 特种作业人员、车辆驾驶人员

施工方到现场参加控制阀维修作业的电工、电气焊工、起重（含司机、司索）工等特殊工种，以及运输车辆驾驶人员必须经过甲方专门的安全培训、考核合格，并登记造册后，方可在检修现场进行控制阀的维修作业。

4.5 控制阀维修过程

4.5.1 《QHSE 技术交底记录》

每到一个车间或装置（Area）参加控制阀的上、下线，或控制阀在线维修、调校等作业，都必须经过甲方技术人员进行技术交底，讲明作业所存在的风险、介质情况、周围施工情况，所维修控制阀存在的主要问题等，所有需要到场作业的人员都必须完全理解、记住，并签字认可后方可开始作业。

4.5.2 《QHSE 检查确认表》

控制阀维修施工方项目管理人员，应定期、不定期对施工现场的安全、质量等 QHSE 控制点进行巡检，并将检查结果如实填写该表，根据检查结果进行相应的处理。

4.5.3 《隐患整改通知单》

QHSE 检查中，如果发现有隐患的，填写隐患整改通知单，隐患存在部位的负责人、施工人员要进行相应的整改，并将整改结果通知管理人员确认后消项。

4.5.4 《质量控制计划》《改造维修方案》

特殊、关键控制阀的维修，需要单独撰写《质量控制计划》，损坏严重或频繁损坏，需要对结构、材质等进行改造升级的，必须撰写《控制阀改造维修方案》，经甲方机械动力、机电仪管理部门技术人员或分管领导签字认可后方可实施。

4.5.5 《控制阀维修过程控制点检查确认表》

在控制阀的维修过程中，有很多重要的维修过程需要进行控制，称为"控制点"，需要相应权限的人员对这些控制点进行检查、确认，没有问题后方可进行下一个过程，直至整台控制阀维修完成、检测合格。

4.5.6　《控制阀维修单》

该维修单为施工方内部使用。控制阀维修过程中，为确保拆解检查无遗漏、技术处理无死角，要求拆解检查人员详细检查所拆解的控制阀，认真填写检查情况，技术人员按照维修人员的填写内容填写维修方案及维修措施，需要更换备件、技术改造等内容需要商务人员确认后，方可实施。

4.5.7　《控制阀安装检查确认表》

控制阀维修过程，从整机性能测试、防腐处理、控制附件安装调试，到运输、上线、交接整个过程中，包括法兰密封件、连接螺栓等，每一步都需要检查确认，确保过程控制无遗漏。

4.5.8　《不合格项评审表》

控制阀维修过程的每一步都会产生不合格项，需要评审后采取相应的措施进行整改。

4.5.9　《备品备件更换确认表》《备品备件合格证》

控制阀维修中，有零部件损坏严重无法直接修复需要更换的，需要填写更换确认表，经甲方相关负责人签字确认后方可更换；无论甲方提供，还是施工方提供的备品备件，都必须有合格证，合格证应包括形状、尺寸、材质、性能检查等内容。

4.5.10　《控制阀调校记录卡》《控制阀维修记录卡》

控制阀维修、调校完成后，根据甲方需要填写《控制阀调校记录卡》，对整机性能调校结果进行记录；控制阀相关参数及维修的整个过程都需要进行记录。为便于记录，需要填写《控制阀维修记录卡》。以上记录内容都需要甲方相关人员签字确认，并且一式两份，双方各自留存，以便随时查询。

5　控制阀维修结束

5.1　开车保运

控制阀维修结束，性能检测合格、调校合格，上线、联调、交付使用后，甲方装置试压、投料生产整个开车过程中，维修施工方需提供开车保运服务，发现问题应及时处理，直至全部装置开车正常 24h 后方可撤离。

5.2　资料整理

控制阀维修结束后，维修过程中所形成的资料，包括甲方签发登高作业票、动火票、临时用电作业票等票证，以及维修过程中的各种表格等文件，都需要进行收集、整理，按发生的过程顺序造册，形成《控制阀维修科技档案》，可以是电子版，也可以是纸质打印版，电子版中的签字确认页必须是纸质文件的扫描件。

5.3　结算文件

控制阀维修结束、装置开车成功后，可以进入结算程序。结算需要编制、填写《实际发生备品备件明细及确认单》《控制阀维修明细》《控制阀技术改造维修方案》等，经甲方相关现场负责人员签字确认后进入结算程序，也便于双方随时查阅。

5.4 甲方评价

控制阀维修结束，装置开车成功、平稳运行一定时间后，甲方应根据维修施工方控制阀维修过程及维修后控制阀的使用情况，对施工方维修中维修管理、维修技术、维修能力等做一定的评价，作为施工方的业绩证明。

5.5 回访

控制阀维修结束，装置正常开车运行后，维修施工方应定期对客户进行回访，了解所维修控制阀的运行情况，总结经验，便于施工方控制阀维修水平的不断提高，从而不断提高整个控制阀维修行业的水平，提高装置停车控制阀大检修的服务水平，提高装置运行的可靠性及运行效率。

5.6 总结

控制阀维修、开车保运、多次回访结束后，施工方应对本次的维修过程进行一定的总结，找出过程的成功及不足，并分析各自原因，便于在今后的控制阀维修中采取相应的措施，保留成功的经验，克服不足之处，全面提高维修服务水平。

附录 2 直行程控制阀检修规程

1 范围

本规程是电动或气动球形、套筒式控制阀的维护、检修通用规定，适用于油田、输送、传统炼化及煤化工等行业企业中，用于生产过程自动控制的窗口式、低噪声式及各类多级降压类套筒式控制阀，包括直通式、角型单双座套筒式控制阀的日常维护与检修。

2 规范性引用文件

GB/T 4213—2008 气动调节阀

API 607 - 2016 Fire Test for Quarter-turn Valves and Valves Equipped With Non-metallic Seats

GB/T 24919—2010 工业阀门安装使用维护一般要求

ISO 5211 - 2017 Industrial Valves—Part-turn Actuator attachments

GB/T 13927—2008 工业阀门压力试验

GB/T 17213.1—2015 工业过程控制阀 第1部分：控制阀术语和总则

GB/T 17213.4—2015 工业过程控制阀 第4部分：检验和例行试验

GB/T 26480—2011 阀门的检验和试验

ANSI FCI 70 - 2 - 2013 Control Valve Seat Leakage（ASME B16. 104）

API 598 - 2016 Valve Inspection and Testing

所检修控制阀生产厂家相关选型样本、维护手册等

3 概述

控制阀是自控系统中的终端现场调节仪表，安装在工艺管道上，通过不同的开度调节被调介质的压力、流量、温度、液位等要求的工艺参数。控制阀直接接触高温、高压、深冷、强腐蚀、高黏度、易结焦结晶、有毒等工艺流体介质，因而是最容易被腐蚀、冲蚀、汽蚀、老化等方式损坏的仪表。控制阀的损坏，往往给生产过程的控制造成困难，因此必须充分重视控制阀日常运行中的维护和检修工作。

球形、套筒式控制阀在煤化工、炼化企业所使用的控制阀中占有很大的比例，而且起

着举足轻重的作用，因此制定本规程，以指导并控制其检维修过程，保证套筒式控制阀的检维修质量。

本规程只规定了阀体组件的日常检维修过程，执行机构及控制附件的检维修过程参看其对应的规程。

4 主要技术标准

4.1 外观

(1) 填料可靠压紧、无渗漏迹象。

(2) 阀杆无弯曲、划伤迹象，与执行机构连接螺纹完好、无损伤。

(3) 上盖连接螺栓、螺母齐全、合格，上盖与阀体连接部位无渗漏迹象。

(4) 阀体无渗漏迹象，无明细磕碰划伤、变形现象。

(5) 按相关规定防腐处理合格。

(6) 行程标尺、开关指示，及防水等辅助设施齐全，无缺失、损坏。

4.2 行程

人工、机械或执行机构带动，从全关位置到全开位置，检查阀芯的行程应等于或略大于铭牌或其他技术资料所规定的行程。

4.3 动作

阀内件正确装配，填料正常装配、压紧，符合交检条件下，人工、机械或执行机构带动下检查阀芯的上下运动，动作应平稳、顺畅，无中间卡涩现象，无异响。

4.4 带执行机构检查

(1) 执行机构推杆与阀杆连接的连接件安全、可靠，固定螺纹（栓、母）无损坏、缺失。

(2) 铭牌或相关技术文件规定的供气压力下，控制阀应能可靠关闭，并能平顺地走完全行程。

(3) 行程标尺、开关指示及防水等辅助设施齐全，无缺失、损坏。

(4) 全关位、全开位及行程与标尺严格对应。

(5) 在有压力显示仪表，或定位器等的辅助下，测定的弹簧范围，始动压力、全行程压力所测定的弹簧范围，应符合铭牌或相关技术文件中的规定值。

(6) 阀芯上、下运动过程中执行机构推杆、阀杆无摆动现象。

(7) 全行程动作无卡涩、无异响。

4.5 执行机构气室的密封性

将规定的额定压力的气源通入密封气室中，切断气源，5min 内气动薄膜执行机构气室中的压力下降不得超过 2.5kPa，气缸执行机构压力腔压力下降不得超过 5kPa。

4.6　基本误差

控制阀的行程始动点位置偏差、回差不应超过表 1 的规定，用控制阀的额定行程的百分数表示。

表 1　气动薄膜控制阀基本参数

项别 ＼ 类别			不带定位器	带定位器
基本误差/%			±5	±1.0
回差/%			3	1.0
始终点偏差%	气开	始点	±2.5	±1.0
		终点	±5	±1.0
	气关	始点	±5	±1.0
		终点	±2.5	±1.0

4.7　耐压强度

耐压强度是指控制阀壳体（阀体、上盖等）耐受压力的能力，控制阀耐压强度应以 1.5 倍公称压力进行不少于 3min 的耐压试验，不应有肉眼可见的渗漏。

新生产控制阀的壳体必须逐台做耐压强度试验；如果日常使用中未发现壳体有渗漏现象，维修中未发现有冲刷损坏迹象，也未做较大面积的补焊、加工，则无需做壳体耐压强度试验。

4.8　填料函及其他连接处的密封性

控制阀维修后，应做耐压试验，即外漏试验。耐压试验是指填料、上阀盖、球阀的主副阀体等有可能发生外漏现象的连接处，应保证在 1.1 倍公称压力作用下保压一定时间，无肉眼可见渗漏现象。

4.9　泄漏量

控制阀在规定试验条件下的泄漏量应符合要求。普通控制阀应按照 GB/T 4213、FCI 70-2 等规定的压力、介质进行泄漏量试验；特殊、关键控制阀可按照工作压差、工艺介质类型（气体、液体）等进行试验，并重新计算允许泄漏量。

（1）执行机构推力足够时，双座硬密封套筒阀的泄漏量等级应为Ⅳ级及以上；

（2）执行机构推力足够时，单座、平衡密封环式套筒阀泄漏量等级应为Ⅳ级及以上；

（3）阀座为软密封的各类套筒式控制阀，泄漏等级应为Ⅴ级及以上；

（4）特殊工况，如氧气切断阀、氢气切断阀、放空阀等特殊、关键控制阀应区别对待，泄漏量应达到Ⅴ级以上，或维修者与使用方另行协商决定。

5 检查与校验

5.1 外观检查

按 4.1 的要求，肉眼观察的方法进行检查。

5.2 执行机构的气密性检查

气动薄膜执行机构用 0.5MPa 气源，较大规格气动薄膜执行机构用小于等于 0.4MPa 气源，气缸式执行机构用 0.7MPa 无油、无水干燥压缩气体做耐压试验，5min 内气动薄膜执行机构示值下降应小于 2.5kPa，气功执行机构示值下降应小于 5kPa。

5.3 弹簧范围检查

与阀体组件（调节机构）正常连接后，气动薄膜执行机构或单作用气缸执行机构气室中逐渐输入并增加供气压力，阀杆刚有动作时记下此时的压力值 p_1；继续缓慢增加压力，直到走完全行程，记下此时的压力值 p_2。p_1—p_2 即是该阀的实测弹簧范围，与铭牌或其他资料给定弹簧范围做比较，差值不能相差过大，尤其是 p_2 值与给定值相差不超过 0.005MPa。

5.4 始终点偏差与行程检验

带定位器时按输入信号，不带定位器时用精密压力表，将输入信号的上、下限值分别加入薄膜气室（或定位器），测量相应的行程值，按式（1）计算始终点偏差。要特别注意到保证气开式控制阀的始点、气关式控制阀的终点在控制阀严密关闭的位置上。

将规定的输入信号平稳地按增大和减小方向输入薄膜气室（或定位器），测量各点所对应的行程值，按式（1）计算实际"信号-行程"关系与理论关系之间的各点误差。其最大值即为基本误差。

$$\delta = \frac{l_i - L_i}{L} \times 100\% \tag{1}$$

式中，δ 为第 i 点的误差，l_i 为第 i 点的实际行程，L_i 为第 i 点的理论行程，L 为控制阀的额定行程。

试验点为输入信号范围的 0、25%、50%、75%、100% 五个点。

5.5 回差校验

按前条方法，先增加信号记录下对应的行程，再逐渐减小信号记录下对应的行程值，对比得出回差，按表 1 进行检查，判断是否合格。

5.6 死区校验

在输入信号量程的 25%、50%、75% 三点上进行校验，其方法为缓慢改变（增大和减小）输入信号，直到观察出一个可察觉的行程变化（0.1mm），此点上正、反两方向的输入信号差值即为死区。所得值与表 1 进行比较，判断是否合格。

5.7 填料函及其他连接处的密封性试验

按要求，用 1.1 倍公称压力的室温水，按规定的入口方向输入控制阀的阀体，另一端封闭，同时使阀杆全行程往复动作 1～3 次后保持控制阀开启状态，持续保压时间不应少于 3min，观察控制阀的填料函，及上、下阀盖与阀体，或主、副阀体之间的连接处是否有肉眼可见的泄漏或渗漏现象，如有即为不合格。

5.8 泄漏量试验

按要求，在薄膜气室中按不同作用方式输入一定的操作气压，使控制阀关闭。将温度为室温的相对恒定的水压，按规定的入口方向输入控制阀，另一端放空，用秒表和量杯测量其 1min 的泄漏量。

5.8.1 操作气压

（1）单作用、气开式控制阀无需给执行机构供气，仅靠执行机构弹簧实现关闭；

（2）双作用气缸执行机构及单作用气关式控制阀：普通气动薄膜执行机构或气缸执行机构操作气压不大于 0.5MPa，较大规格气动薄膜执行机构操作气压不超过 0.3MPa。

5.8.2 试验水压 p

（1）控制阀允许压力小于 0.35MPa 时，取控制阀允许压力；

（2）控制阀允许压力大于 0.35MPa 的一般控制阀，取 0.35MPa；

（3）关键、特殊控制阀，可取工作压力，或与使用方的商定值。

5.8.3 允许泄漏量

（1）一般控制阀按泄漏量等级、介质，按照 GB/T 4213、FCI 70 - 2 等标准进行计算；

（2）特殊、关键控制阀的泄漏量，按照试验介质、试验压力，代入 GB/T 4213、FCI 70 - 2 等标准相应等级的泄漏量公式进行计算；

（3）客户提出的其他标准，如 GB/T 26480、API 598 等。

6 运行维护

6.1 联调

维修后的控制阀在投入运行前应做系统联试。

6.2 投运

控制阀工作时，前后的切断阀应全开，副线阀应全关。整个管路系统中的其他阀门应尽量开大，通常控制阀应在正常开度范围（20％～80％）内工作。

6.3 手轮

使用带手轮的控制阀应注意手轮位置指示标记，确保控制阀在手轮位置在自动位置。

（1）侧装手轮机构，应在中间或"自动"位置；

（2）顶装手轮机构，应旋至最高位置；

（3）作限位用的，应在预定位置；

（4）运行中的控制阀严禁调整阀杆和压缩弹簧的位置；

（5）经常检查控制阀及定位器等附属设备。

6.4　定期检查

（1）定期检查气源及输入、输出信号是否正常；

（2）定期观察阀杆运动是否平稳，行程与输出信号是否对应；

（3）定期检查控制附件连接管路是否严密、无泄漏；

（4）定期检查填料函及法兰连接处有无介质外漏；检查中发现的问题要及时作技术性处理，以保证控制阀正常运行。

6.5　定期清扫

保持整洁，特别是阀杆及定位器的反馈杆等活动部位；需加润滑油的填料，应定期加注，并使注油器内有足够的存油，润滑油的品种不得随意变更。

6.6　现场解体

需在生产现场对控制阀进行解体检查时，必须先将控制阀两边的截止阀关闭，如截止阀有泄漏，应加装盲板。待阀内介质降温、导淋放空降压后方可进行拆解。

7　检修

7.1　检修前

（1）停工检修时，在控制阀离线前应先降温降压，将两端放空阀打开并确认是否疏通；离线时应先经生产装置有关人员确认后方可离线检修；

（2）所维修的控制阀，离线、运输整个过程中应正确选择吊装点，并正确装卸，确保人员、物资安全。

7.2　拆解、检修一般程序

本程序指控制阀已拆除信号管、线，拆除控制附件，并下线、运至检修场地后的检修程序。

（1）执行机构支架与阀体组件上盖连接处做方向标记；执行机构需要拆解、检查、维修的，还应该在支架与薄膜执行机构的下膜盖或气缸执行机构的下缸盖连接处，以及薄膜执行机构的上、下膜盖，气缸执行机构的下缸盖、缸体、上缸盖连接处，做好方向标记；

（2）上阀盖与阀体连接处做方向标记；

（3）执行机构与阀体组件分离；

（4）执行机构气密试验；

（5）阀体组件解体、检查；

（6）阀内件等零部件的修复；

（7）配研阀芯、阀座密封面；

（8）执行机构、阀体组件的密封环、垫片，以及填料等，一旦拆解，必须全部更换；

（9）阀体组件装配、填料的装填等；

（10）阀体组件与执行机构连接、行程调整；

（11）性能测试；

（12）防腐处理；

（13）上线；

（14）控制附件连接，控制信号管、线连接；

（15）控制信号与实际行程的单调、联调；

（16）投运、开车保运；

（17）资料完善。

7.3　打标记

为保证控制阀离线检修后能正确复位，应重视打标记程序。其手段可用机械刻标记、打字符等不易消失的方法，应能清晰地标明：

（1）控制阀阀体法兰与管道法兰连接的方向标记；

（2）阀体与上、下阀盖，及其执行机构的连接方向标记（此项可在检修工场内，在解体前进行）。

7.4　清洗

滞留在阀体腔内的某些工艺介质是有毒、有害，易燃、易爆，或有腐蚀、放射性的，在进入解体工序前必须以水洗或蒸汽吹扫的方法，将控制阀被工艺介质浸渍的部件清洗干净，避免对人员造成伤害，并防止污染环境。

7.5　解体

（1）对各连接部位、螺纹等处喷洒松动剂等。

（2）气开式控制阀须给执行机构加入适当的气压信号，使阀芯与阀座脱离接触后，方能旋转阀杆，使之与执行机构的推杆分离。

（3）波纹管密封阀应首先将阀体与上阀盖分离后，方可进行其他零部件的解体工作，否则将可能使波纹管受扭曲而遭到损坏。

（4）必要时，须将执行机构组件完全分解，对薄膜、弹簧等易损件进行检查。

（5）每一台控制阀分解后所得的零部件应集中存放，以防散失或碰伤，螺纹连接件应进行必要的养护。

7.6　零部件检修

（1）生锈或脏污的零部件要以合适的手段进行除锈和清洗，要注意清洁好机加工面，特别要保护好阀杆、阀芯和阀座的密封面。

（2）重点检查部位：

a）阀体：阀体的内壁和连接阀座的内螺纹处易受流体介质的腐蚀和冲蚀。

b）阀座：与阀芯配合的密封面处，以及与阀体连接的外螺纹处易受到冲刷、腐蚀和汽蚀。

c）阀芯/阀杆组件：阀芯的密封面和调节型面以及导向圆柱面处均是易受腐蚀和磨损的；阀杆上部与密封填料接触亦是易受拉伤、腐蚀和磨损的；还应注意检查阀芯与阀杆的连接不得有松动，阀杆不得弯曲（同心度要求≤0.05mm）。

d）套筒不得有变形，内壁不得有拉伤损坏，流量调节窗口不得有冲刷、腐蚀、汽蚀等损坏现象。

e）上阀盖的填料函处的腐蚀。

f）阀体、上阀盖、下阀盖各法兰密封面的腐蚀程度。

g）执行机构中薄膜片和O形密封圈老化、裂损程度。

（3）根据零部件损伤情况各异，决定采用更新或修复处理。

①每一次检修，不论损伤与否，必须更新的零件有密封填料、阀内密封件，法兰垫圈、拆解后执行机构的O形密封圈等密封件。

②经检查发现损伤而又不能保证下一运行周期工作的零件应予更换，如阀内件、膜片、弹簧等。

③其余的各零部件如损伤严重时，应予更新；轻度损伤、经修复能坚持到下个检修周期的，可采用焊补、机加工等各种手段予以修复。

7.7　研磨

控制阀的阀芯与阀座上各有锥形密封面配合进行密封，作为控制阀关闭时防止内泄漏的密封面，检修时常通过车削加工后经研磨而修复。

（1）车削锥形密封面时，应保证它与该零件的装配定位面的同轴度形位公差在0.02mm之内，表面粗糙度为$R_a3.2$；一般不宜加工扩大阀座内孔。

（2）阀芯与装配于阀体内的阀座需配对研磨，并应在保证二者的同轴度条件下方可进行。

（3）先粗磨、后细磨，直至阀芯与阀座的密封面为连续线接触的线密封，装配前研磨剂应从阀内件上及阀腔内清洗干净。

7.8　装配

（1）在装配的全过程中要特别重视各零件相互间的方向标记，及各零部件间的位置关系。

（2）阀体与上、下阀盖组装时，应采取对角线交叉逐次旋紧法。螺栓上应涂抹润滑剂。

（3）密封填料装配时需注意几点：

a）使用盘根类开口填料时，应使上下相邻两填料的开口相错 180°或 90°。

b）在一般情况下，V 形填料的开口向下，即为 Λ 状；但在真空阀中使用时，应使它的开口向上，即为 V 状。

c）对需定期向填料加注润滑油的控制阀，应使填料函中的填料套（亦称灯笼套）处于适中位置，与注油口对准。

d）按填料的材质选用合适的润滑剂。

（4）执行机构与阀体组件连接时，要注意解体前所做的标记，连接后的执行机构与阀体组件在原始方向，便于现场连接附件及气源等。

7.9　动作检查

用便携式信号仪加 4～20mA 控制信号，或开关式控制阀的电磁阀，控制阀的阀杆动作应平稳、到位（参见 504）。

7.10　回路联校

由控制室的调节器输出信号至控制阀的薄膜气室（定位器），控制阀的阀杆应正确动作。

7.11　开车保运

（1）清扫管线时，控制阀应为全开位置；对新安装的管线，应在管线清扫以后（以特定短管代控制阀），再安装控制阀。

（2）生产装置开工前的加温、试压、消漏、投料试运行的开车全过程中，检修人员应驻守现场，巡回检查，及时发现并解决各种故障。

（3）在升温、试压、消漏时，如需对上阀盖法兰螺栓进行"热紧"，控制阀不应处于全关位置。

附录3 O形球阀检修规程

1 范围

本规程是气动、电动、液压等执行机构驱动的O形球阀的维护、检修通用规定，适用于油田、输送、传统炼化及煤化工等行业企业中，用于生产过程自动控制的O形球阀的日常维护与检修。

2 规范性引用文件

GB/T 4213—2008　气动调节阀

API 6D‐2017　Specification for Pipeline and Piping Valves

ISO 14313：2007　石油和天然气工业—管线输送系统—管线阀门

API 607‐2016　Fire Test for Quarter-turn Valves and Valves Equipped With Non-metallic Seats

API Spec 608‐2012　Metal Ball Valves-Flanged，Threaded，and Welding Ends

GB/T 24919—2010　工业阀门安装使用维护一般要求

GB/T 26147—2010　球阀球体 技术条件

GB/T 12223—2005　部分回转阀门驱动装置的连接

ISO 5211‐2017　Industrial Valves—Part-turn Actuator attachments

GB/T 12228—2006　球阀锻钢阀体

GB/T 12237—2007　石油、石化及相关工业用钢制球阀

GB/T 13927—2008　工业阀门压力试验

GB/T 17213.1—2015　工业过程控制阀 第1部分：控制阀术语和总则

GB/T 17213.4—2015　工业过程控制阀 第4部分：检验和例行试验

GB/T 26480—2011　阀门的检验和试验

ANSI FCI 70‐2‐2013　Control Valve Seat Leakage（ASME B16.104）

API 598‐2016　Valve Inspection and Testing

所检修控制阀生产厂家相关样本、维护手册等

3　概述

控制阀是自控系统中的终端现场调节仪表，安装在工艺管道上，通过不同的开度调节被调介质的压力、流量、温度、液位等要求的工艺参数。控制阀直接接触高温、高压、深冷、强腐蚀、高黏度、易结焦结晶、有毒等工艺流体介质，因而是最容易被腐蚀、冲蚀、汽蚀、老化等方式损坏的仪表。控制阀的损坏，往往给生产过程的控制造成困难，因此必须充分重视控制阀日常运行中的维护和检修工作。

球阀是油田、输送、传统炼化及煤化工等行业企业终端仪表控制阀中重要的一员，占有很大的比例，而且起着举足轻重的作用，因此制定本规程，以指导并控制其检维修过程，保证球阀的检维修质量。

本规程只规定了球阀阀体组件的日常检维修过程，执行机构及控制附件的检维修过程参看其对应的规程。

4　主要技术标准

4.1　安装前的检查

（1）所检修球阀上线使用前应检查维修合格证；

（2）检修后的球阀外表面不得有裂纹、砂眼、机械损伤、锈蚀、脏污等缺陷；

（3）检修后的球阀铭牌、开度指示标尺等不得缺失，防水等辅助设施齐全；

（4）检修后的球阀两端法兰口应有防护盖保护；

（5）检修后的球阀，阀腔内应无积水、锈蚀、脏污和损伤等缺陷；

（6）所有螺纹完好，不得有油漆、锈蚀，法兰密封面不得有径向沟槽等影响密封性能的损伤，焊接端坡口完好，不应有影响焊接的锈蚀、机械损伤等；

（7）阀体无渗漏迹象，内外表面应平整光滑，无磕碰、裂纹、变形、鼓泡等缺陷；

（8）填料可靠压紧，无渗漏迹象；

（9）阀杆无弯曲、划伤迹象，与执行机构连接的四方、扁、键槽等应无损伤，配合间隙适当；

（10）主副阀体、上盖连接螺栓、螺母齐全、合格，连接部位无渗漏迹象；

（11）按相关规定防腐处理合格。

4.2　行程

人工、机械，或执行机构带动，从全关位置到全开位置，检查球芯的转角应等于铭牌或其他技术资料所规定的行程。

4.3　动作

阀内件正确装配，填料正常装配、压紧，符合交检条件下，人工、机械或执行机构带动下检查球芯的转动，动作应平稳、顺畅，无中间卡涩现象，无异响。

4.4 带执行机构检查

（1）执行机构与转轴连接的连接件安全、可靠，无间隙、无窜动；

（2）铭牌或相关技术文件规定的供气压力下，球阀应能可靠开启、关闭，并能平顺地走完全行程；

（3）全关位、全开位及行程与标尺严格对应；

（4）在有压力显示仪表或定位器等的辅助下，测定的弹簧范围，始动压力、全行程压力所测定的弹簧范围，应符合铭牌或相关技术文件中的规定值；

（5）全行程动作无卡涩、无异响。

4.5 执行机构气室的密封性

将规定的额定压力的气源通入密封气室中，切断气源，5min 内，气动薄膜执行机构气室中的压力下降不得超过 2.5kPa，气缸执行机构压力腔压力下降不得超过 5kPa。

4.6 基本误差

调节型球阀转动的始动点位置偏差、回差，不应超过表 1 的规定，用控制阀的额定行程的百分数表示；两位式切断球阀始终点位置偏差参照表 1 中不带定位器的规定。

表 1 调节型球阀基本参数

项别		类别	不带定位器	带定位器
基本误差/%			±5	±1.0
回差/%			3	1.0
始终点偏差/%	气开	始点	±2.5	±1.0
		终点	±5	±1.0
	气关	始点	±5	±1.0
		终点	±2.5	±1.0

4.7 耐压强度

耐压强度是指球阀壳体（主副阀体、上盖等）耐受压力的能力，控制阀耐压强度应以 1.5 倍公称压力进行不少于 3min 的耐压试验，不应有肉眼可见的渗漏。

新生产控制阀的壳体必须逐台做耐压强度试验；如果日常使用中未发现壳体有渗漏现象，维修中未发现有冲刷损坏迹象，也未做较大面积的补焊、加工，则无需做壳体耐压强度试验。

4.8 填料函及其他连接处的密封性

控制阀维修后，应做耐压试验，即外漏试验。耐压试验是指填料、上阀盖、球阀的主副阀体等有可能发生外漏现象的连接处，应保证在 1.1 倍公称压力作用下保压一定时间，无肉眼可见渗漏现象。

4.9 泄漏量

控制阀在规定试验条件下的泄漏量应符合要求。普通控制阀应按照 GB/T 4213、FCI 70-2 等规定的压力、介质进行泄漏量试验；特殊、关键控制阀可按照工作压差、工艺介质类型（气体、液体）等进行试验，并重新计算允许泄漏量。

（1）常规硬密封球阀的泄漏量等级应为 Ⅳ 级及以上；

（2）阀座为软密封的各类球阀，泄漏等级应为 Ⅴ 级及以上；

（3）特殊工况，如氧气切断阀、氢气切断阀、放空阀等特殊、关键球阀应区别对待，推荐采用工作压差做泄漏量试验，泄漏量应达到 Ⅴ 级以上，或维修者与使用方另行协商决定。

5 检查与校验

5.1 外观检查

按 4.1 的要求，肉眼观察的方法进行检查。

5.2 执行机构的气密性检查

气动薄膜执行机构用 0.5MPa 气源，较大规格气动薄膜执行机构用小于等于 0.4MPa 气源，气缸式执行机构用 0.7MPa 无油、无水干燥压缩气体做耐压试验，5min 内气动薄膜执行机构示值下降应小于 2.5kPa，气缸式执行机构示值下降应小于 5kPa。

5.3 弹簧范围检查

与阀体组件（调节机构）正常连接后，气动薄膜执行机构或单作用气缸执行机构气室中逐渐输入并增加供气压力，阀杆刚有动作时记下此时的压力值 p_1；继续缓慢增加压力，直到走完全行程，记下此时的压力值 p_2。p_1—p_2 即是该阀的实测弹簧范围，与铭牌或其他资料给定弹簧范围做比较，差值不能相差过大，尤其是 p_2 值与给定值相差不超过 0.005MPa。

5.4 始终点偏差与行程检验

带定位器时按输入信号，不带定位器时用精密压力表，将输入信号的上、下限值分别加入薄膜气室（或定位器），测量相应的行程值，按式（1）计算始终点偏差。要特别注意到保证气开式球的始点、气关式球阀的终点应在准确关闭位置。

将规定的输入信号平稳地按增大和减小方向输入薄膜气室（或定位器），测量各点所对应的行程值，按式（1）计算实际"信号-行程"关系与理论关系之间的各点误差。其最大值即为基本误差。

$$\delta = \frac{l_i - L_i}{L} \times 100\% \qquad (1)$$

式中，δ 为第 i 点的误差，l_i 为第 i 点的实际行程，L_i 为第 i 点的理论行程，L 为控制阀的额定行程。

试验点为输入信号范围的 0%、25%、50%、75%、100% 五个点。

5.5 回差校验

按前条方法，先增加信号记录下对应的行程，再逐渐减小信号记录下对应的行程值，对比得出回差，按表 1 进行检查，判断是否合格。

5.6 死区校验

在输入信号量程的 25%、50%、75% 三点上进行校验，其方法为缓慢改变（增大和减小）输入信号，直到观察出一个可察觉的行程变化（0.1mm），此点上正、反两方向的输入信号差值即为死区。所得值与表 1 进行比较，判断是否合格。

5.7 填料函及其他连接处的密封性试验

按要求，用 1.1 倍公称压力的室温水，按规定的入口方向输入阀体，另一端封闭，同时开启、关闭往复动作 1～3 次后保持球阀开启状态，持续保压时间不应少于 3min，观察控制阀的填料函，及上、下阀盖与阀体，或主、副阀体之间的连接处是否有肉眼可见的泄漏或渗漏现象，如有即为不合格。

5.8 泄漏量试验

按要求，按执行机构不同作用方式输入一定的操作气压，使控制阀关闭。将温度为室温的相对恒定的水压或压缩气压，按规定的入口方向输入控制阀，另一端放空，用秒表和量杯测量其 1min 的泄漏量。

5.8.1 操作气压
（1）单作用、气开式控制阀无需给执行机构供气，仅靠执行机构弹簧实现关闭；
（2）双作用气缸执行机构及单作用气关式控制阀：普通气动薄膜执行机构或气缸执行机构操作气压不大于 0.5MPa，较大规格气动薄膜执行机构操作气压不超过 0.3MPa。

5.8.2 试验水压 p
（1）常规球阀，或 class Ⅳ 级及以下泄漏量等级要求，取 0.35MPa；
（2）关键、特殊控制阀，可取工作压力，或与使用方的商定值；

5.8.3 允许泄漏量
（1）一般控制阀按泄漏量等级、介质，按照 GB/T 4213、FCI 70-2 等标准进行计算；
（2）特殊、关键控制阀的泄漏量，按照试验介质、试验压力，代入 GB/T 4213、FCI 70-2 等标准相应等级的泄漏量公式进行计算；
（3）客户提出的其他标准，如 GB/T 26480、API 598 等。

6　运行维护

6.1　联调

维修后的球阀，无论调节型还是两位式切断球阀，在投入运行前应做系统联试。

6.2　投运

球阀工作时，前后的切断阀应全开，副线阀应全关。整个管路系统中的其他阀门应尽量开大，通常控制阀应在正常开度范围（20％～80％）内工作。

6.3　手轮

使用带手轮的球阀应注意手轮位置指示标记，确保控制阀在手轮置于"自动"状态，经常检查阀体组件、执行机构，及电磁阀、气控阀、定位器等附属设备。

6.4　定期检查

（1）定期检查气源及输入、输出信号是否正常；
（2）定期观察转轴运动是否平稳，行程与输出信号是否对应；
（3）定期检查控制附件连接管路是否严密、无泄漏；
（4）定期检查填料函及法兰连接处有无介质外漏；检查中发现的问题要及时作技术性处理，以保证控制阀正常运行。

6.5　定期清扫

保持整洁，特别是阀杆及定位器的反馈杆等活动部位；需加润滑油的填料，应定期加注，并使注油器内有足够的存油，润滑油的品种不得随意变更。

6.6　现场解体

需在生产现场对球进行解体检查时，必须先将控制阀两边的截止阀关闭，如截止阀有泄漏，应加装盲板。待阀内介质降温、导淋放空降压后方可下线进行拆解，顶装式球阀可在线进行拆解、检查。

7　检修

7.1　检修前

（1）停工检修时，在控制阀离线前，应先降温降压，将两端放空阀打开并确认是否疏通；离线时应先经生产装置有关人员确认后方可离线检修；
（2）所维修的球阀，离线、运输整个过程中应正确选择吊装点，并正确装卸，确保人员、物资安全。

7.2 拆解、检修一般程序

本程序指控制阀已拆除信号管、线,拆除控制附件,并下线、运至检修场地后的检修程序。

(1) 执行机构支架与阀体组件上盖连接处做方向标记;执行机构需要拆解、检查、维修的,还应该在支架与执行机构连接处做好方向标记;

(2) 上阀盖与阀体连接处做方向标记;

(3) 执行机构与阀体组件分离;

(4) 执行机构气密试验;

(5) 阀体组件解体、检查;

(6) 阀内件等零部件的修复,如球芯、阀座、转轴、阀座弹簧以及阀体等;

(7) 配研球芯、阀座密封面;

(8) 执行机构、阀体组件的密封环、垫片以及填料等,一旦拆解,必须全部更换;

(9) 阀体组件装配、填料的装填等;

(10) 阀体组件与执行机构连接、行程调整;

(11) 性能测试;

(12) 防腐处理;

(13) 上线;

(14) 控制附件连接,控制信号管、线连接;

(15) 控制信号与实际行程的单调、联调;

(16) 投运、开车保运;

(17) 资料完善。

7.3 打标记

为保证控制阀离线检修后能正确复位,应重视打标记程序。其手段可用机械刻标记、打字符等不易消失的方法,应能清晰地标明:

(1) 控制阀阀体法兰与管道法兰连接的方向标记;

(2) 主副阀体之间、阀体与上、下阀盖,及其执行机构的连接方向标记(此项可在检修工场内,在解体前进行)。

7.4 清洗

滞留在阀体腔内的某些工艺介质是有毒、有害,易燃、易爆,或有腐蚀、放射性的,在进入解体工序前必须以水洗或蒸汽吹扫的方法,将控制阀被工艺介质浸渍的部件清洗干净,避免对人员造成伤害,并防止污染环境。

7.5 解体

(1) 对各连接部位、螺纹等处喷洒松动剂等;

(2) 松开填料压紧螺母、拆去填料部件;松开上盖螺栓拿去上盖,非转轴防飞出结构的转轴与上盖一起拆去；

（3）均匀松开主副阀体连接螺栓（母），防止因阀座弹簧作用造成人员及零部件损伤；

（4）取出球芯、阀座、阀座密封件、阀座弹簧及转轴、转轴轴承等，逐个进行检查；

（5）必要时，须将执行机构组件完全分解，对薄膜、弹簧等易损件进行检查；

（6）每一台控制阀分解后所得的零部件应集中存放，以防散失或碰伤，螺纹连接件应进行必要的养护。

7.6　零部件检修

（1）生锈或脏污的零部件要以合适的手段进行除锈和清洗，要注意清洁好机加工面，特别要保护好阀杆、阀芯和阀座的密封面。

（2）重点检查部位：

a）阀体：阀体的内壁，及阀体与阀座连接、密封部位，是否腐蚀和冲蚀损坏等；

b）阀座：与球芯配合的密封面处，以及与阀体、密封环配合部位是否变形、腐蚀和汽蚀。

c）球芯：球芯密封面是否腐蚀、磨损、拉伤，硬化层是否完好，流道及流道与球面连接处是否有冲刷、挤压等损坏；球芯与转轴连接处是否有损伤；

d）转轴及轴承：检查转轴是否有扭转变形，外圆是否有磨损、腐蚀等损坏；转轴与球芯、转轴与执行机构连接的四方、扁、键槽、键等，是否扭伤、挤伤、变形等；转轴轴承是否有腐蚀、磨损、拉伤、变形等损坏；

e）上阀盖的填料函处是否完好；

f）阀体、上阀盖、下阀盖各法兰密封面的完好程度；

g）执行机构中薄膜片、O 形密封圈、Y 形密封圈、导向带等密封件是否有老化、裂损，气缸缸壁是否有磨损、拉伤、变形等，推杆、转轴是否有磨损、拉伤、变形等；

（3）根据零部件损伤情况各异，决定采用更换或修复处理。

a）每一次检修，不论损伤与否，必须更新的填料、阀内密封件，法兰垫圈、拆解后执行机构的 O 形密封圈、Y 形密封圈等密封件。

b）经检查发现损伤而又不能保证下一运行周期工作的零件应予更换，如阀内件、膜片、弹簧等。

c）其余的各零部件如损伤严重时，应予更新；轻度损伤、经修复能坚持到下个检修周期的，可采用焊补、机加工等各种手段予以修复。

7.7　研磨

球阀的球芯与阀座上各有球面配合进行密封，为确保维修后的密封性能，更换、维修后应进行配研，使其形状、尺寸、表面粗糙度完全吻合。

（1）球芯、阀座只有一方出现研伤、拉伤等损坏时，应先找尺寸相同的另一件进行研磨，初步达到密封标准时方可与原配对件进行配研，既保证密封性能，又能最大限度保护硬化层；

（2）阀座较轻时，应增加配重，靠配重增加配研时的力度，防止手工力度不均匀；

（3）边研磨边转动阀座，保证各个方向研磨均匀；研磨的方向应前后一致，中途不得更换方向；

（4）先粗磨、后细磨，直至整个球面及阀座密封面全部达到粗糙度要求；

（5）装配前应清洗球芯、阀座，及其他零件上的研磨剂与污染物。

7.8　装配

本装配过程以二段式球阀为例，并已更换了新的全套密封件，其余球阀参照执行。

（1）主阀体法兰向地面平稳放置在铺有橡胶板、软木板等的地面上；

（2）按原有结构顺序在主阀体中装入弹簧、密封件压环、密封环、阀座等，确保各自占据准确位置；

（3）防飞出转轴，先将转轴装入主阀体，固定式球阀的直接将球芯轻轻放入主阀体阀座，调整好主副转轴配合方向，装入主副阀体密封环；

（4）同样的方法与顺序，在副阀体里装入弹簧、密封件压环、密封环、阀座等，确保各自占据准确位置；

（5）除非有脱脂要求，上述过程中应适量加入润滑脂，不可形成堆积；

（6）翻转副阀体并正确起吊，按先前画好的方向标记将副阀体装入主阀体；副阀体中的阀座等容易脱落的，应先进行适当的固定；

（7）对角、逐步紧固主副阀体螺栓（母），观察主副转轴孔，必要时进行调整；

（8）主副阀体紧固到合适位置时，装入主、副转轴轴承及转轴，禁止强硬敲入、压入等方式，防止装配过程中拉伤转轴；

（9）继续紧固主副阀体螺栓（母），观察主副阀体间的间隙；转动转轴，感觉球芯扭矩，必要时可使用扭矩扳手、定扭矩设备等；

（10）如果球芯转动扭矩已达到标准，但主副阀体间还有间隙，或者主副阀体已紧密接触，但扭矩还未达到标准，都应调整主副阀体垫片，最终即可保证主副阀体可靠密封又能保证球芯转动扭矩不可过大或太小；

这一过程中操作者的手感较为重要，因此从事控制阀维修5年以上同时球阀维修3年以上的人员方可担当主修人员。

（11）紧固好主副阀体螺栓（母）后，装入主副转轴的各类垫片等密封件，最后装入填料并紧固；

（12）密封填料装配时需注意几点：

a）使用盘根类开口填料时，应使上下相邻两填料的开口相错180°或90°，并逐个装入、压紧后再装入下一个，禁止用榔头敲击的方式装填；

b）在一般情况下，V形填料的开口向下，即为Λ状；但在真空阀中使用时，应使它的开口向上，即为V状；

c）对需定期向填料加注润滑油的控制阀，应使填料函中的填料套（亦称灯笼套）处于适中位置，与注油口对准；

d）按填料的材质选用合适的润滑脂，严禁形成堆积；

（13）按方向装入支架、连轴套，阀体组件与执行机构连接连接。执行机构与阀体组件连接时，要注意解体前所做的标记，连接后的执行机构与阀体组件在原始方向、便于现场连接附件及气源等；

（14）在装配的全过程中要特别重视各零件相互间的方向标记，及各零部件间的位置关系；

（15）紧固螺栓（母）时，应采取对角线交叉逐次旋紧法，螺栓（母）上应涂抹润滑剂。

7.9　动作检查

用便携式信号仪加 4～20mA 控制信号，或开关式控制阀的电磁阀，球芯动作应顺畅、平稳、到位。

7.10　按前述方法与过程进行性能测试

7.11　连接控制附件气路，通入气源、接入控制信号进行单调，确保动作正常

7.12　回路联校

由控制室的调节器输出信号至控制阀执行机构气室（定位器），观察转轴及行程标尺，应正确动作。

7.13　开车保运

（1）清扫管线时，控制阀应为全开位置；对新安装，或进行过大幅度维修的管线，应在管线清扫以后（以特定短管代控制阀），再安装控制阀。

（2）生产装置开工前的加温、试压、消漏、投料试运行的开车全过程中，检修人员应驻守现场，巡回检查，及时发现并解决各种故障。

（3）在升温、试压、消漏时，如需对上阀盖法兰螺栓进行"热紧"，控制阀不应处于全关位置。

附录4 蝶阀检修规程

1 范围

本规程是气动、电动、液压等执行机构驱动的各类蝶阀的维护、检修通用规定，适用于油田、输送、传统炼化及煤化工等行业企业中，用于生产过程自动控制的碟阀的日常维护与检修。

2 规范性引用文件

GB/T 4213—2008 气动调节阀

API 6D－2017 Specification for Pipeline and Piping Valves

ISO 14313：2007 石油和天然气工业—管线输送系统—管线阀门

API 607－2016 Fire Test for Quarter-turn Valves and Valves Equipped With Non-metallic Seats

API Spec 608－2012 Metal Ball Valves-Flanged，Threaded，and Welding Ends

GB/T 24919—2010 工业阀门安装使用维护一般要求

GB/T 12223—2005 部分回转阀门驱动装置的连接

ISO 5211－2017 Industrial Valves—Part-turn Actuator attachments

GB/T 13927—2008 工业阀门压力试验

GB/T 17213.1—2015 工业过程控制阀 第1部分：控制阀术语和总则

GB/T 17213.4—2015 工业过程控制阀 第4部分：检验和例行试验

GB/T 26480—2011 阀门的检验和试验

ANSI FCI 70－2－2013 Control Valve Seat Leakage（ASME B16.104）

API 598－2016 Valve Inspection and Testing

JB/T 8527—2015 金属密封蝶阀

JB/T 8692—2013 烟道蝶阀

所检修控制阀生产厂家相关样本、维护手册等

3　概述

控制阀是自控系统中的终端现场调节仪表，安装在工艺管道上，通过不同的开度调节被调介质的压力、流量、温度、液位等要求的工艺参数。控制阀直接接触高温、高压、深冷、强腐蚀、高黏度、易结焦结晶、有毒等工艺流体介质，因而是最容易被腐蚀、冲蚀、汽蚀、老化等方式损坏的仪表。控制阀的损坏，往往给生产过程的控制造成困难，因此必须充分重视控制阀日常运行中的维护和检修工作。

蝶阀是油田、输送、传统炼化及煤化工等行业企业终端仪表控制阀中重要的一员，占有较大的比例，因此制定本规程，以指导并控制其检维修过程，保证蝶阀的检维修质量。

本规程只规定了蝶阀阀体组件的日常检维修过程，执行机构及控制附件的检维修过程参看其对应的规程。

4　主要技术标准

4.1　安装前的检查

（1）所检修蝶阀，上线使用前应检查维修合格证；

（2）检修后的蝶阀，外表面不得有裂纹、砂眼、机械损伤、锈蚀、脏污等缺陷；

（3）检修后的蝶阀，铭牌、开度指示标尺等不得缺失，防水等辅助设施齐全；

（4）检修后的蝶阀，两端法兰口应有防护盖保护；

（5）检修后的蝶阀，阀腔内应无积水、锈蚀、脏污和损伤等缺陷；

（6）所有螺纹完好、不得有油漆、锈蚀，法兰密封面不得有径向沟槽等影响密封性能的损伤等；

（7）阀体内外表面应平整光滑，无磕碰、裂纹、变形、鼓泡等缺陷；

（8）填料可靠压紧、无渗漏迹象；

（9）阀杆无弯曲、划伤迹象，与执行机构连接的四方、扁、键槽等应无损伤，配合间隙适当；

（10）执行机构与支架、上盖连接螺栓、螺母齐全、合格、无锈蚀；

（11）按相关规定防腐处理合格。

4.2　行程

手动或执行机构带动，从全关位置到全开位置，检查阀板的转角应等于铭牌或其他技术资料所规定的行程。

4.3　动作

阀内件正确装配，填料正常装配、压紧，符合交检条件下，手动或执行机构带动下检查阀板的转动，动作应平稳、顺畅，无中间卡涩现象，无异响。

4.4 带执行机构检查

（1）执行机构与转轴连接的连接件安全、可靠，无间隙、无窜动；

（2）铭牌或相关技术文件规定的供气压力下，蝶阀应能可靠开启、关闭，并能平顺地走完全行程；

（3）全关位、全开位置及行程与标尺严格对应；

（4）在有压力显示仪表，或定位器等的辅助下，测定的弹簧范围，始动压力、全行程压力所测定的弹簧范围，应符合铭牌或相关技术文件中的规定值；

（5）全行程动作无卡涩、无异响。

4.5 执行机构气室的密封性

将规定的额定压力的气源通入密封气室中，切断气源，5min 内气动薄膜执行机构气室中的压力下降不得超过 2.5kPa，气缸执行机构压力腔压力下降不得超过 5kPa。

4.6 基本误差

调节型蝶阀转动的始动点位置偏差、回差，不应超过表 1 中不带定位器的规定。

表 1 调节型蝶阀基本参数

项别		类别	不带定位器	带定位器
基本误差/%			±5	±1.0
回差/%			3	1.0
始终点偏差/%	气开	始点	±2.5	±1.0
		终点	±5	±1.0
	气关	始点	±5	±1.0
		终点	±2.5	±1.0

4.7 耐压强度

耐压强度是指控制阀壳体（主副阀体、上盖等）耐受压力的能力，控制阀耐压强度应以 1.5 倍公称压力进行不少于 3min 的耐压试验，不应有肉眼可见的渗漏。

新生产控制阀的壳体必须逐台做耐压强度试验；如果日常使用中未发现壳体有渗漏现象，维修中未发现有冲刷损坏迹象，也未做较大面积的补焊、加工，则无需做壳体耐压强度试验。

4.8 填料函及其他连接处的密封性

控制阀维修后，应做耐压试验，即外漏试验。耐压试验是指填料、上阀盖、蝶阀的阀体等有可能发生外漏现象的连接处，应保证在 1.1 倍公称压力作用下保压一定时间，无肉眼可见渗漏现象。

4.9　泄漏量

控制阀在规定试验条件下的泄漏量应符合要求。普通控制阀应按照 GB/T 4213、FCI 70‑2 等规定的压力、介质进行泄漏量试验；特殊、关键控制阀可按照工作压差、工艺介质类型（气体、液体）等进行试验，并重新计算允许泄漏量。

（1）常规高性能蝶阀的泄漏量等级应为 Ⅳ 级及以上；

（2）阀座为软密封的各类蝶阀、各类三偏心蝶阀，泄漏等级应为 Ⅴ 级及以上；

（3）特殊工况，如切断三偏心蝶阀、程控三偏心蝶阀等关键蝶阀应区别对待，推荐采用工作压差做泄漏量试验，泄漏量应达到 Ⅴ 级以上，或维修者与使用方另行协商决定。

5　检查与校验

5.1　外观检查

按 4.1 的要求，肉眼观察的方法进行检查。

5.2　执行机构的气密性检查

气动薄膜执行机构用 0.5MPa 气源，较大规格气动薄膜执行机构用小于等于 0.4MPa 气源，气缸式执行机构用 0.7MPa 无油、无水干燥压缩气体做耐压试验，5min 内气动薄膜执行机构示值下降应小于 2.5kPa，气缸式执行机构示值下降应小于 5kPa。

5.3　弹簧范围检查

与阀体组件（调节机构）正常连接后，气动薄膜执行机构或单作用气缸执行机构气室中逐渐输入并增加供气压力，阀杆刚有动作时记下此时的压力值 p_1；继续缓慢增加压力，直到走完全行程，记下此时的压力值 p_2。p_1—p_2 即是该阀的实测弹簧范围，与铭牌或其他资料给定弹簧范围做比较，差值不能相差过大，尤其是 p_2 值与给定值相差不超过 0.005MPa。

5.4　始终点偏差、行程检验

带定位器时按输入信号，不带定位器时用精密压力表，将输入信号的上、下限值分别加入薄膜气室（或定位器），测量相应的行程值，按式（1）计算始终点偏差。要特别注意到保证气开式蝶阀的始点、气关式蝶阀的终点应在准确关闭位置。

将规定的输入信号平稳地按增大和减小方向输入薄膜气室（或定位器），测量各点所对应的行程值，按式（1）计算实际"信号‑行程"关系与理论关系之间的各点误差。其最大值即为基本误差。

$$\delta = \frac{l_i - L_i}{L} \times 100\% \tag{1}$$

式中，δ 为第 i 点的误差，l_i 为第 i 点的实际行程，L_i 为第 i 点的理论行程，L 为控制阀的额定行程。

试验点为输入信号范围的 0％、25％、50％、75％、100％五个点。

5.5　回差校验

按前条方法，先增加信号记录下对应的行程，再逐渐减小信号记录下对应的行程值，对比得出回差，按表 1 进行检查，判断是否合格。

5.6　死区校验

在输入信号量程的 25％、50％、75％三点上进行校验，其方法为缓慢改变（增大和减小）输入信号，直到观察出一个可察觉的行程变化（0.1mm），此点上正、反两方向的输入信号差值即为死区。所得值与表 1 进行比较，判断是否合格。

5.7　填料函及其他连接处的密封性试验

按要求，用 1.1 倍公称压力的室温水或压缩气体，按规定的入口方向输入阀体，另一端封闭，同时开启、关闭往复动作 1~3 次后保持蝶阀开启状态，持续保压时间不应少于 3min，观察控制阀的填料函及填料螺栓、阀体连接孔或螺纹孔处是否有肉眼可见的泄漏或渗漏现象，如有即为不合格。

5.8　泄漏量试验

按要求，按执行机构的不同作用方式输入一定的操作气压，使控制阀关闭。将温度为室温的相对恒定的水压或压缩气体，按规定的入口方向输入控制阀，另一端放空，用秒表和量杯测量其 1min 的泄漏量。

5.8.1　操作气压

（1）单作用、气开式蝶阀无需给执行机构供气，仅靠执行机构弹簧实现关闭；

（2）双作用气缸执行机构及单作用气关式控制阀：普通气动薄膜执行机构或气缸执行机构操作气压不大于 0.5MPa，较大规格气动薄膜执行机构操作气压不超过 0.3MPa。

5.8.2　试验水压 p

（1）常规蝶阀，或Ⅳ级及以下泄漏量等级要求，取 0.35MPa；

（2）关键、特殊控制阀，可取工作压力，或与使用方的商定值；

5.8.3　允许泄漏量

（1）一般控制阀按泄漏量等级、介质，按照 GB/T 4213、FCI 70-2 等标准进行计算；

（2）特殊、关键控制阀的泄漏量，按照试验介质、试验压力，代入 GB/T 4213、FCI 70-2 等标准相应等级的泄漏量公式进行计算；

（3）客户提出的其他标准，如 GB/T 26480、API 598 等。

6 运行维护

6.1 联调

维修后的蝶阀，无论调节型还是两位式切断用蝶阀，在投入运行前应做系统联试。

6.2 投运

蝶阀工作时，前后的切断阀应全开，副线阀应全关。整个管路系统中的其他阀门应尽量开大，通常蝶阀应在正常开度范围（20％～80％）内工作。

6.3 手轮

使用带手轮的蝶阀应注意手轮位置指示标记，确保控制阀在手轮置于"自动"状态，经常检查阀体组件、执行机构，及电磁阀、气控阀、定位器等附属设备。

6.4 定期检查

（1）定期检查气源及输入、输出信号是否正常；
（2）定期观察转轴运动是否平稳，行程与输出信号是否对应；
（3）定期检查控制附件连接管路是否严密、无泄漏；
（4）定期检查填料函及法兰连接处有无介质外漏；检查中发现的问题要及时作技术性处理，以保证控制阀正常运行。

6.5 定期清扫

保持整洁，特别是阀杆及定位器的反馈杆等活动部位；需加润滑油的填料，应定期加注，并使注油器内有足够的存油，润滑油的品种不得随意变更。

6.6 现场解体

需在生产现场对蝶阀进行解体检查时，必须先将控制阀两边的截止阀关闭，如截止阀有泄漏，应加装盲板。待阀内介质降温、导淋放空降压后方可下线进行拆解。

7 检修

7.1 检修前

（1）停工检修时，在控制阀离线前，应先降温降压，将两端放空阀打开并确认是否疏通；离线时应先经生产装置有关人员确认后方可离线检修；
（2）所维修的蝶阀，离线、运输整个过程中应正确选择吊装点，并正确装卸，确保人员、物资安全。

7.2 拆解、检修一般程序

本程序指控制阀已拆除信号管、线，拆除控制附件，并下线、运至检修场地后的检修程序。

（1）执行机构支架与阀体组件上法兰连接处做方向标记；执行机构需要拆解、检查、维修的，还应该在支架与执行机构连接处做好方向标记；

（2）执行机构与阀体组件分离；

（3）执行机构气密试验；

（4）阀体组件解体、检查；

（5）阀内件等零部件的修复，如阀板、阀座、转轴等；

（6）执行机构、阀体组件的密封环、垫片，以及填料等，一旦拆解，必须全部更换；

（7）阀体组件装配、填料的装填等；

（8）阀体组件与执行机构连接、行程调整；

（9）性能测试；

（10）防腐处理；

（11）上线；

（12）控制附件连接，控制信号管、线连接；

（13）控制信号与实际行程的单调、联调；

（14）投运、开车保运；

（15）资料完善。

7.3 打标记

为保证控制阀离线检修后能正确复位，应重视打标记程序。其手段可用机械刻标记、打字符等不易消失的方法，应能清晰地标明。

（1）控制阀阀体法兰与管道法兰连接的方向标记；

（2）阀体与执行机构的连接方向标记（此项可在检修工场内，在解体前进行）。

7.4 清洗

滞留在阀体腔内的某些工艺介质是有毒、有害，易燃、易爆，或有腐蚀、放射性的，在进入解体工序前必须以水洗或蒸汽吹扫的方法，将控制阀被工艺介质浸渍的部件清洗干净，避免对人员造成伤害，并防止污染环境。

7.5 解体

（1）对各连接部位、螺纹等处喷洒松动剂等；

（2）松开填料压紧螺母、拆去填料部件；松开上盖螺栓拿去上盖，非转轴防飞出结构的转轴与上盖一起拆去；

（3）必要时，需将执行机构组件完全分解，对薄膜、弹簧等易损件进行检查；

（4）每一台控制阀分解后所得的零部件应集中存放，以防散失或碰伤，螺纹连接件应进行必要的养护。

7.6　零部件检修

（1）生锈或脏污的零部件要以合适的手段进行除锈和清洗，要注意清洁好机加工面，特别要保护好阀杆、阀板和阀座的密封面。

（2）重点检查部位

a）阀体：阀体的内壁否腐蚀和冲蚀损坏等。

b）阀座：与阀板配合的密封面处是否变形、腐蚀、冲刷和汽蚀。

c）阀板：阀板密封面或密封环是否腐蚀、磨损、拉伤，硬化层是否完好；阀板与转轴连接的孔及键槽等是否有损伤。

d）转轴及轴承：检查转轴是否有扭转及弯曲变形，外圆是否有磨损、腐蚀等损坏；转轴与阀板、转轴与执行机构连接的四方、扁、键槽、键等，是否扭伤、挤伤、变形等；转轴轴承、衬套等是否有腐蚀、磨损、拉伤、变形等损坏。

e）上阀盖的填料函处是否完好。

f）阀体各法兰密封面的完好程度。

g）执行机构中薄膜片、O 形密封圈、Y 形密封圈、导向带等密封件是否有老化、裂损，气缸缸壁是否有磨损、拉伤、变形等，推杆、转轴是否有磨损、拉伤、变形等。

（3）根据零部件损伤情况各异，决定采用更换或修复处理。

a）每一次检修，不论损伤与否，必须更新的填料、阀内密封件，法兰垫圈、拆解后执行机构的 O 形密封圈、Y 形密封圈等密封件。

b）经检查发现损伤而又不能保证下一运行周期工作的零件应予更换，如阀内件、膜片、弹簧等。

c）其余的各零部件如损伤严重时，应予更新；轻度损伤、经修复能坚持到下个检修周期的，可采用焊补、机加工等各种手段予以修复。

7.7　动作检查

用便携式信号仪加 4～20mA 控制信号，或开关式控制阀的电磁阀，球芯动作应顺畅、平稳、到位。

7.8　按前述方法与过程进行性能测试

7.9　连接控制附件气路，通入气源、接入控制信号进行单调，确保动作正常

7.10　回路联校

由控制室的调节器输出信号至控制阀执行机构气室（定位器），观察转轴及行程标尺，应正确动作。

7.11 开车保运

（1）清扫管线时，控制阀应为全开位置；对新安装，或进行过大幅度维修的管线，应在管线清扫以后（以特定短管代控制阀），再安装控制阀。

（2）生产装置开工前的加温、试压、消漏、投料试运行的开车全过程中，检修人员应驻守现场，巡回检查，及时发现并解决各种故障。

（3）在升温、试压、消漏时，如需对上阀盖法兰螺栓进行"热紧"，控制阀不应处于全关位置。

附录 5   控制阀术语中–英–日语对照表

序号	中文	英语	日语	备注
1	阀体	Body	弁箱	
2	阀体隔墙	Body dividing wall	隔壁	
3	阀体连接端	Body end	接続端	指法兰
4	阀体通径	Body end port	呼ぴ径	
5	阀体连接端颈部	Body neck	ボデーネック	
6	阀座（带肩式）	Body seat ring，shoulder seated	弁箱付弁座	
7	阀盖	Bonnet	ふた	
8	阀杆	Stem	弁棒	
9	阀杆端头	Stem bottom	ステムボタン	
10	填料压套	Gland	パンキン押え輪	
11	填料	Packing	パンキン	
12	手轮	Handwheel	ハンドル車	
13	阀盖螺栓	Bonnet bolt	ふたボルド	
14	阀盖螺母	Bonnet bolt nut	ふたボルド用ナット	
15	阀盖用垫片	Bonnet gasket	ガスケット	
16	阀盖螺母	Bonnet stud	ふたボルド	
17	填料压盖螺柱	Gland stud	パンキン押えボルド	
18	填料压盖	Gland flange	パンキン押え	
19	支架	Yoke	ョク	
20	手轮连接键	Handwheel key	ハッドルキー	
21	手轮防松螺母	Handwheel nut	ハッドル押えナット	
22	垫圈	washer	座金	
23	阀体中法兰	Body flange	ボデーヵバー部フランジ	指与上盖连接处
24	阀体中颈	Bonnet neck		指中法兰颈部
25	阀盖隔热室	Bonnet Condensing chamber	断熱すきま	
26	阀盖法兰	Bonnet flange	ふたフランジ	
27	活节螺栓	(Gland) Eye bolt	アイボルト	

序号	中　文	英　语	日　语	备　注
28	排放口	Brain Boss	ドレンボス	指阀体底部排污口
29	填料函	Stuffing Box	パッもン箱	
30	膜片	Diaphragm	ディアフラム	隔膜阀
31	隔膜挡板	Diaphragm finger plate	フィンガ-プレ-ト	
32	阀瓣	Compressor	コンプレッサ-	
33	阀芯	Plug	せん	旋塞阀
34	手柄	Lever	レバ-	
35	接管	Female iron joint	ニップル	
36	阀芯密封面	Plug face	プラグ側シ-ト	
37	阀芯头部	Plug head	プラグ側ヘッド	
38	O 形圈	O ring	Oリング	
39	阀板密封面	Disk Seal	弁体付弁座	
40	碟板	Disk Seal	弁体	
41	弹簧	Spring		
42	执行机构	Actuator		
43	正作用执行机构	Direct Actuator		
44	反作用执行机构	Reverse Actuator		
45	上膜盖	Upper Diaphragm Case		
46	下膜盖	Bottom Diaphragm Case		
47	膜片托盘	Diaphragm Plate		
48	限位器	Stopper		
49	防雨帽	Waterproof Cap		
50	推杆	Thrusting Rod		
51	导向套	Guide Sleeve		
52	指针	Pointer		
53	标尺	Scale		
54	（阀杆）连接件	Stem connector		
55	铭牌	NamePlate		
56	行程	Stroke		
57	弹簧范围	Spring range		
58	作用形式	Action		
59	供气压力	Supply（Pressure）		
60	操作范围	Operate Range		
61	电磁阀	Solenoid Valve		

序号	中　文	英　　语	日　语	备　注
62	定位器	Positioner		
63	缠绕垫	Spiral Gasket		
64	球阀	Ball Valve		
65	球芯	Ball		
66	浮动式球阀	Float Ball Valve		
67	固定球球阀	Fixed Ball Valve		
68	旋塞阀	Stopcock Valve		
69	隔膜阀	Diaphragm Valve		
70	单座阀	Globe Control Valve		
71	套筒阀	CAGE Control Valve		
72	V 球阀	V Ball Control Valve		
73	蝶阀	Butterfly Valve		

附录6 英制-公制数对照表

	0	1	2	3	4	5	6	7	8	9	10	11	12
0	0.000	25.400	50.800	76.200	101.600	127.000	152.400	177.800	203.200	228.600	254.000	279.400	304.800
1/32	0.794	26.194	51.594	76.994	102.394	127.794	153.194	178.594	203.994	229.394	254.794	280.194	305.594
1/16	1.588	26.988	52.388	77.788	103.188	128.588	153.988	179.388	204.788	230.188	255.588	280.988	306.388
3/32	2.381	27.781	53.181	78.581	103.981	129.381	154.781	180.181	205.581	230.981	256.381	281.781	307.181
1/8	3.175	28.575	53.975	79.375	104.775	130.175	155.575	180.975	206.375	231.775	257.175	282.575	307.975
5/32	3.969	29.369	54.769	80.169	105.569	130.969	156.369	181.769	207.169	232.569	257.969	283.369	308.769
3/16	4.763	30.163	55.563	80.963	106.363	131.763	157.163	182.563	207.963	233.363	258.763	284.163	309.563
7/32	5.556	30.956	56.356	81.756	107.156	132.556	157.956	183.356	208.756	234.156	259.556	284.956	310.356
1/4	6.350	31.750	57.150	82.550	107.950	133.350	158.750	184.150	209.550	234.950	260.350	285.750	311.150
9/32	7.144	32.544	57.944	83.344	108.744	134.144	159.544	184.944	210.344	235.744	261.144	286.544	311.944
5/16	7.938	33.338	58.738	84.138	109.538	134.938	160.338	185.738	211.138	236.538	261.938	287.338	312.738
11/32	8.731	34.131	59.531	84.931	110.331	135.731	161.131	186.531	211.931	237.331	262.731	288.131	313.531
3/8	9.525	34.925	60.325	85.725	111.125	136.525	161.925	187.325	212.725	238.125	263.525	288.925	314.325
13/32	10.319	35.719	61.119	86.519	111.919	137.319	162.719	188.119	213.519	238.919	264.319	289.719	315.119
7/16	11.113	36.513	61.913	87.313	112.713	138.113	163.513	188.913	214.313	239.713	265.113	290.513	315.913
15/32	11.906	37.306	62.706	88.106	113.506	138.906	164.306	189.706	215.106	240.506	265.906	291.306	316.706
1/2	12.700	38.100	63.500	88.900	114.300	139.700	165.100	190.500	215.900	241.300	266.700	292.100	317.500
17/32	13.494	38.894	64.294	89.694	115.094	140.494	165.894	191.294	216.694	242.094	267.494	292.894	318.294
9/16	14.288	39.688	65.088	90.488	115.888	141.288	166.688	192.088	217.488	242.888	268.288	293.688	319.088
19/32	15.081	40.481	65.881	91.281	116.681	142.081	167.481	192.881	218.281	243.681	269.081	294.481	319.881
5/8	15.875	41.275	66.675	92.075	117.475	142.875	168.275	193.675	219.075	244.475	269.875	295.275	320.675
21/32	16.669	42.069	67.469	92.869	118.269	143.669	169.069	194.469	219.869	245.269	270.669	296.069	321.469
11/16	17.463	42.863	68.263	93.663	119.063	144.463	169.863	195.263	220.663	246.063	271.463	296.863	322.263
23/32	18.256	43.656	69.056	94.456	119.856	145.256	170.656	196.056	221.456	246.856	272.256	297.656	323.056
3/4	19.050	44.450	69.850	95.250	120.650	146.050	171.450	196.850	222.250	247.650	273.050	298.450	323.850
25/32	19.844	45.244	70.644	96.044	121.444	146.844	172.244	197.644	223.044	248.444	273.844	299.244	324.644
13/16	20.638	46.038	71.438	96.838	122.238	147.638	173.038	198.438	223.838	249.238	274.638	300.038	325.438
27/32	21.431	46.831	72.231	97.631	123.031	148.431	173.831	199.231	224.631	250.031	275.431	300.831	326.231
7/8	22.225	47.625	73.025	98.425	123.825	149.225	174.625	200.025	225.425	250.825	276.225	301.625	327.025
29/32	23.019	48.419	73.819	99.219	124.619	150.019	175.419	200.819	226.219	251.619	277.019	302.419	327.819
15/16	23.813	49.213	74.613	100.013	125.413	150.813	176.213	201.613	227.013	252.413	277.813	303.213	328.613
31/32	24.606	50.006	75.406	100.806	126.206	151.606	177.006	202.406	227.806	253.206	278.606	304.006	329.406

附录 7　普通螺纹直径与螺距（GB/T 193—2003）

第1系列	第2系列	第3系列	螺距 粗牙	螺距 细牙
1				
	1.1		0.25	
1.2				0.2
	1.4		0.3	
1.6				
	1.8		0.35	
2			0.4	0.25
	2.2		0.45	
2.5				
3			0.5	0.35
	3.5		0.6	
4			0.7	
	4.5		0.75	0.5
5			0.8	
		5.5		
6			1	0.75
	7			
8			1.25	1, 0.75
		9		
10			1.5	1.25, 1, 0.75
	11			1, 0.75
12			1.75	
	14		2	1.5, 1.25, 1
		15		
16			2	1.5, 1
		17		
	18			
20			2.5	
	22			2, 1.5, 1
24			3	
		25		
		26		1.5
	27		3	2, 1.5, 1
		28		
30			3.5	(3), 2, 1.5, 1
		32		2, 1.5
	33		3.5	(3), 2, 1.5
		35		1.5
36			4	3, 2, 1.5
		38		1.5
	39		4	3, 2, 1.5
		40		
42			4.5	
	45			4, 3, 2, 1.5
48			5	

第1系列	第2系列	第3系列	螺距 粗牙	螺距 细牙
		50		
	52		5	
		55		
56				
		58	5.5	
	60			4, 3, 2, 1.5
		62		
64				
		65	6	
	68			
		70		
72				6, 4, 3, 2, 1.5
		75		
		78		
80				
		82		
	85			
90				
	95			6, 4, 3, 2
100				
	105			
110				
	115			
	120			
125				
	130			
		135		8, 6, 4, 3, 2
140				
		145		
	150			
		155		6, 4, 3
160				8, 6, 4, 3
		165		6, 4, 3
	170			
		175		8, 6, 4, 3
180				
		185		
	190			
		195		6, 4, 3
200				
		205		8, 6, 4, 3
	210			
220				
		225		6, 4, 3
		230		8, 6, 4, 3

附录 8　英制螺纹的基本尺寸及其公差 (GB/T 7306.1—2000)

1	2	3	4	5	6	7	8	9	10	11	12	13	14	15	16	17	18	19
尺寸代号	每25.4mm内所包含的牙数 n	螺距 P mm	牙高 h mm	基准平面内的基本直径			基准距离					装配余量		外螺纹的有效螺纹不小于			圆柱内螺纹直径的极限偏差 ±	
				大径（基准直径 d=D）	中径 $d_2=D_2$	小径 $d_1=D_1$	基本	极限偏差 ±$T_1/2$		最大	最小			基准距离分别为			径向	轴向圈数
				mm	mm	mm	mm	mm	圈数	mm	mm	mm	圈数	基本 mm	最大 mm	最小 mm	mm	$T_2/2$
1/16	28	0.907	0.581	7.723	7.142	6.561	4	0.9	1	4.9	3.1	2.5	2 3/4	6.5	7.4	5.6	0.071	1 1/4
1/8	28	0.907	0.581	9.728	9.147	8.566	4	0.9	1	4.9	3.1	2.5	2 3/4	6.5	7.4	5.6	0.071	1 1/4
1/4	19	1.337	0.856	13.157	12.3	11.445	6	1.3	1	7.3	4.7	3.7	2 3/4	9.7	11	8.4	0.104	1 1/4
3/8	19	1.337	0.856	16.662	15.806	14.95	6.4	1.3	1	7.7	5.1	3.7	2 3/4	9.7	11	8.4	0.104	1 1/4
1/2	14	1.814	1.162	20.955	19.793	18.631	8.2	1.8	1	10.0	6.4	5	2 3/4	13.2	15	11.4	0.142	1 1/4
3/4	14	1.814	1.162	26.441	25.279	24.117	9.5	1.8	1	11.3	7.7	5	2 3/4	14.5	16.3	12.7	0.142	1 1/4
1	11	2.309	1.479	33.249	31.77	30.291	10.4	2.3	1	12.7	8.1	6.4	2 3/4	16.8	19.1	14.5	0.180	1 1/4
1 1/4	11	2.309	1.479	41.910	40.431	38.952	12.7	2.3	1	15	10.4	6.4	2 3/4	19.1	21.4	16.8	0.180	1 1/4
1 1/2	11	2.309	1.479	47.803	46.324	44.845	12.7	2.3	1	15	10.4	6.4	2 3/4	19.1	21.4	16.8	0.180	1 1/4
2	11	2.309	1.479	59.614	58.135	56.656	15.9	2.3	1	18.2	13.6	7.5	3 1/4	23.4	25.7	21.1	0.180	1 1/4
2 1/2	11	2.309	1.479	75.184	73.705	72.226	17.5	3.5	1 1/2	21	14.0	9.2	4	26.7	30.2	23.2	0.216	1 1/2
3	11	2.309	1.479	87.884	86.405	84.926	20.6	3.5	1 1/2	24.1	17.1	9.2	4	29.8	33.3	26.3	0.216	1 1/2
4	11	2.309	1.479	113.03	111.55	110.072	25.4	3.5	1 1/2	28.9	21.9	10.4	4 1/2	35.8	39.3	32.3	0.216	1 1/2
5	11	2.309	1.479	138.43	136.95	135.472	28.6	3.5	1 1/2	32.1	25.1	11.5	5	40.1	43.6	36.6	0.216	1 1/2
6	11	2.309	1.479	163.830	162.351	160.872	28.6	3.5	1 1/2	32.1	25.1	11.5	5	40.1	43.6	36.6	0.216	1 1/2

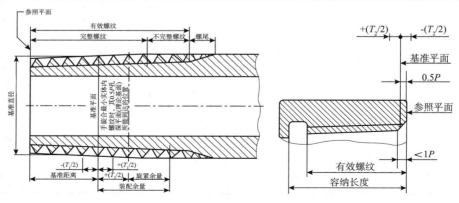

附录9　橡胶在介质中的耐腐蚀性

	丁腈橡胶	硅橡胶	氟橡胶	乙丙橡胶	丁苯橡胶	丁基橡胶	氯丁橡胶	聚硫橡胶
稀硝酸	×	C	B	—	×	×	×	×
浓硝酸	×	×	C	—	×	×	×	×
发烟硝酸	×	×	C	—	×	×	×	×
稀硫酸	C	C	C	—	C	B	C	×
浓硫酸	×	×	B	—	×	×	×	×
稀盐酸	×	C	C	—	×	C	B	C
浓盐酸	×	C	C	—	×	C	C	×
浓磷酸	×	B	C	—	B	B	C	×
稀醋酸	×	C	C	—	C	B	×	×
浓醋酸	×	B	×	—	C	B	×	×
稀氢氧化钠	B	B	C	—	B	C	B	—
浓氢氧化钠	B	B	C	A	B	C	B	—
无水氨	C	B	C	A	C	B	C	—
氨水	C	B	×	—	C	B	C	×
苯	×	×	B	D	×	D	×	B
汽油	B	×	B	×	×	×	B	B
石油	C	D	B	—	D	×	D	B
四氯化碳	B	×	B	—	×	×	×	B
二硫化碳	B	—	—	—	×	×	×	—
乙醇	B	B	B	B	B	B	B	B
丙酮	×	D	×	—	C	C	D	C
甲酚	×	C	C	—	B	C	C	—
乙醛	D	—	—	—	×	B	×	—
乙苯	×	—	—	×	×	×	×	B
丙烯腈	×	—	×	—	×	D	C	C
丁醇	A	A	A	A	A	A	A	A
丁二烯	—	—	—	×	—	—	—	—
苯乙烯	×	—	—	—	×	×	×	C
醋酸乙酯	×	D	×	B	×	B	×	C
醚（常温）	×	×	×	C	×	C	×	×

注：A：任何浓度可用；B：可用、寿命长；C：可用、寿命一般；D：可替代、寿命短；—：不推荐；×：不可用。